普通高等教育机电类"十三五"规划教材

几何量精度设计与测量技术
（第 2 版）

孔晓玲　主　编
陈雪辉　郑红霞　侯艳君　副主编
周　洁　杨　义　方梁菲　参　编

电子工业出版社
Publishing House of Electronics Industry
北京·BEIJING

内 容 简 介

本书是第 2 版,保留了第 1 版的写作风格。全书共 11 章,以精度设计为主题,详细阐述了精度设计作为机械设计的重要内容在生产中的应用。主要内容如下:绪论,孔、轴尺寸精度设计,几何精度设计,表面轮廓精度设计,测量技术基础,滚动轴承、键与花键、圆柱螺纹、齿轮和圆锥结合精度设计,并附有精度设计与精度分析的案例介绍。本书还结合计算机辅助公差分析软件的应用,介绍了精度设计中计算机技术的发展。书中的每章都附有习题,并提供部分习题和习题参考答案(请登录 http://www.hxedu.com.cn 下载)。

本书特点可以用 3 个字来描述:新——以最新的国家标准为依据;精——吸取同类教材之长;亮——传达了计算机技术在精度设计中的应用。

本书可作为高等工科院校本科和专科的"公差与技术测量"或"互换性与测量技术"教材,也可作为研究生的学习指导书,还可作为从事机械设计的工程师的参考书。

未经许可,不得以任何方式复制或抄袭本书之部分或全部内容。
版权所有,侵权必究。

图书在版编目(CIP)数据

几何量精度设计与测量技术/孔晓玲主编 . —2 版 . —北京:电子工业出版社,2017.7
普通高等教育机电类"十三五"规划教材
ISBN 978-7-121-31791-0

Ⅰ. ①几… Ⅱ. ①孙… Ⅲ. ①几何量—精度—设计—高等学校—教材②几何量—精度—检测—高等学校—教材 Ⅳ. ①TG806

中国版本图书馆 CIP 数据核字(2017)第 129956 号

责任编辑:郭穗娟
印　　刷:北京七彩京通数码快印有限公司
装　　订:北京七彩京通数码快印有限公司
出版发行:电子工业出版社
　　　　　北京市海淀区万寿路 173 信箱　邮编　100036
开　　本:787×1092　1/16　印张:15.5　字数:390.4 千字
版　　次:2013 年 8 月第 1 版
　　　　　2017 年 7 月第 2 版
印　　次:2020 年 8 月第 4 次印刷
定　　价:49.80 元

凡所购买电子工业出版社图书有缺损问题,请向购买书店调换。若书店售缺,请与本社发行部联系,联系及邮购电话:(010)88254888,88258888。
质量投诉请发邮件至 zlts@phei.com.cn,盗版侵权举报请发邮件至 dbqq@phei.com.cn。
本书咨询联系方式:(010)88254502,guosj@phei.com.cn。

第 2 版前言

本书第 1 版是以当时最新颁布的国家标准为依据，虽经过了四年的时间，但标准的变化不大，因此本书修订主要体现在细节上。由于课程是一门实践性很强的基础课，在第 2 版中增加了应用方面的知识，增加了相关的图例和说明，也增加了部分习题和习题参考答案。这样对初学者来说，能较好地掌握教材的重点，理解难点。

本书的特点：每章的开篇都有教学重点、教学难点和教学方法，便于教师在教学中参考。每章最后都附有小结与开篇的教学重点及难点相呼应。为了帮助学生理解教学的内涵，在各章节的开篇都有引例，通过引例开拓学生的思路，帮助他们了解学习的目的。为了加强理解教材中的知识点，各章节均设有应用或设计案例。这些案例以例题形式、习题和分析报告形式等出现在书中，帮助学生掌握知识点。另外，对应用中常出现的问题，以说明的方式提醒学习者，以防发生错误。

本书增加了精度设计和分析案例，介绍基于 CATIA 平台下的 CETOL 软件及其在公差分析中的应用，使学生对计算机技术的发展有所了解和掌握。每个章节的习题都是经过了精选，基本涵盖各章的知识点，可以作为检验学习结果的参考。

本书适用于名称为"公差与测量技术基础"、"互换性与测量技术"、"机械精度设计"等课程。

为了规划好本书的教学，建议理论教学总学时为 32～50 学时。各章的建议学时：第 1 章为 1～2 学时；第 2 章为 6～8 学时；第 3 章为 8～10 学时；第 4 章为 3～4 学时；第 5 章为 2～5 学时；第 6 章为 1～2 学时；第 7 章 1～2 学时；第 8 章为 3～5 学时；第 9 章为 4～6 学时；第 10 章为 1～2 学时；第 11 章为 2～4 学。通常第 1～4 章重点介绍，其余各章可根据专业需要，安排适当的教学内容和时间。

有关测量技术方面的部分内容可在实验课中介绍，该部分内容可以不在理论教学中重复。建议实验教学的课时为 8～16 学时。

本书由安徽农业大学孔晓玲教授担任主编，参加编写的老师有孔晓玲、安徽建筑大学陈雪辉、鲁东大学郑红霞、华北水利水电大学侯艳君，以及安徽农业大学周洁、杨义和方梁菲。感谢安徽农业大学的研究生参与了部分 CAD 图的整理。

尽管我们为编写本书付出了心血和努力，但仍然存在一些不足之处，敬请专家读者批评指正。

编 者
2017 年 5 月

第 1 版前言

本书是以最新颁布的国家标准为依据，在参考了相关教科书的基础上而编写的。主要内容包括绪论；孔、轴尺寸精度设计；几何精度设计；表面轮廓精度设计；测量技术基础；滚动轴承、键与花键、圆柱螺纹、齿轮和圆锥结合精度设计；并附有精度设计与精度分析的案例介绍。本书可作为本科生教材，也可作为研究生的学习指导书，还可作为从事机械设计的工程师的参考书。

本书的特点：每章的开篇都有教学重点、教学难点和教学方法，便于老师在教学中参考。每章最后都有小结和教学重点及难点相互呼应。为了帮助学生理解教学的内涵，在各章节的开篇都有引例，通过引例开拓学生的思路，帮助他们了解学习的目的。另外，为了加强理解教材中的知识点，各章节均有应用或设计案例。这些案例以例题形式、习题和分析报告形式等出现在文中，帮助学生掌握书中所叙内容。

本书增加了精度设计和分析案例，介绍基于 CATIA 平台下的 CETOL 软件及其在公差分析中的应用，使学生对计算机技术的发展有所了解和掌握。

本书适用于名称为"公差与测量技术基础"、"互换性与测量技术"、"机械精度设计"等课程。

为了规划好本书的教学，建议理论教学总学时为 30~40 学时。各章的建议学时：第 1 章为 1~2 学时；第 2 章为 6~8 学时；第 3 章为 6~8 学时；第 4 章为 3~4 学时；第 5 章为 3~4 学时；第 6 章为 1~2 学时；第 7 章 1~2 学时；第 8 章为 3~4 学时；第 9 章为 4~6 学时；第 10 章为 1~2 学时；第 11 章为 2~4 学。通常第 1~4 章是基础标准，必须重点介绍。其余各章节可根据专业需要，安排教学内容和时间。

本书由孔晓玲教授担任主编，编写分工：孔晓玲编写第 1 章和第 11 章；侯艳君编写第 2 章和第 6 章；郑红霞编写第 3 章和第 7 章；陈雪辉编写第 4 章和第 9 章；周洁编写编写第 5 章和第 10 章；杨义编写第 8 章。感谢安徽农业大学的研究生汪莲莲参与了部分 CAD 图的整理。

尽管我们为编写本书付出了心血和努力，但仍然存在一些不足之处，敬请专家读者批评指正。

编 者

2013 年 7 月

目　　录

第1章　绪论 ··· 1

　1.1　概述 ·· 1

　　　1.1.1　几何量精度设计 ·· 1

　　　1.1.2　测量技术 ··· 2

　　　1.1.3　本课程的学习要求 ··· 2

　1.2　互换性与公差 ··· 2

　　　1.2.1　互换性与公差的概念 ··· 3

　　　1.2.2　互换性的作用 ·· 3

　　　1.2.3　互换性的种类 ·· 4

　1.3　标准化与优先数系 ·· 5

　　　1.3.1　标准与标准化的概念 ··· 5

　　　1.3.2　标准的分类及代号 ·· 6

　　　1.3.3　优先数系和优先数 ·· 6

　本章小结 ··· 8

　习题 ··· 8

第2章　孔、轴尺寸精度设计 ·· 9

　2.1　概述 ·· 9

　2.2　极限与配合的基本术语及定义 ·· 10

　　　2.2.1　有关尺寸方面的术语及定义 ·· 10

　　　2.2.2　有关孔和轴的定义 ·· 11

　　　2.2.3　有关偏差和公差的术语及定义 ··· 11

　　　2.2.4　有关配合方面的术语及定义 ·· 14

　2.3　尺寸公差标准和基本偏差标准的构成 ·· 17

　　　2.3.1　标准公差系列 ··· 17

　　　2.3.2　基本偏差系列 ··· 20

　　　2.3.3　孔、轴的常用公差带与配合 ·· 28

　　　2.3.4　极限与配合在图样上的标注 ·· 30

　2.4　孔、轴的尺寸精度设计 ·· 32

　　　2.4.1　基准制 ·· 32

　　　2.4.2　标准公差等级 ··· 33

　　　2.4.3　配合种类 ·· 35

　2.5　一般公差 ··· 39

　　　2.5.1　一般公差的概念 ·· 39

2.5.2 一般公差的公差等级和极限偏差数值 ………………………………………… 40
　　2.5.3 一般公差的图样表示法 …………………………………………………………… 40
本章小结 ……………………………………………………………………………………… 41
习题 …………………………………………………………………………………………… 41

第3章 几何精度设计 …………………………………………………………………… 43

3.1 概述 …………………………………………………………………………………… 43
　　3.1.1 几何要素及其分类 ………………………………………………………………… 44
　　3.1.2 几何公差的特征项目及其符号 …………………………………………………… 45
　　3.1.3 几何公差在图样上的标注方法 …………………………………………………… 46
　　3.1.4 几何公差和几何公差带的特征 …………………………………………………… 47
3.2 形状公差及误差评定 ………………………………………………………………… 48
　　3.2.1 形状误差及其评定 ………………………………………………………………… 48
　　3.2.2 形状公差 …………………………………………………………………………… 48
3.3 方向公差、位置公差和跳动公差及误差评定 ……………………………………… 53
　　3.3.1 基准及误差评定 …………………………………………………………………… 53
　　3.3.2 方向公差 …………………………………………………………………………… 54
　　3.3.3 位置公差 …………………………………………………………………………… 60
　　3.3.4 跳动公差 …………………………………………………………………………… 62
3.4 公差原则与相关要求 ………………………………………………………………… 65
　　3.4.1 基本概念 …………………………………………………………………………… 65
　　3.4.2 独立原则 …………………………………………………………………………… 68
　　3.4.3 包容要求（ER） …………………………………………………………………… 68
　　3.4.4 最大实体要求（MMR） …………………………………………………………… 70
　　3.4.5 最小实体要求（LMR） …………………………………………………………… 74
　　3.4.6 可逆要求（RDR） ………………………………………………………………… 75
3.5 几何公差的选用 ……………………………………………………………………… 77
　　3.5.1 几何公差特征项目的选用 ………………………………………………………… 77
　　3.5.2 公差原则的选用 …………………………………………………………………… 78
　　3.5.3 基准要素的选用 …………………………………………………………………… 79
　　3.5.4 几何公差值的选用 ………………………………………………………………… 80
本章小结 ……………………………………………………………………………………… 86
习题 …………………………………………………………………………………………… 86

第4章 表面轮廓精度设计 ……………………………………………………………… 89

4.1 概述 …………………………………………………………………………………… 89
　　4.1.1 表面粗糙度的概念 ………………………………………………………………… 89
　　4.1.2 表面粗糙度对零件工作性能的影响 ……………………………………………… 90
4.2 表面粗糙度的评定 …………………………………………………………………… 91
　　4.2.1 基本术语 …………………………………………………………………………… 91

4.2.2　表面轮廓（粗糙度）的评定参数 93
　4.3　表面粗糙度的符号及其标注方法 96
　　　4.3.1　表面粗糙度的符号 96
　　　4.3.2　表面粗糙度的标注方法 97
　4.4　表面粗糙度的选用 103
　　　4.4.1　表面粗糙度评定参数的选用 103
　　　4.4.2　表面粗糙度评定参数值的选用 104
　4.5　表面粗糙度的检测 109
　本章小结 111
　习题 111

第5章　测量技术基础 113
　5.1　测量的基本概念 113
　　　5.1.1　测量的定义 114
　　　5.1.2　测量过程的四个要素 114
　　　5.1.3　计量基准 114
　　　5.1.4　量块 116
　5.2　测量仪器和测量方法 118
　　　5.2.1　测量技术性能指标 118
　　　5.2.2　测量仪器 120
　　　5.2.3　测量方法 120
　5.3　测量误差及数据处理 122
　　　5.3.1　基本概念 122
　　　5.3.2　测量误差的来源 123
　　　5.3.3　测量误差的分类 124
　　　5.3.4　测量精度的分类 125
　　　5.3.5　测量数据的处理 125
　5.4　光滑工件尺寸检测 134
　　　5.4.1　孔、轴实际尺寸的验收极限 135
　　　5.4.2　光滑极限量规 139
　本章小结 144
　习题 144

第6章　滚动轴承精度设计 145
　6.1　概述 145
　6.2　滚动轴承内径和外径的公差带及其特点 146
　　　6.2.1　滚动轴承的公差带 146
　　　6.2.2　滚动轴承的尺寸精度和旋转精度 147
　　　6.2.3　轴颈和轴承座孔的尺寸公差带 149
　　　6.2.4　滚动轴承内径、外径公差带的特点 149

6.3 滚动轴承与轴和轴承座孔的配合及其选择 ... 150
    6.3.1 轴承配合的选择 ... 150
    6.3.2 轴颈和轴承座孔的形位公差与表面粗糙度参数值的选择 ... 153
    6.3.3 轴颈和轴承座孔精度设计举例 ... 154
本章小结 ... 155
习题 ... 156

第 7 章 键与花键的精度设计 ... 157

7.1 键连接概述 ... 157
7.2 普通平键连接的精度设计 ... 158
    7.2.1 普通平键连接的结构和几何参数 ... 158
    7.2.2 普通平键连接的公差与配合 ... 159
7.3 矩形花键连接的精度设计 ... 161
    7.3.1 矩形花键连接的尺寸系列 ... 161
    7.3.2 矩形花键的几何参数和定心方式 ... 162
    7.3.3 矩形花键连接的公差与配合 ... 163
本章小结 ... 167
习题 ... 167

第 8 章 螺纹精度设计 ... 168

8.1 概述 ... 168
    8.1.1 螺纹的种类及使用要求 ... 169
    8.1.2 普通螺纹的基本牙型和主要几何参数 ... 169
8.2 普通螺纹几何参数误差对互换性的影响 ... 171
    8.2.1 螺距误差的影响 ... 171
    8.2.2 牙侧角偏差的影响 ... 172
    8.2.3 螺纹直径偏差的影响 ... 173
    8.2.4 作用中径和螺纹中径合格性的判断 ... 173
8.3 普通螺纹的公差与配合 ... 174
    8.3.1 螺纹公差带 ... 174
    8.3.2 螺纹公差带的选用 ... 176
    8.3.3 普通螺纹标记 ... 177
8.4 普通螺纹的检测 ... 179
    8.4.1 综合检验 ... 179
    8.4.2 单项测量 ... 179
本章小结 ... 179
习题 ... 180

第 9 章 圆柱齿轮精度设计 ... 181

9.1 齿轮传动及其使用要求 ... 181
    9.1.1 齿轮传动 ... 181

| 9.1.2 齿轮传动的使用要求 182
   9.2 圆柱齿轮的加工误差分析 183
          9.2.1 齿轮加工误差的主要来源 183
          9.2.2 齿轮加工误差的分类 184
   9.3 圆柱齿轮精度的评定指标及其检测 185
          9.3.1 传递运动准确性的评定指标及检测 185
          9.3.2 传动平稳性的评定指标及检测 188
          9.3.3 载荷分布均匀性的评定指标及检测 191
          9.3.4 侧隙的评定指标及检测 193
   9.4 齿轮副安装误差的评定指标 195
          9.4.1 齿轮副中心距偏差 195
          9.4.2 齿轮副轴线平行度偏差 195
   9.5 渐开线圆柱齿轮精度标准 196
          9.5.1 齿轮评定指标的精度等级及选择 196
          9.5.2 齿轮侧隙精度指标的确定 200
          9.5.3 检验项目的选择 202
          9.5.4 轮坯公差 202
          9.5.5 齿轮齿面和基准面的表面粗糙度要求 204
          9.5.6 图样上齿轮精度等级的标注 204
   本章小结 205
   习题 205

第 10 章 圆锥结合精度设计 206

   10.1 概述 206
          10.1.1 圆锥的主要几何参数 207
          10.1.2 有关圆锥公差的术语 207
          10.1.3 有关圆锥配合的术语 208
   10.2 圆锥公差与配合 210
          10.2.1 圆锥公差项目 210
          10.2.2 圆锥公差的给定及标注方法 211
          10.2.3 圆锥配合的一般规定 212
   10.3 锥度和圆锥角的检测 213
          10.3.1 直接测量法测量锥度和圆锥角 213
          10.3.2 用量规检验圆锥角偏差 213
          10.3.3 间接测量圆锥角 214
   本章小结 214
   习题 215

第 11 章　精度设计与精度分析 ··216

11.1　尺寸链的精度设计 ··216
11.1.1　尺寸链概述 ··216
11.1.2　尺寸链的计算 ··219

11.2　精度设计案例 ··223
11.2.1　尺寸精度设计 ··224
11.2.2　轴的几何精度设计 ··225
11.2.3　零件表面粗糙度参数及参数值的选择 ···226

11.3　计算机辅助精度分析 ··227

本章小结 ···229

习题 ··230

参考文献 ···232

第 1 章 绪 论

> **教学重点**
>
> 互换性基本概念，互换性的种类，标准化与互换性的关系，优先数和优先数系的概念。
>
> **教学难点**
>
> 互换性的概念与意义。
>
> **教学方法**
>
> 讲授法，问题教学法。

引例

当你面对一个零件的设计图样时，对其中的标注你会解释吗？如图 1-1 所示的标注，其中 $\phi 30h6$ 和 $\phi 20F7$ 是对零件的轴与孔提出了尺寸公差的要求；同时对轴的轴线提出了直线度的要求；对孔的轴线提出了与轴的轴线同轴度的要求；对孔和轴的表面分别要求表面轮廓精度为 $Ra\ 3.2\mu m$ 和 $1.6\mu m$。零件的加工正是依据这些精度要求来安排零件的工艺规程，实现自动化和流水线的加工与装配。图 1-2 为某轿车的装配流水线，传送带将轿车带动向前，工人只要在各自的位置完成零件的装配，既便于质量控制，又提高了生产效率。轿车为什么能实现流水线作业？正是由于轿车的零部件具有互换性。精度设计和互换性就是本书所要介绍的内容。

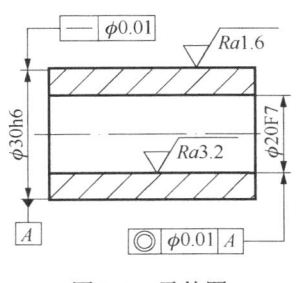

图 1-1 零件图

图 1-2 轿车的装配流水线

1.1 概 述

1.1.1 几何量精度设计

几何量是指表征零部件几何特征的量。几何量包括长度、角度、形状、位置、表面轮廓精度等。

零件加工后的实际几何形体与设计要求的形体相一致的程度，称为几何量精度。

几何量精度设计是机械设计中必不可少的重要环节，它所涉及的内容是机械制造的重要依据。

在机械零部件的设计过程中，需要进行以下三方面的设计。

（1）运动设计。根据机器或机构的运动要求，由运动学原理，确定机器或机构的合理传动系统，选择合适的机构或元器件，以保证实现预定的动作，满足机器或机构运动方面的要求。

（2）结构设计。根据强度、刚度等性能的要求，确定零件的公称尺寸，进行结构设计，使其在工作时能承受规定的载荷，达到强度和刚度等方面的要求。

（3）几何量精度设计。零件的公称尺寸确定后，还需要进行精度设计，以决定产品各个部件的装配精度以及零件的几何精度。例如轴的直径尺寸确定后，其尺寸公差、几何公差和表面的轮廓精度等都必须确定并标注在图样上。加工工艺就是根据该零件几何精度要求来安排的，所以零件的几何量精度直接影响其使用性能和加工质量要求。本书主要讨论的是几何量精度设计。

1.1.2 测量技术

测量是将被测量与作为计量单位的标准量进行比较，以确定被测量的具体数值过程。测量技术是互换性得以实现的必要保障。加工完成后的零件是否满足几何精度的要求，需要通过测量加以判断。

测量技术包括测量的仪器、测量的方法和测量数据的处理和评判。产品质量的提高，除设计和加工精度的提高外，还更依赖于检测精度的提高。测量技术的水平在一定程度上反映了机械加工的水平。测量技术的发展能提高检测效率、公正评判和保证产品质量。

随着科技的发展，我国的测量的技术水平也在快速提高。高尖端的检测仪器的国产化率越来越高，而且性价比远远高于国际的同类产品，使企业和研究院（所）买得起、用得起，这为检测精度的提高创造了条件，提供了保障。

未来的测量技术正朝着高智能、高精度、高灵敏、高分辨率的方向发展，这必将推动产品的质量水平更上一层楼。

1.1.3 本课程的学习要求

本课程学习的主要任务就是掌握几何量精度设计的基本方法，获得互换性、标准化、测量技术及质量工程的基础知识，掌握各公差标准及其应用和工厂常用计量器具的操作技能，初步了解测量误差及其处理方法，并具有一定的工作能力，为从事机电产品的设计、制造、维修、开发和科研打下坚实的基础。

有关几何量精度设计的基本知识主要通过课堂讲授的方法学习，测量仪器和测量方法的掌握主要通过实验教学来完成。

1.2 互换性与公差

零部件的互换性包括几何量、力学性能和理化性能等，本书只介绍几何量的互换性。

在实际生产中，汽车装配往往采用的是流水线作业，随着输送带的运动，汽车的各部位的零件被一一组装。为什么工人在装配时，不加任何选择，就能将零件组装好？这就是零件互换性的作用。

1.2.1 互换性与公差的概念

1. 互换性

在机械和仪器制造业中，零部件的互换性是指在统一规格的一批零件或部件中，任取其一，不需任何挑选或修配（如钳工修理）就能装在机器上，并达到规定的功能要求，这样的一批零部件就称为具有互换性的零部件。

前面提到的汽车的零部件为什么不加选择，随机取一件就能装上，并能满足要求，正是因为这些零部件具有互换性。互换性在日常生活中也很常见，例如，灯泡、螺栓、螺母、轴承等零件都是具有互换性的零件。灯泡坏了换个新的；自行车的螺栓磨损或脱落了，到零配件商店买个相同规格的，装上就能用了，而不需要知道生产厂家是谁？也不需要将灯座和自行车带到商家去挑拣装配。因为这些零部件具有在尺寸、功能上彼此互相替换的功能。所以互换性是工业生产发展的产物，它是进行现代化生产的基本要求。

为什么这些零件具有互换性？是因为这些零部件在制造时遵循了统一的规范——国家标准中的公差标准，所以才能实现互换性。

2. 公差

公差是零件的几何量所允许的变动量。在设计时必须规定零件的尺寸变动范围即公差，在制造时只要控制零件的误差在公差范围内，零件的实际尺寸在规定的尺寸范围内，就能保证零件具有互换性。因此，公差是保证互换性得以实现的基本条件。

公差标准是国家或行业为了规范，统一制定的几何量的变动范围的要求。通常，厂家和企业需按照标准进行精度设计和加工制造。

1.2.2 互换性的作用

互换性的作用主要表现在机械设计、制造和使用及维修三个方面。

（1）在设计方面，由于大多数零件都已标准化，例如螺纹、轴承、花键和齿轮等，所以在设计中只要根据要求查询国家标准或行业标准选用即可，从而使设计过程简化，耗用的时间缩短。设计人员可以集中精力解决关键问题，设计个别零件，提高设计质量。所以设计人员首先要了解和掌握公差标准的发展，这样才能事半功倍。

（2）在制造方面，互换性有利于实现生产过程的机械化、自动化。采用定尺寸刀量具加工、检验，提高检验效率，降低生产成本。互换性有利于实现装配过程的流水线作业和自动线作业，减轻工人的负担，提高生产效率，例如汽车装配时采用流水线作业。

（3）在使用及维修方面，由于零部件具有了互换性，当某些零部件磨损或损坏，可以及时将备用件换上，方便快捷，并保证使用需求，提高了机器的使用价值。例如照明灯管、固紧螺栓和螺母、收割机的刀片等。

在现代工业化生产中，互换性在提高产品质量、提高生产效率和降低生产成本等方面具有重要的意义。那么是否在任何场合和任何零件都需要按互换性生产呢？互换性种类有哪些？怎样根据需要来选择互换性种类？这就是下节要介绍的互换性的种类。

1.2.3 互换性的种类

按互换性程度可将互换性分为完全互换性和不完全互换性。

1. 完全互换性

完全互换性简称为互换性。这种互换性是以零部件装配或更换不需要挑选或修配为条件的，也就是零件能 100%进行互换，因此也称为绝对互换性。它的优点是生产率高；有利于组织流水线和自动线生产；容易解决备件供应问题；有利于维修工作。缺点是对加工精度要求高的零件，尤其当机器的装配精度要求高而零件的数目较多时，用完全互换装配法所确定的各零件的公差值将会很小，精度要求高且难于加工，也不经济。所以完全互换常用于精度要求不高的零部件。主要是中等精度，批量生产的零件。

2. 不完全互换性

不完全互换性就是针对加工精度要求高而生产成本要求低的矛盾，在零部件装配时允许有附加的选择或调整，但不允许修理，所以也称为有限互换性。不完全互换性可以用分组装配法和调整法来实现。

分组装配法是将零件的制造公差放大，目的是降低加工成本；在装配前进行分组，相同组内的零件进行装配，从而保证零件的装配精度。例如图 1-3 所示的活塞销和活塞销孔的装配关系。活塞销直径与活塞销孔直径的公称尺寸为 $\phi 28$mm，按照装配精度要求，在冷态装配时应有 0.0025～0.0075mm 的过盈量，配合公差是 0.005mm，孔与销轴的加工精度要求为 0.0025mm。从工艺角度分析，需用研磨加工的方法才能保证精度要求。为了降低加工成本，若将活塞销和活塞销孔的加工精度要求改为 0.01mm，制造公差比设计要求的 0.0025mm 扩大了 4 倍，相当于降低了 3 个等级。此时活塞销可采用精密无心磨加工，活塞销孔采用金刚镗加工即可，可使加工成本降低。但为达到装配要求采用了分组互换法进行装配，将孔和轴均分为 4 组，如图 1-3 所示，对同序号的活塞销和活塞销孔进行装配，每组装配的配合公差为 0.005mm，从而满足使用要求。该方法适用于大批量的生产，缺点是容易造成各组配合件数不等，不能完全配套，造成零件的废品率升高。

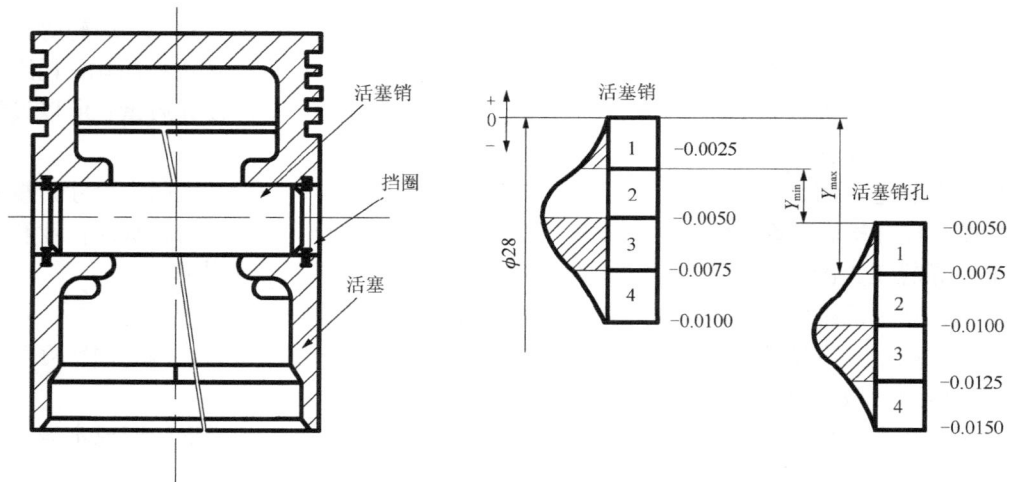

图 1-3　活塞销与活塞销孔的装配关系

调整互换法有可动调整法和固定调整法。调整互换方法是在装配时，用改变组装产品中某一可调整零件的相对位置或选用合适的调整件以达到装配精度的方法。如图1-4所示，通过旋转螺钉可调整轴承的轴向间隙。

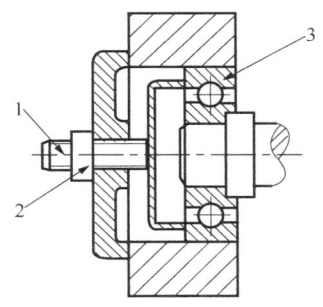

图1-4　调整法装配
1—螺栓；2—螺母；3—轴承

1.3　标准化与优先数系

1.3.1　标准与标准化的概念

1. 标准

标准是对重复性事物和概念所做的统一规定，它以科学、技术和实践经验的综合成果为基础，经有关方面协商一致，由主管机构批准，以特定形式发布，作为共同遵守的准则和依据。标准是需要人们共同遵守的规范性文件。

标准的表现形式分为文字表达和实物表达，例如标准文件、量块等。我国标准分为强制性标准和推荐性标准。强制性标准是国家通过法律的形式明确要求对于一些标准所规定的技术内容和要求必须执行，不允许以任何理由或方式加以违反、变更，这样的标准称为强制性标准，包括强制性的国家标准、行业标准和地方标准。对违反强制性标准的，国家将依法追究当事人的法律责任。

推荐性标准是指国家鼓励自愿采用的具有指导作用而又不宜强制执行的标准，即标准所规定的技术内容和要求具有普遍的指导作用，允许使用单位结合自己的实际情况，灵活加以选用。国际标准是指国际标准化组织 ISO 和国际电工委员会 IEC 所制定的标准，以及国际标准化组织已列入《国际标准题内关键词索引》中的 27 个国际组织制定的标准和公认的具有国际先进水平的其他国际组织制定的某些标准。

2. 标准化

标准化是指在经济、技术、科学及管理等社会实践中，对重复性事物和概念通过制定、发布和实施标准，达到统一，以获得最佳秩序和社会效益的活动。标准化包括标准的制定、贯彻实施和管理。

1.3.2 标准的分类及代号

根据《中华人民共和国标准化法》规定，按标准的层次分类，我国的标准分为国家标准、行业标准、地方标准和企业标准，并将国家标准、行业标准、地方标准分为强制性标准和推荐性标准两类。

国家标准是四级标准体系中的主体，例如 GB 7718－2011《预包装食品标签通则》，GB 是国标的汉文拼音的声母，7718 是强制性国家标准的代号，2011 为年代。GB/T 1800.1－2009《极限与配合 第 1 部分：公差、偏差和配合的基础》，在 GB 后加/T 表示推荐性国家标准。

行业标准是指对没有相关国家标准而又需要在全国某个行业范围内统一的技术要求所制定的标准。行业标准是对国家标准的补充，是专业性、技术性较强的标准。行业标准的制定不得与国家标准相抵触。一旦相应的国家标准公布实施，相应的行业标准即行废止。例如，JB/T 4050.1－1999《气相防锈油 技术条件》是机械行业推荐性标准。不同行业标准前面的两个字母不同。例如，JB 表示机械、NY 表示农业、JT 表示交通、HJ 表示环境保护、SN 表示商检、QB 表示轻工、LY 表示林业、CJ 表示城镇建设、WS 表示卫生、YC 表示烟草、QC 表示汽车、JC 表示建材、SJ 表示电子、YD 表示通信、JY 表示教育等。

地方标准是指对没有相关国家标准和行业标准而又需要在省、自治区、直辖市范围内统一工业产品的安全、卫生要求所制定的标准。地方标准在本行政区域内适用，不得与国家标准和行业标准相抵触。相关国家标准、行业标准公布实施后，相应的地方标准即行废止。例如，DB 14/T 165－2007 为山西省推荐性地方标准；DB 34/282－2002 为安徽省强制性地方标准。DB 是地标的汉文拼音的声母，DB 后面的阿拉伯数字代表省或直辖市。例如，11 表示北京、12 表示天津、13 表示河北、14 表示山西、15 表示内蒙古自治区、21 表示辽宁、22 表示吉林、23 表示黑龙江、31 表示上海、32 表示江苏、33 表示浙江、34 表示安徽、35 表示福建、36 表示江西、37 表示山东、41 表示河南、42 表示湖北、43 表示湖南、44 表示广东、45 表示广西壮族自治区、46 表示海南、50 表示重庆、51 表示四川、52 表示贵州、53 表示云南、54 表示西藏自治区、61 表示陕西、62 表示甘肃、63 表示青海、64 表示宁夏、65 表示新疆。

企业标准是指企业所制定的产品标准和在企业内对需要协调统一的技术要求、管理规则和工作要求所制定的标准。若企业生产的产品没有国家标准、行业标准和地方标准可遵循的，则应当制定相应的企业标准。对已有国家标准、行业标准或地方标准的，则鼓励企业制定严于国家标准、行业标准或地方标准要求的企业标准。企业标准是企业组织生产、经营活动的依据。例如 Q/BQB 110—2009《轧制方坯》是宝山钢铁股份有限公司的企业标准，其中 Q 是企业的企的汉文拼音的声母，BQB 是企业代号，110 是标准顺序号，2009 是标准制定的年份。

1.3.3 优先数系和优先数

工程师在机械设计中常遇到数据的选取问题，几何量精度设计就是数据的选取问题之一，例如，产品分类或分级的系列参数的规定、公差数值的规定等。这些数据的选择涉及统一、简化、规范和实用性的问题。国家标准 GB/T 321－2005《优先数和优先数系》给出了制定标准的数值制度，这也是国际上通用的科学数值制度。

1. 优先数系

优先数系是公比为 $\sqrt[5]{10}$、$\sqrt[10]{10}$、$\sqrt[20]{10}$、$\sqrt[40]{10}$ 和 $\sqrt[80]{10}$，且项值中含有 10 的整数幂的几何级数的常用圆整值。优先数系是由一组十进制等比数列构成的。代号为 Rr；公比为 $q_r = \sqrt[r]{10}$（r 取 5、10、20、40、80）。例如，R5、R10、R20 和 R40 系列。

其中，R5 的公比：$q_5 = \sqrt[5]{10} \approx 1.6$

R10 的公比：$q_{10} = \sqrt[10]{10} \approx 1.25$

R20 的公比：$q_{20} = \sqrt[20]{10} \approx 1.12$

R40 的公比：$q_{40} = \sqrt[40]{10} \approx 1.06$

表 1-1 是优先数系，从表 1-1 可知优先数是近似值，其数值圆整的方法在此不做介绍，应用时根据表 1-1 进行推算，即可获得需要的数。因为优先数系可向前或向后两个方向无限延伸，表中值乘以 10 的正整数幂或负整数幂后，即可得到其他十进制项值。例如，R5 系列从 10 开始取数，可根据表 1-1 依次为 10、16、25、40、63、100、160、…

表 1-1 优先数系（基本系列）

基本系列	优先数（常用值）									
R5	1.00		1.60			2.50		4.00		6.30		10.00
R10	1.00	1.25	1.60	2.00		2.50	3.15	4.00	5.00	6.30	8.00	10.00
R20	1.00	1.12	1.25	1.40	1.6	1.80	2.00	2.24	2.50	2.80	3.15	
	3.55	4.00	4.50	5.00	5.60	6.30		7.10		8.00	9.00	10.00
R40	1.00	1.06	1.12	1.18		1.25	1.32	1.40	1.50	1.60	1.70	1.80
	1.9	2.00	2.12	2.24		2.36		2.5	2.65	2.8	3.0	3.15
	3.35	3.55	3.75			4.00	4.25	4.50		4.75	5.00	5.30
	5.60	6.00	6.30	6.70		7.10	7.50	8.00	8.50	9.00	9.50	10.00

优先数系的特点：

（1）具有继承性的特性。r 值大的优先数系的项值包括 r 值小的优先数系的项值。例如，R10 系列包括 R5 系列里的所有数；R20 系列包括 R10 系列里的所有数。

（2）具有规律性的特性。根据 r 值可以判断优先数系的变化规律，例如，R5 系列就是每隔 5 位数值扩大 10 倍，R10 系列就是每隔 10 位数值扩大 10 倍。根据此规律可按表 1-1 的数值向两边扩展，并方便地获得所需要的优先数。例如，R5 系列比 1 小的优先数为 0.63、0.4、0.25、0.16、0.1、…

2. 优先数

优先数系中的所有数都为优先数，即符合 R5、R10、R20、R40 和 R80 系列的圆整值。在生产中，为了满足用户各种各样的要求，同一种产品的同一个参数还要从大到小取不同的值，从而形成不同规格的产品系列。公差数值的标准化也是以优先数系来选数的。

3. 优先数系的分类

根据国家标准 GB 321－2005 的规定，优先数系分为以下两种。

基本系列：R5、R10、R20、R40 和补充系列 R80。

派生系列：R10/3、R5/2、R10/2。

基本系列是常用的系列，补充系列是在参数分级很细或基本系列中的优先数不能适应实际情况时，才可考虑采用。

派生系列是从基本系列或补充系列中，每隔 p 项取值导出的系列，以 Rr/p 表示，比值 r/p 是 1～10、10～100 等各个十进制数内项值的分级数。例如，R10/3，它的公比数大约为 2，即 $q_{10/3} = 10^{3/10} = 1.99526 \approx 2$，它是在 R10 系列的基础上每隔 3 个数取 1 个数，参见表 1-1，根据选择的起始数值不同，由此可导出三种不同项值的系列：

（1）1.00、2.00、4.00、8.00、…

（2）1.25、2.50、5.00、10.0、…

（3）1.60、3.15、6.30、12.5、…

本章小结

本章节主要介绍了几何量精度设计的含义，互换性的基本概念；完全互换与不完全互换的区别及互换生产在国民经济发展中的作用。介绍了标准化意义；标准化与互换性的关系；优先数系和优先数是标准参数选取的依据。

习 题

1-1 什么是互换性？它在机械制造中有何重要意义？是否只适用于大批量生产？

1-2 完全互换与不完全互换有何区别？各用于何种场合？

1-3 公差、测量、标准化与互换性有什么关系？

1-4 按照标准颁发的级别分类，我国标准有哪几种？

1-5 什么是优先数系？R5 系列的数每隔 5 位数值扩大几倍？

1-6 请根据表 1-1 推导并写出 R10 和 R10/2 系列自 1 开始的 20 个数。

1-7 可装配性与互换性有何区别？

1-8 误差和公差有何关系？

第 2 章　孔、轴尺寸精度设计

教学重点

极限与配合的基本术语及定义；极限与配合的有关国家标准的构成；极限与配合的选用。

教学难点

极限与配合的选用。

教学方法

演示法、对比法、示例法、练习法。

引例

孔、轴尺寸精度是精度设计的基础。机床的各零部件之间的装配关系构成就体现了机床各零件的尺寸公差要求。如图 2-1 所示，车床中的丝杆带动溜板箱运动，这一运动需要溜板箱与丝杠的配合、溜板箱与机床导轨的配合等。如何设计这些机床零部件合理的配合精度及尺寸精度？减速器是常见的机械装置，如图 2-2 所示，图中滚动轴承与箱体的孔和轴的配合、齿轮与轴的配合、轴套与轴的配合等，这些孔和轴的配合是机械行业中最基础、最常用的配合。本章讨论的是如何进行孔、轴的尺寸精度设计以满足互换性要求。

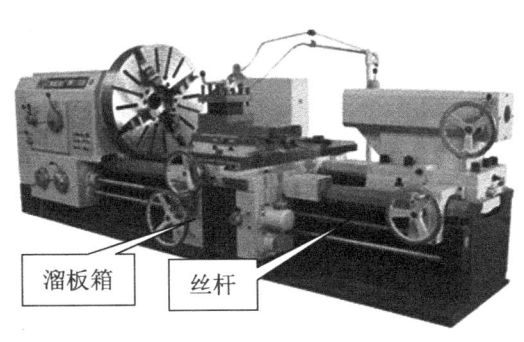

图 2-1　车床

图 2-2　减速器

2.1　概　　述

极限与配合的标准化有利于机器的设计、制造、使用和维修。极限与配合标准不仅是机械工业各部门进行产品设计、工艺设计的依据，而且是广泛组织协作和专业化生产的重要文件。

本章涉及的国家标准有 GB/T 1800.1－2009《极限与配合　第 1 部分：公差、偏差和配合的基础》；GB/T 1800.2－2009《极限与配合　第 2 部分：标准公差等级和孔、轴极限偏差表》；GB/T 1801－2009《极限与配合　公差带和配合的选择》；GB/T 1803－2003《极限与配合　尺寸至 18mm 孔、轴公差带》；GB/T 1804－2000《一般公差　未注公差的线性和角度尺寸的公差》等。

2.2　极限与配合的基本术语及定义

2.2.1　有关尺寸方面的术语及定义

1. 尺寸和尺寸要素

尺寸是用特定单位表示的线性尺寸值的数值，如表示长度、直径、宽度、高度、深度等的数值。

尺寸要素是由一定大小线性尺寸和角度尺寸确定的几何形状，例如圆柱形、球形、两平行平面的对应面等。在零件图样上，线性尺寸通常都以毫米为单位进行标注。此时，单位的符号（mm）可以省略不注。

2. 公称尺寸

公称尺寸是由图样规范确定的理想形状要素的尺寸。在机械设计过程中，设计者根据使用要求，考虑零件的强度、刚度、运动等条件，结合工艺需要、结构合理性、外观要求，经计算（或类比）、圆整确定公称尺寸。公称尺寸应该按 GB/T 2822－2005《标准尺寸》标准选取。通过公称尺寸和上、下偏差可以计算极限尺寸。孔的公称尺寸常用符号 D 表示，轴的公称尺寸常用符号 d 表示。

3. 极限尺寸

极限尺寸是尺寸要素允许的尺寸的两个极端。尺寸要素允许的最大尺寸称为上极限尺寸，尺寸要素允许的最小尺寸称为下极限尺寸。如图 2-3 所示，孔和轴的上、下极限尺寸符号分别为 D_{max}、d_{max} 和 D_{min}、d_{min}。

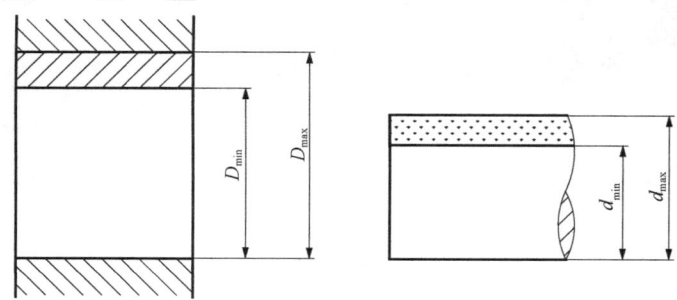

图 2-3　极限尺寸

4. 提取组成要素的局部尺寸（简称实际尺寸）

提取组成要素的局部尺寸是指一切提取组成要素上两对应点之间距离的统称，可简称为提取要素局部尺寸,提取要素是由实际(组成)要素提取有限数目的点所形成的实际(组成)要素近似替代。因此,该提取要素局部尺寸也可简称为实际尺寸。例如圆柱体的直径是圆柱面上对应两点间的距离,该两点的连线需通过拟合圆心。两平行平面之间的距离是提取两表面上对应点之间距离。孔和轴的提取要素局部尺寸的符号分别用 D_a 和 d_a 表示。

实际尺寸的获得只有通过测量获得。由于存在测量误差,实际尺寸并非被测尺寸的真值。例如孔的尺寸 $\phi 25.985$mm,测量误差在 ± 0.001mm 以内,实测尺寸的真值为 $\phi 25.984$mm$\sim \phi 25.986$mm。真值虽然客观存在但是测量不出来,所以测量获得的尺寸即为实际尺寸。

提取要素的局部尺寸(实际尺寸)的合格条件为 $D_{max} \geqslant D_a \geqslant D_{min}$ 和 $d_{max} \geqslant d_a \geqslant d_{min}$。

2.2.2 有关孔和轴的定义

有关孔和轴的定义如下。

1. 孔

通常指工件的圆柱形内尺寸要素,也包括非圆柱形的内尺寸要素(由两个平行平面或切面形成的包容面)。

2. 轴

通常指工件的圆柱形外尺寸要素,也包括非圆柱形的外尺寸要素(由两个平行平面或切面形成的被包容面)。

从加工过程看,随着材料的被切除,孔的尺寸由小变大,轴的尺寸由大变小。图 2-4 所示为孔与轴的示意,图中由标注尺寸 D_1、D_2、D_3、D_4、D_5 所确定的包容面均称为孔;而由 d_1、d_2 所确定的被包容面,均称为轴。

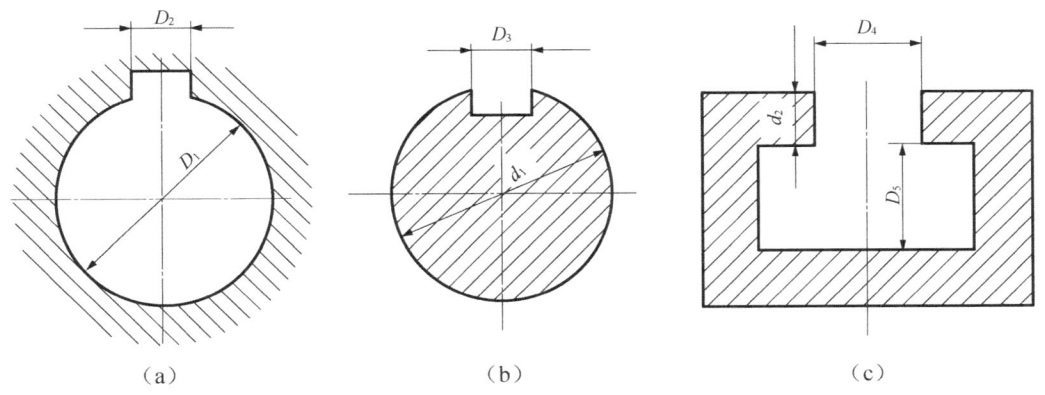

图 2-4 孔与轴的示意

2.2.3 有关偏差和公差的术语及定义

1. 尺寸偏差(简称偏差)

尺寸偏差是指某一尺寸减其公称尺寸所得的代数差。偏差可以为正值、负值或零。在计算和标注时,除零外的值必须带有正、负号。当"某一尺寸"分别与工件的极限尺寸或实际尺寸时,偏差可以分为极限偏差和实际偏差两种。

1)极限偏差

极限偏差包括上极限偏差和下极限偏差。上极限尺寸减其公称尺寸所得的代数差称为上极限偏差,简称为上偏差。孔和轴的上极限偏差分别用代号 ES 和 es 表示。下极限尺寸减其公称尺寸所得的代数差称为下极限偏差,简称为下偏差。孔和轴的下极限偏差分别用 EI 和 ei 表示。

孔和轴的上极限偏差、下极限偏差用公式表示为

$$ES=D_{max}-D \quad es=d_{max}-d \quad (2-1)$$
$$EI=D_{min}-D \quad ei=d_{min}-d \quad (2-2)$$

2)实际偏差

提取要素的局部尺寸(实际尺寸)减其公称尺寸所得的代数差称为实际偏差。合格零件的实际偏差应在规定的极限偏差范围内。孔和轴的实际偏差分别以 Ea 和 ea 表示,即

$$Ea=D_a-D \quad ea=d_a-d \quad (2-3)$$

实际偏差的合格条件为 ES≥Ea≥EI 和 es≥ea≥ei。

2. 尺寸公差(简称公差)

尺寸公差是指允许尺寸的变动量。尺寸公差等于上极限尺寸减下极限尺寸之差,或等于上极限偏差与下极限偏差之差。尺寸公差是一个没有符号的绝对值。

孔和轴的公差分别用符号 T_h 和 T_s 表示。公差、极限尺寸及偏差的关系如下:

$$T_h=|D_{max}-D_{min}|=|ES-EI|$$
$$T_s=|d_{max}-d_{min}|=|es-ei| \quad (2-4)$$

极限尺寸、公差与偏差的关系如图 2-5 所示。

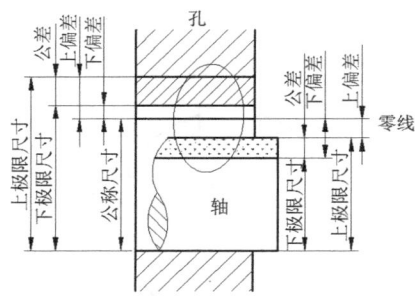

图 2-5 极限尺寸、公差与偏差的关系

【例 2-1】 已知相互配合的孔和轴的公称尺寸为 45mm;孔的上极限尺寸为 45.025mm;孔的下极限尺寸为 45mm;轴的上极限尺寸为 44.991mm;轴的下极限尺寸为 44.975mm,求孔与轴的极限偏差与公差。

解:$ES=D_{max}-D=45.025-45=+0.025$mm

$EI=D_{min}-D=45-45=0$

$es=d_{max}-d=44.991-45=-0.009$mm

$ei=d_{min}-d=44.975-45=-0.025$mm

$T_h=|D_{max}-D_{min}|=|45.025-45|=0.025$mm

$T_s=|d_{max}-d_{min}|=|44.991-44.975|=0.016$mm

孔的尺寸为 $\phi 45^{+0.025}_{0}$ mm；轴的尺寸为 $\phi 45^{-0.009}_{-0.025}$ mm

3. 公差带图

由于公差及偏差的数值与尺寸数值相比，差别很大，不方便用同一比例表示，如图 2-5 所示，实际上将公差及偏差的数值放大了比例，而图形全部画出也很繁琐。因此，为简化起见，无须画出整个零件，只取出图 2-5 中的椭圆线条圈起来部分，画出尺寸公差带，如图 2-6（a）所示。这就是极限与配合图解，简称公差带图，如图 2-6（b）所示。公差带图由零线和尺寸公差带组成。

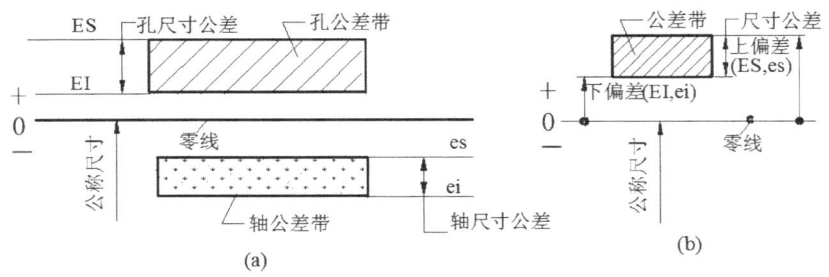

图 2-6 公差带图

1) 零线

在极限与配合图解中，表示公称尺寸的一条直线以其为基准确定偏差和公差，称为零线。通常，零线沿水平方向绘制，正偏差位于其上，负偏差位于其下。如图 2-6（a）所示，零线代表的是公称尺寸，同时也是零偏差。

2) 公差带

如图 2-6（b）所示，在公差带图解中，由代表上极限偏差和下极限偏差或上极限尺寸和下极限尺寸的两条直线所限定的一个区域，称为公差带。

在绘制公差带图时应注意用不同的图线来区分孔、轴公差带。如图 2-7 所示的公差带图中孔、轴公差带分别用不同的填充来区分。另外在同一个公差带图中，孔、轴公差带的位置、大小应采用相同的比例绘制。如图 2-7 所示，这样便于分析和理解。公差带的横向宽度没有实际意义，可在图中适当选取。

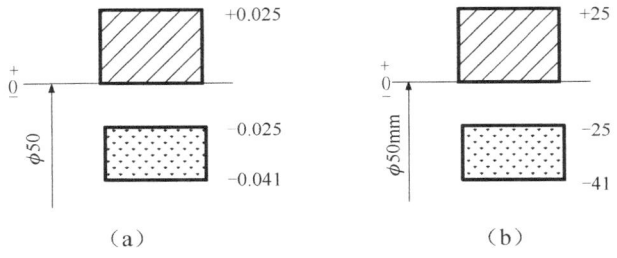

图 2-7 公差带图的两种画法

在公差带图中，公称尺寸的单位采用 mm，极限偏差的单位可以采用 mm 或 μm。当极限偏差以 mm 为单位时，可以不标注单位，如图 2-7（a）所示；当极限偏差以 μm 单位时，则要标注公称尺寸的单位，如图 2-7（b）所示。

公差带的组成有两个基本要素，即公差带大小与公差带位置。公差带大小由标准公差确定，公差带位置由基本偏差确定。

4. 极限制与标准公差

经标准化的公差与偏差制度称为极限制。在标准极限与配合制中，所规定的任意公差称为标准公差。具体数值参见国家标准 GB/T 1800.1－2009。

5. 基本偏差

在标准极限与配合制中，确定公差带相对零线位置的那个极限偏差称为基本偏差。它可以是上极限偏差或下极限偏差，一般为靠近零线的那个极限偏差。具体数值参见国家标准 GB/T 1800.1－2009。

公差与偏差的比较如下。

（1）偏差可以为正值、负值或零，而公差是绝对值，且不能为零。

（2）极限偏差用于限制实际偏差，而公差用于限制误差。

（3）对于单个零件，只能测出尺寸的实际偏差；而对一批零件，可以统计出尺寸误差。

（4）偏差取决于加工机床的调整，如车削时进刀的位置，不反映加工难易；而公差表示制造精度，反映加工难易程度。

（5）极限偏差反映公差带位置，影响配合松紧程度；而公差反映公差带大小，影响配合精度。

2.2.4 有关配合方面的术语及定义

1. 间隙与过盈

孔的尺寸减去相配合的轴的尺寸之差为正时，称为间隙，用 X 表示。孔的尺寸减去相配合的轴的尺寸之差为负时，称为过盈，用 Y 表示。

2. 配合

公称尺寸相同的并且相互结合的孔和轴公差带之间的关系称为配合（对一批零件而言）。配合反映了机器上相互结合的零件间松紧程度。根据孔和轴公差带之间的不同关系，可将配合分为间隙配合、过盈配合和过渡配合三大类。

1）间隙配合

具有间隙（包括最小间隙等于零）的配合称为间隙配合。此时，孔的公差带在轴的公差带之上，如图 2-8 所示。

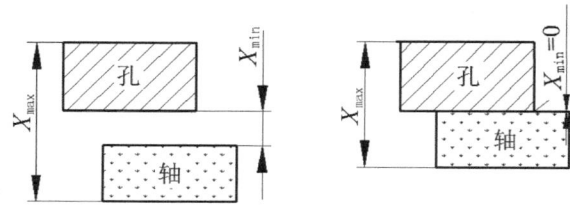

图 2-8　间隙配合

孔的上极限尺寸（或孔的上极限偏差）与轴的下极限尺寸（或轴的下极限偏差）之差称为最大间隙，用 X_{max} 表示。孔的下极限尺寸（或孔的下极限偏差）与轴的上极限尺寸（或轴的上极限偏差）之差称为最小间隙，用 X_{min} 表示。即

$$X_{max}=D_{max}-d_{min}=ES-ei \tag{2-5}$$

$$X_{min}=D_{min}-d_{max}=EI-es \tag{2-6}$$

2）过盈配合

具有过盈（包括最小过盈等于零）的配合称为过盈配合。此时，孔的公差带在轴的公差带之下，如图 2-9 所示。

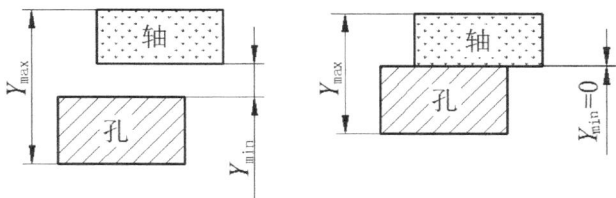

图 2-9　过盈配合

孔的下极限尺寸（或孔的下极限偏差）与轴的上极限尺寸（或轴的上极限偏差）之差称为最大过盈，用 Y_{max} 表示。孔的上极限尺寸（或孔的上极限偏差）与轴的下极限尺寸（或轴的下极限偏差）之差称为最小过盈，用 Y_{min} 表示。即

$$Y_{max}=D_{min}-d_{max}=EI-es \tag{2-7}$$

$$Y_{min}=D_{max}-d_{min}=ES-ei \tag{2-8}$$

3）过渡配合

可能具有间隙或过盈的配合称为过渡配合。此时，孔的公差带与轴的公差带相互交叠，如图 2-10 所示。

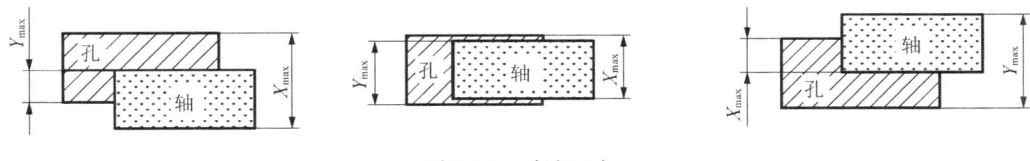

图 2-10　过渡配合

在过渡配合中，其配合的极限情况是最大间隙与最大过盈。计算公式见式（2-5）和式（2-7）。

3. 配合公差

配合公差是允许间隙或过盈的变动量，它等于组成配合的孔与轴的公差之和。配合公差是一个没有符号的绝对值，用 T_f 表示。

对于间隙配合　　　　　　$T_f=|X_{max}-X_{min}|=T_h+T_s$ 　　　　　　（2-9）

对于过盈配合　　　　　　$T_f=|Y_{max}-Y_{min}|=T_h+T_s$ 　　　　　　（2-10）

对于过渡配合　　　　　　$T_f=|X_{max}-Y_{max}|=T_h+T_s$ 　　　　　　（2-11）

4. 配合制

国家标准 GB/T 1800.1－2009 对配合规定两种配合制，即基孔制配合和基轴制配合，如图 2-11 所示。配合制是同一极限制的孔和轴组成的一种配合制度。

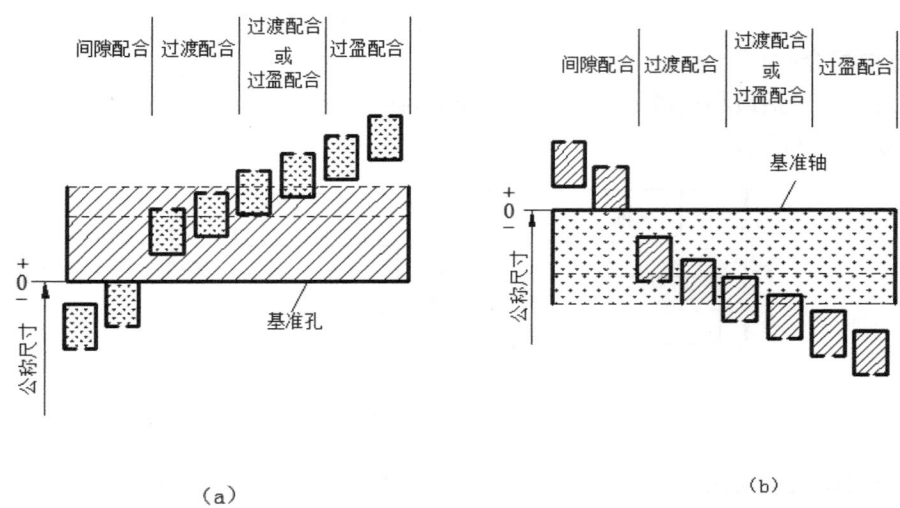

图 2-11 基孔制配合和基轴制配合

1）基孔制配合

基本偏差为一定的孔的公差带，与不同基本偏差的轴的公差带形成各种配合的一种制度称为基孔制配合，简称基孔制。基孔制配合的孔为基准孔，其代号为 H，如图 2-11（a）所示。

2）基轴制配合

基本偏差为一定的轴的公差带，与不同基本偏差的孔的公差带形成各种配合的一种制度称为基轴制配合，简称基轴制。基轴制配合的轴为基准轴，其代号为 h，如图 2-11（b）所示。

图 2-12 所示为例 2-2～例 2-4 的公差带图解。

【例 2-2】 已知孔 $\phi 50^{+0.039}_{0}$ mm，轴 $\phi 50^{-0.025}_{-0.050}$ mm，求 X_{max}、X_{min}、T_f，并画出公差带图。

解：$X_{max}=D_{max}-d_{min}=50.039-49.950=+0.089$mm

$X_{min}=D_{min}-d_{max}=50-49.975=+0.025$mm

$T_f=|X_{max}-X_{min}|=|0.089-0.025|=0.064$mm

所得公差带图如图 2-12（a）所示。

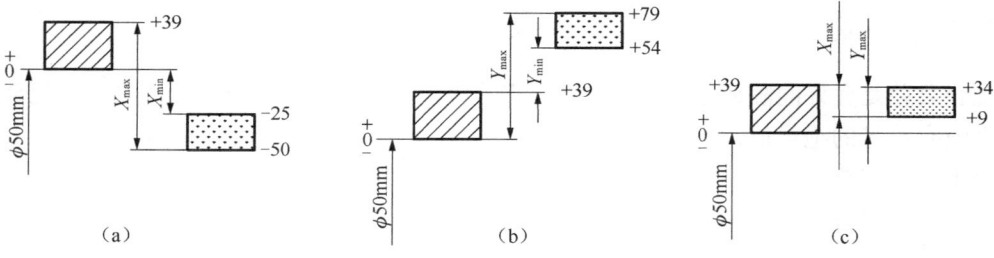

图 2-12 例 2-2～例 2-4 的公差带图解

【例2-3】 已知孔$\phi 50^{+0.039}_{0}$mm，轴$\phi 50^{+0.079}_{+0.054}$mm，求$Y_{max}$、$Y_{min}$及$T_f$，并画出公差带图。

解：$Y_{max}=D_{min}-d_{max}=50-50.079=-0.079$mm

$Y_{min}=D_{max}-d_{min}=50.039-50.054=-0.015$mm

$T_f=|Y_{max}-Y_{min}|=|-0.015-(-0.079)|=0.064$mm

所得公差带图如图2-12（b）所示。

【例2-4】 已知孔$\phi 50^{+0.039}_{0}$mm，轴$\phi 50^{+0.034}_{+0.009}$mm，求$X_{max}$、$Y_{max}$及$T_f$，并画出公差带图。

解：$X_{max}=D_{max}-d_{min}=50.039-50.009=+0.030$mm

$Y_{max}=D_{min}-d_{max}=50-50.034=-0.034$mm

$T_f=|X_{max}-Y_{max}|=|+0.030-(-0.034)|=0.064$mm

所得公差带图如图2-12（c）所示。

从以上三个例题中可看出，由于轴的基本偏差不同，导致三种配合性质完全不同。配合精度的高低取决于相互配合孔和轴公差的大小。若要提高装配精度，则必须提高零件的加工精度。

2.3 尺寸公差标准和基本偏差标准的构成

根据前述可知，配合是孔轴公差带的组合，而孔、轴公差带是由公差带的大小和位置两个基本要素组成的。公差值的大小由标准公差数值决定，公差带的位置由基本偏差决定。国家标准GB/T 1800.1－2009给出了尺寸公差标准和基本偏差标准的构成和数值表。

2.3.1 标准公差系列

1. 公差等级

公称尺寸≤500mm规定了IT01、IT0、IT1、IT2、…、IT18共20个标准公差等级；在公称尺寸＞500mm～3150mm规定了IT1～IT18共18个标准公差等级。

标准公差等级代号用符号IT和数字组成。IT表示标准公差，即国标公差（ISO Tolerance）的缩写；数字是公差等级。当数字与基本偏差代号构成公差带时，IT可省略，例如h8。

从IT01到IT18，等级依次降低，而相应的标准公差值依次增大。

标准公差等级IT01和IT0在工业中很少用到，因此，在标准正文中没有给出该两公差等级的标准公差数值。但为满足使用者需要，GB/T 1800.1－2009的附录A给出了这些数值。

一定的公差等级对应一定的公差等级系数。对于公称尺寸≤500mm，从IT5～IT18开始，各级的公差等级系数按R5优先数系增加，参见表2-1所列公式中的数字。

2. 标准公差因子

标准公差因子是用以确定标准公差的基本单位，它是制定标准公差系列的基础，标准公差数值是标准公差因子的函数。标准公差因子是公称尺寸的函数。

对尺寸≤500mm时，公差单位i（μm）按式（2-12）计算：

$$i = 0.45\sqrt[3]{D} + 0.001D \tag{2-12}$$

式中，i——标准公差因子；D——公称尺寸段的几何平均值，单位为mm。

在标准公差因子的计算公式中包括两项：第一项主要反映加工误差，根据生产实际经验和统计分析,加工误差与公称尺寸呈立方抛物线的关系;所以标准公差因子也与公称尺寸呈立方抛物线的关系。第二项用于补偿由于测量偏离标准参考温度(20℃)时以及测量器具的变形等引起的测量误差。标准公差因子与公称尺寸的关系如图 2-13 所示。

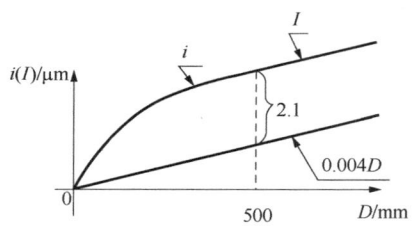

图 2-13 标准公差因子与公称尺寸的关系

当直径很小时,第二项所占比重很小;当直径较大时,公差单位随直径的增加而加快,公差值相应增大。

对尺寸>500～3150mm 时,公差单位 I(μm)应按下式计算:

$$I=0.004D+2.1 \tag{2-13}$$

对大尺寸而言,与直径成正比的误差因素,其影响增长很快,特别是温度变化的影响大,而温度变化引起的误差随直径的加大呈线性关系。所以,国家标准规定的大尺寸公差单位采用线性关系。

3. 标准公差的计算公式

在公称尺寸≤500mm 的常用尺寸范围内,各种标准公差的计算公式见表 2-1。自 IT6 以下,各级的公差等级系数按 R5 优先数系增加。对于 IT01、IT0 及 IT1 等更高的公差等级,主要考虑测量误差,公差单位宜采用线性关系式,且三个公差等级系数中的常数和系数均采用优先数系的派生系列 R10/2。对于 IT2、IT3 及 IT4 这三个等级,标准中没有给出计算公式,其标准公差数值在 IT1 和 IT5 数值之间大致按几何级数递增。

表 2-1 公称尺寸≤500mm 的标准公差计算公式(摘自 GB/T 1800.1—2009)

公差等级	公式	公差等级	公式	公差等级	公式
IT01	0.3+0.008D	IT5	7i	IT12	160i
IT0	0.5+0.012D	IT6	10i	IT13	250i
IT1	0.8+0.020D	IT7	16i	IT14	400i
IT2	无公式	IT8	25i	IT15	640i
IT3	无公式	IT9	40i	IT16	1000i
IT4	无公式	IT10	64i	IT17	1600i
		IT11	100i	IT18	2500i

尺寸公差的标准用以规范公差带大小。对于公称尺寸小于或等于 500mm,公差等级 IT5 至 IT18,标准公差数值用标准公差因子乘以标准公差等级系数 a 来计算,即

$$IT=a \times i \tag{2-14}$$

式中,IT——标准公差;a——公差等级系数;i——标准公差因子。

在公称尺寸>500～3150mm 的大尺寸范围内,各级标准公差的计算公式如表 2-2 所示。

孔、轴尺寸精度设计 第2章

表 2-2 公称尺寸＞500～3150mm 的标准公差计算公式（摘自 GB/T 1800.1－2009）

公差等级	公式	公差等级	公式	公差等级	公式	公差等级	公式	公差等级	公式	公差等级	公式
IT1	$2I$	IT4	$5I$	IT7	$16I$	IT10	$64I$	IT13	$250I$	IT16	$1000I$
IT2	$2.7I$	IT5	$7I$	IT8	$25I$	IT11	$100I$	IT14	$400I$	IT17	$1600I$
IT3	$3.7I$	IT6	$10I$	IT9	$40I$	IT12	$160I$	IT15	$640I$	IT18	$2500I$

在国家标准各个公差等级之间，公差分布的规律性较强，故便于向高、低等级方向延伸。必要时，还可插入中间等级。

4. 公称尺寸分段

根据标准公差计算公式，每一个公称尺寸都对应一个公差值，不利于公差值的标准化和系列化。为了简化公差表格以便于生产实际应用，国家标准对公称尺寸进行分段。

在尺寸分段方法上，标准中将常用尺寸（≤500mm）分成 13 个主段落。对于公称尺寸＞500～3150mm 的大尺寸范围内，分成 8 个主段落（按优先数系 R10 分段），标准公差值见表 2-3。

表 2-3 标准公差数值（摘自 GB/T 1800.1－2009）

公称尺寸/mm		标准公差等级																
		IT1	IT2	IT3	IT4	IT5	IT6	IT7	IT8	IT9	IT10	IT11	IT12	IT13	IT14	IT15	IT16	IT17	IT18
大于	至	单位：μm											单位：mm						
—	3	0.8	1.2	2	3	4	6	10	14	25	40	60	0.1	0.14	0.25	0.4	0.6	1	1.4
3	6	1	1.5	2.5	4	5	8	12	18	30	48	75	0.12	0.18	0.3	0.48	0.75	1.2	1.8
6	10	1	1.5	2.5	4	6	9	15	22	36	58	90	0.15	0.22	0.36	0.58	0.9	1.5	2.2
10	18	1.2	2	3	5	8	11	18	27	43	70	110	0.18	0.27	0.43	0.7	1.1	1.8	2.7
18	30	1.5	2.5	4	6	9	13	21	33	52	84	130	0.21	0.33	0.52	0.84	1.3	2.1	3.3
30	50	1.5	2.5	4	7	11	16	25	39	62	100	160	0.25	0.39	0.62	1	1.6	2.5	3.9
50	80	2	3	5	8	13	19	30	46	74	120	190	0.3	0.46	0.74	1.2	1.9	3	4.6
80	120	2.5	4	6	10	15	22	35	54	87	140	220	0.35	0.54	0.87	1.4	2.2	3.5	5.4
120	180	3.5	5	8	12	18	25	40	63	100	160	250	0.4	0.63	1	1.6	2.5	4	6.3
180	250	4.5	7	10	14	20	29	46	72	115	185	290	0.46	0.72	1.15	1.85	2.9	4.6	7.2
250	315	6	8	12	16	23	32	52	81	130	210	320	0.52	0.81	1.3	2.1	3.2	5.2	8.1
315	400	7	9	13	18	25	36	57	89	140	230	360	0.57	0.89	1.4	2.3	3.6	5.7	8.9
400	500	8	10	15	20	27	40	63	97	155	250	400	0.63	0.97	1.55	2.5	4	6.3	9.7
500	630	9	11	16	22	32	44	70	110	175	280	440	0.7	1.1	1.75	2.8	4.4	7	11
630	800	10	13	18	25	36	50	80	125	200	320	500	0.8	1.25	2	3.2	5	8	12.5
800	1000	11	15	21	28	40	56	90	140	230	360	560	0.9	1.4	2.3	3.6	5.6	9	14
1000	1250	13	18	24	33	47	66	105	165	260	420	660	1.05	1.65	2.6	4.2	6.6	10.5	16.5
1250	1600	15	21	29	39	55	78	125	195	310	500	780	1.25	1.95	3.1	5	7.8	12.5	19.5
1600	2000	18	25	35	46	65	92	150	230	370	600	920	1.5	2.3	3.7	6	9.2	15	23
2000	2500	22	30	41	55	78	110	175	280	440	700	1100	1.75	2.8	4.4	7	11	17.5	28
2500	3150	26	36	50	68	96	135	210	330	540	860	1350	2.1	3.3	5.4	8.6	13.5	21	33

注：（1）公称尺寸大于 500mm 的 IT1 至 IT5 的标准公差数值为试行的。
（2）当公称尺寸小于或等于 1mm 时，无 IT14 至 IT18。

标准公差和基本偏差是按表中的公称尺寸段计算的。在标准公差及基本偏差的计算公式中，公称尺寸则一律以所属尺寸分段（$>D_1\sim D_2$）内的首、尾两项的几何平均值 $D=\sqrt{D_1\times D_2}$ 来进行计算。再经尾数化整，即得出标准公差数值。由标准公差数值构成的表格为标准公差数值见表 2-3。

【例 2-5】 公称尺寸为 30mm，求 IT6、IT8 的公差值。

解：公称尺寸为 30mm，属于 >18～30mm 尺寸段，则 $D=\sqrt{18\times 30}=23.24$ mm

公差单位 $i=0.45\sqrt[3]{D}+0.001D=0.45\sqrt[3]{23.24}+0.001\times 23.24=1.31\mu m$

由表 2-1 查得，IT6=10×i，IT8=25×i。

即　　IT6=10×i=10×1.31μm=13.1μm≈13μm

　　　IT8=25×i=25×1.31μm=32.75μm≈33μm

2.3.2　基本偏差系列

1. 基本偏差及其代号

基本偏差是用来确定公差带相对于零线位置的那个极限偏差，一般指靠近零线的那个偏差。当公差带位于零线上方时，其基本偏差为下偏差，孔的下偏差代号为 EI，轴的下偏差代号为 ei；当公差带位于零线下方时，其基本偏差为上偏差，孔的上偏差代号为 ES，轴的上偏差代号为 es。基本偏差是公差带位置标准化的唯一指标，它与公差等级无关。

基本偏差系列如图 2-14 所示。基本偏差的代号用拉丁字母表示，大写代表孔，小写代表轴。在 26 个字母中，除去易与其他混淆的 5 个字母：I、L、O、Q、W（i、l、o、q、w），再加上 7 个用两个字母表示的代号 CD、EF、FG、JS、ZA、ZB、ZC（cd、ef、fg、js、za、zb、zc），共有 28 个代号，即孔和轴各有 28 个基本偏差代号。其中 JS 和 js 是标准公差（IT）带对称分布于零线的两侧，即基本偏差是上极限偏差或下极限偏差，其数值取 +IT/2 或 -IT/2。

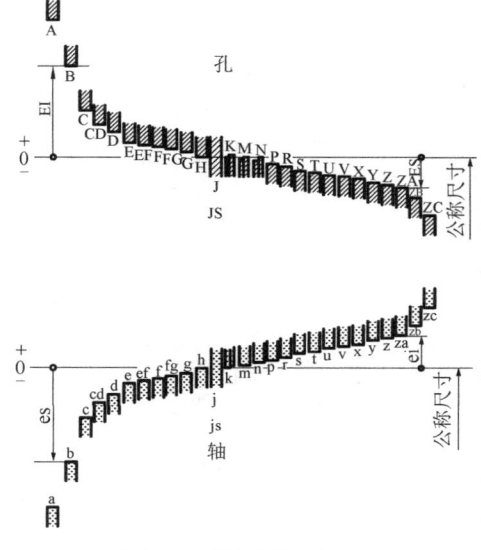

图 2-14　基本偏差系列

代号 H 和 h 的基本偏差为零,基本偏差 H 代表基准孔;基本偏差 h 代表基准轴。

对于轴:以 h 分界,a~h 的基本偏差为上偏差 es,其绝对值从 a 至 h 依次减小;j~zc 的基本偏差为下偏差 ei,其绝对值逐渐增大。

对于孔:以 H 分界,A~H 的基本偏差为下偏差 EI,其绝对值从 A 至 H 依次减小;J~ZC 的基本偏差为上偏差 ES,其绝对值依次增大。

在图 2-14 中,基本偏差系列各公差带只画出一端,另一端未画出,因为它取决于公差带的大小。

在孔(轴)的基本偏差中,A~H(a~h)与基准件相配时,为间隙配合;J~N(j~n)与基准件相配时,一般为过渡配合;P~Z(p~z)与基准件相配时,一般为过盈配合。

2. 轴的基本偏差

根据科学试验和生产实践,为了满足所有配合的需求,在基孔制的基础上总结出了轴的各种基本偏差计算公式,即轴和孔的基本偏差计算公式见表 2-4。除代号为 j 和 js 轴的基本偏差外,轴的基本偏差数值与选用的标准公差等级无关。

表 2-4 轴和孔的基本偏差计算公式(摘自 GB/T 1800.1—2009)

公称尺寸/mm		轴			计算公式	孔			公称尺寸/mm	
大于	至	基本偏差	符号	极限偏差		极限偏差	符号	基本偏差	大于	至
1	120	a	−	es	$265+1.3D$	EI	+	A	1	120
120	500				$3.5D$				120	500
1	160	b	−	es	$≈140+0.85D$	EI	+	B	1	160
160	500				$≈1.8D$				160	500
0	40	c	−	es	$52D^{0.2}$	EI	+	C	0	40
40	500				$95+0.8D$				40	500
0	10	cd	−	es	C、c 和 D、d 值的几何平均值	EI	+	CD	0	10
0	3150	d	−	es	$16D^{0.44}$	EI	+	D	0	3150
0	3150	e	−	es	$11D^{0.41}$	EI	+	E	0	3150
0	10	ef	−	es	E、e 和 F、f 值的几何平均值	EI	+	EF	0	10
0	3150	f	−	es	$5.5D^{0.41}$	EI	+	F	0	3150
0	10	fg	−	es	F、f 和 G、g 值的几何平均值	EI	+	FG	0	10
0	3150	g	−	es	$2.5D^{0.34}$	EI	+	G	0	3150
0	3150	h	无	es	偏差=0	EI	无	H	0	3150
0	500	j			无公式			J	0	500
0	3150	js	+ −	es ei	$0.5ITn$	ES	+	JS	0	3150
0	500	k	+	ei	$0.6\sqrt[3]{D}$	ES	−	K	0	500
500	3150		无		偏差=0		无		500	3150
0	500	m	+	ei	IT7−IT6	ES	−	M	0	500
500	3150				$0.024D+12.6$				500	3150
0	500	n	+	ei	$5D^{0.34}$	ES	−	N	0	500
500	3150				$0.04D+21$				500	3150

续表

公称尺寸/mm		轴			计算公式	孔			公称尺寸/mm	
大于	至	基本偏差	符号	极限偏差		极限偏差	符号	基本偏差	大于	至
0	500	p	+	ei	IT7+（0～5）	ES	—	P	0	500
500	3150				$0.072D+37.8$				500	3150
0	3150	r	+	ei	P、p 和 S、s 值的几何平均值	ES	—	R	0	3150
0	50	s	+	ei	IT8+（1～4）	ES	—	S	0	50
50	3150				IT7+$0.4D$				50	3150
24	3150	t	+	ei	IT7+$0.63D$	ES	—	T	24	3150
0	3150	u	+	ei	IT7+D	ES	—	U	0	3150
14	500	v	+	ei	IT7+$1.25D$	ES	—	V	14	500
0	500	x	+	ei	IT7+$1.6D$	ES	—	X	0	500
18	500	y	+	ei	IT7+$2D$	ES	—	Y	18	500
0	500	z	+	ei	IT7+$2.5D$	ES	—	Z	0	500
0	500	za	+	ei	IT8+$3.15D$	ES	—	ZA	0	500
0	500	zb	+	ei	IT9+$4D$	ES	—	ZB	0	500
0	500	zc	+	ei	IT10+$5D$	ES	—	ZC	0	500

注：(1) 公式中 D 是公称尺寸段的几何平均值，单位为 mm；基本偏差的计算结果以 μm 为单位。
(2) 对于 j、J 只在表 2-5、表 2-6 中给出其值。
(3) 公称尺寸至 500mm 轴的基本偏差 k 的计算公式仅适用于标准公差等级 IT4 至 IT7，对所有其他公称尺寸和所有其他 IT 等级的基本偏差 k=0；孔的基本偏差 K 的计算公式仅适用于标准公差等级小于或等于 IT8，对所有其他公称尺寸和所有其他等级 IT 的基本偏差 K=0。

利用表 2-4 中轴基本偏差的计算公式，将尺寸分段的几何平均值带入这些公式求出相应数值，经过尾数圆整后，得到轴的基本偏差数值，见表 2-5。在表 2-5 中 j 为经验数据，没有公式。js 为双向对称分布公差，具体可参见表 2-5 中的注解。

轴的基本偏差确定后，轴的另一个偏差根据轴的基本偏差和标准公差，按下列公式计算：

$$ei=es-IT \quad 或 \quad es=ei+IT \tag{2-15}$$

3. 孔的基本偏差

孔的基本偏差与相同代号的轴的基本偏差计算公式相同，见表 2-4。当公称尺寸相同时，无论是采用基孔制的配合还是采用基轴制的配合都需要能获得相同的配合性质，例如 ϕ25H7/f7 和 ϕ25F7/h7 配合性质相同；ϕ25H7/p6 和 ϕ25P7/h6 配合性质相同。参见图 2-15，所以孔的基本偏差数值是按轴的基本偏差数值换算得来的。换算时必须找相同字母进行换算，例如 F 找 f；P 找 p。换算时孔与轴的公差等级相同或孔比轴低一个等级。例如 ϕ25F7/h7 和 ϕ25P7/h6。换算的规则有通用规则和特殊规则。

（1）通用规则： 孔的基本偏差与轴的基本偏差的绝对值相等而符号相反：

$$EI=-es \quad 或 \quad ES=-ei \tag{2-16}$$

该规则适用于孔的所有基本偏差，例如 A～H 的下偏差和 K～ZC 的上偏差，参见图 2-15(a)。但在应用于 K～ZC 时，需注意公差等级。当公称尺寸大于 3～500mm，标准公差等级大于

IT8 的孔的基本偏差 N，其数值（ES）等于零；当公差等级较高，由于工艺的要求，孔与轴采用不同级配合（例如 H7/p6 和 P7/h6），此时不能运用通用规则，需要用特殊规则。

（2）特殊规则：当计算 K～ZC 的基本偏差时，公称尺寸大于 3mm，标准公差等级小于或等于 IT8 的孔的基本偏差 K、M、N 和标准公差等级小于或等于 IT7 的孔的基本偏差 P 至 ZC。特殊规则的图解如图 2-15（b）所示。孔的基本偏差等于相同基本偏差且符号相反的轴基本偏差数值基础上增加一个 $\varDelta$ 值，即

$$ES=ES_{(计算值)}+\varDelta=-ei+\varDelta \qquad (2-17)$$

式中：$\varDelta$ 是公称尺寸段内给定的某一标准公差等级 IT_n 与更精一级的标准公差等级 $IT_{(n-1)}$ 的差值。一般情况下，孔比轴低一个公差等级。即

$$\varDelta=IT_n-IT_{(n-1)}=T_h-T_S \qquad (2-18)$$

孔的基本偏差确定后，根据孔的基本偏差和标准公差，孔的另一个偏差按以下关系计算：

$$EI=ES-IT \text{ 或 } ES=EI+IT \qquad (2-19)$$

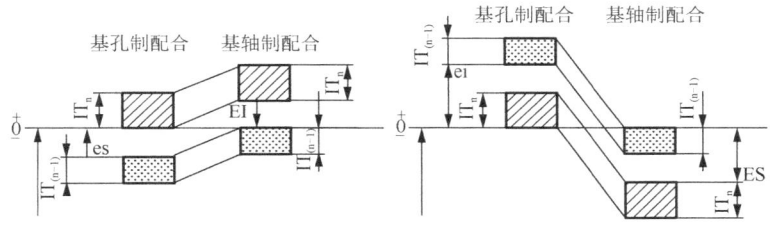

图 2-15 换算规则的图解

按上述计算公式和规则，计算得到孔的基本偏差数值参见表 2-6。在表 2-6 中，J 为经验数据，没有公式可套。Js 为双向对称分布公差，具体可参见表 2-5 中的注解。

【例 2-6】 采用查表和换算的方法确定 $\phi 25H7/p6$，$\phi 25P7/h6$ 孔与轴的极限偏差，并画出公差带图。

解：由表 2-3 查得　IT6=13μm，IT7=21μm

轴 p 的基本偏差为下偏差，由表 2-5 查得：ei=+22μm

p6 的上偏差为 es=ei+IT6=(+22+13)μm=+35μm

孔 H7 的下偏差为 EI=0，上偏差为 ES=EI+IT7=(0+21)μm=+21μm

孔 P7 的基本偏差为上偏差，由于孔与轴为不同级配合，因此适用特殊规则。

$$ES=-ei+\varDelta=(-22+\varDelta)μm=(-22+8)μm=-14μm$$

和表 2-6 查得的结果一致。

孔 P7 的下偏差：EI=ES-IT7=(-14-21)μm=-35μm

轴 h6 的上偏差为 ei=0，下偏差为 ei=es-IT6=(0-13)μm=-13μm

由此得　　　$\phi 25H7=\phi 25^{+0.021}_{0}$ mm，$\phi 25p6=\phi 25^{+0.035}_{+0.022}$ mm

$\phi 25P7=\phi 25^{-0.014}_{-0.035}$ mm，$\phi 25h6=\phi 25^{0}_{-0.013}$ mm

两对孔、轴配合的公差带如图 2-16 所示，从图中看出，一组为基孔制配合，另一组为基轴制配合，但最大过盈和最小过盈不变，即具有相同的配合性质。

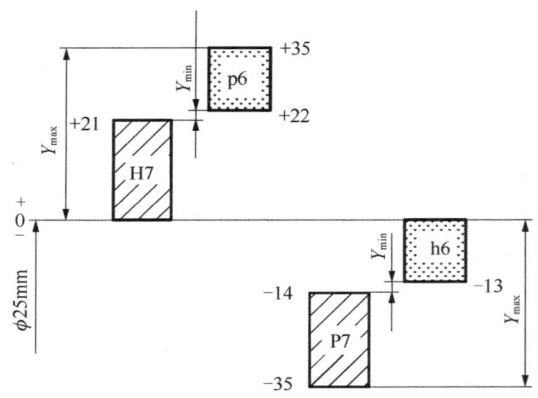

图 2-16 两对孔、轴配合的公差带图

表 2-5 轴的基本偏差数值（摘自 GB/T 1800.1－2009）　　　　单位：μm

公称尺寸/mm		基本偏差数值												
		上偏差 es										下偏差 ei		
		所有标准公差等级										IT5 和 IT6	IT7	IT8
大于	至	a	b	c	cd	d	e	ef	f	fg	g	h	js	j	j	j
—	3	-270	-140	-60	-34	-20	-14	-10	-6	-4	-2	0		-2	-4	-6
3	6	-270	-140	-70	-46	-30	-20	-14	-10	-6	-4	0		-2	-4	
6	10	-280	-150	-80	-56	-40	-25	-18	-13	-8	-5	0		-2	-5	
10	14	-290	-150	-95		-50	-32		-16		-6	0	偏差=±$IT_n/2$，式中 IT_n 是 IT 数值	-3	-6	
14	18															
18	24	-300	-160	-110		-65	-40		-20		-7	0		-4	-8	
24	30															
30	40	-310	-170	-120		-80	-50		-25		-9	0		-5	-10	
40	50	-320	-180	-130												
50	65	-340	-190	-140		-100	-60		-30		-10	0		-7	-12	
65	80	-360	-200	-150												
80	100	-380	-220	-170		-120	-72		-36		-12	0		-9	-15	
100	120	-410	-240	-180												
120	140	-460	-260	-200		-145	-85		-43		-14	0		-11	-18	
140	160	-520	-280	-210												
160	180	-580	-310	-230												
180	200	-660	-340	-240		-170	-100		-50		-15	0		-13	-21	
200	225	-740	-380	-260												
225	250	-820	-420	-280												
250	280	-920	-480	-300		-190	-110		-56		-17	0		-16	-26	
280	315	-1050	-540	-330												
315	355	-1200	-600	-360		-210	-125		-62		-18	0		-18	-28	
355	400	-1350	-680	-400												
400	450	-1500	-760	-440		-230	-135		-68		-20	0		-20	-32	
450	500	-1650	-840	-480												

注：（1）公称尺寸小于或等于 1mm 时，基本偏差 a 和 b 均不采用。
（2）对于公差带 js7 至 js11，若 IT_n 值数是奇数，则取偏差=±(IT_n-1)/2。

续表

基本偏差数值

下偏差 ei

IT4 至 IT7	≤IT3 >IT7	所有标准公差等级											
k	k	m	n	p	r	s	t	u	v	x	y	z	za	zb	zc
0	0	+2	+4	+6	+10	+14	—	+18		+20	—	+26	+32	+40	+60
+1	0	+4	+8	+12	+15	+19	—	+23		+28	—	+35	+42	+50	+80
+1	0	+6	+10	+15	+19	+23	—	+28		+34	—	+42	+52	+67	+97
+1	0	+7	+12	+18	+23	+28	—	+33	+40	—	+50	+64	+90	+130
									+39	+45	—	+60	+77	+108	+150
+2	0	+8	+15	+22	+28	+35	—	+41	+47	+54	+63	+73	+98	+136	+188
							+41	+48	+55	+64	+75	+88	+118	+160	+218
+2	0	+9	+17	+26	+34	+43	+48	+60	+68	+80	+94	+112	+148	+200	+274
							+54	+70	+81	+97	+114	+136	+180	+242	+325
+2	0	+11	+20	+32	+41	+53	+66	+87	+102	+122	+144	+172	+226	+300	+405
					+43	+59	+75	+102	+120	+146	+174	+210	+274	+360	+480
+3	0	+13	+23	+37	+51	+71	+91	+124	+146	+178	+214	+258	+335	+445	+585
					+54	+79	+104	+144	+172	+210	+254	+310	+400	+525	+690
+3	0	+15	+27	+43	+63	+92	+122	+170	+202	+248	+300	+365	+470	+620	+800
					+65	+100	+134	+190	+228	+280	+340	+415	+535	+700	+900
					+68	+108	+146	+210	+252	+310	+380	+465	+600	+780	+1000
+4	0	+17	+31	+50	+77	+122	+166	+236	+284	+350	+425	+520	+670	+880	+1150
					+80	+130	+180	+258	+310	+385	+470	+575	+740	+960	+1250
					+84	+140	+196	+284	+340	+425	+520	+640	+820	+1050	+1350
+4	0	+20	+34	+56	+94	+158	+218	+315	+385	+475	+580	+710	+920	+1200	+1550
					+98	+170	+240	+350	+425	+525	+650	+790	+1000	+1300	+1700
+4	0	+21	+37	+62	+108	+190	+268	+390	+475	+590	+730	+900	+1150	+1500	+1900
					+114	+208	+294	+435	+530	+660	+820	+1000	+1300	+1650	+2100
+5	0	+23	+40	+68	+126	+232	+330	+490	+595	+740	+920	+1100	+1450	+1850	+2400
					+132	+252	+360	+540	+660	+820	+1000	+1250	+1600	+2100	+2600

表 2-6 孔的基本偏差数值（摘自 GB/T 1800.1－2009） 单位：μm

公称尺寸/mm		基本偏差数值														
		下偏差 EI										上偏差 ES				
		所有标准公差等级										IT6	IT7	IT8	≤IT8	>IT8	≤IT8	>IT8
大于	至	A	B	C	CD	D	E	EF	F	FG	G	H	JS	J			K		M	
—	3	+270	+140	+60	+34	+20	+14	+10	+6	+4	+2	0		+2	+4	+6	0	0	-2	-2
3	6	+270	+140	+70	+46	+30	+20	+14	+10	+6	+4	0		+5	+6	+10	-1+Δ		-4+Δ	-4
6	10	+280	+150	+80	+56	+40	+25	+18	+13	+8	+5	0		+5	+8	+12	-1+Δ		-6+Δ	-6
10	14	+290	+150	+95		+50	+32		+16		+6	0	偏差=±IT$_n$/2，式中 IT$_n$ 是 IT 数值	+6	+10	+15	-1+Δ		-7+Δ	-7
14	18																			
18	24	+300	+160	+110		+65	+40		+20		+7	0		+8	+12	+20	-2+Δ		-8+Δ	-8
24	30																			
30	40	+310	+170	+120		+80	+50		+25		+9	0		+10	+14	+24	-2+Δ		-9+Δ	-9
40	50	+320	+180	+130																
50	65	+340	+190	+140		+100	+60		+30		+10	0		+13	+18	+28	-2+Δ		-11+Δ	-11
65	80	+360	+200	+150																
80	100	+380	+220	+170		+120	+72		+36		+12	0		+16	+22	+34	-3+Δ		-13+Δ	-13
100	120	+410	+240	+180																
120	140	+460	+260	+200		+145	+85		+43		+14	0		+18	+26	+41	-3+Δ		-15+Δ	-15
140	160	+520	+280	+210																
160	180	+580	+310	+230																
180	200	+660	+340	+240		+170	+100		+50		+15	0		+22	+30	+47	-4+Δ		-17+Δ	-17
200	225	+740	+380	+260																
225	250	+820	+420	+280																
250	280	+920	+480	+300		+190	+110		+56		+17	0		+25	+36	+55	-4+Δ		-20+Δ	-20
280	315	+1050	+540	+330																
315	355	+1200	+600	+360		+210	+125		+62		+18	0		+29	+39	+60	-4+Δ		-21+Δ	-21
355	400	+1350	+680	+400																
400	450	+1500	+760	+440		+230	+135		+68		+20	0		+33	+43	+66	-5+Δ		-23+Δ	-23
450	500	+1650	+840	+480																

续表

基本偏差数值														Δ值					
上偏差 ES																			
≤IT8	>IT8	≤IT7	所有标准公差等级大于IT7											标准公差等级					
N	N	P 至 ZC	P	R	S	T	U	V	X	Y	Z	ZA	ZB	ZC	IT3	IT4	IT5	IT6	IT7	IT8
−4	−4		−6	−10	−14		−18		−20		−26	−32	−40	−60	0	0	0	0	0	0
−8+Δ	0		−12	−15	−19		−23		−28		−35	−42	−50	−80	1	1.5	1	3	4	6
−10+Δ	0		−15	−19	−23		−28		−34		−42	−52	−67	−97	1	1.5	2	3	6	7
−12+Δ	0	在大于IT7的相应数值上增加一个Δ值	−18	−23	−28		−33		−40		−50	−64	−90	−130	1	2	3	3	7	9
								−39	−45		−60	−77	−108	−150						
−15+Δ	0		−22	−28	−35		−41	−47	−54	−63	−73	−98	−136	−188	1.5	2	3	4	8	12
						−41	−48	−55	−64	−75	−88	−118	−160	−218						
−17+Δ	0		−26	−34	−43	−48	−60	−68	−80	−94	−112	−148	−200	−274	1.5	3	4	5	9	14
						−54	−70	−81	−97	−114	−136	−180	−242	−325						
−20+Δ	0		−32	−41	−53	−66	−87	−102	−122	−144	−172	−226	−300	−405	2	3	5	6	11	16
				−43	−59	−75	−102	−120	−146	−174	−210	−274	−360	−480						
−23+Δ	0		−37	−51	−71	−91	−124	−146	−178	−214	−258	−335	−445	−585	2	4	5	7	13	19
				−54	−79	−104	−144	−172	−210	−254	−310	−400	−525	−690						
−27+Δ	0		−43	−63	−92	−122	−170	−202	−248	−300	−365	−470	−620	−800	3	4	6	7	15	23
				−65	−100	−134	−190	−228	−280	−340	−415	−535	−700	−900						
				−68	−108	−146	−210	−252	−310	−380	−465	−600	−780	−1000						
−31+Δ	0		−50	−77	−122	−166	−236	−284	−350	−425	−520	−670	−880	−1150	2	4	6	9	17	26
				−80	−130	−180	−258	−310	−385	−470	−575	−740	−960	−1250						
				−84	−140	−196	−284	−340	−425	−520	−640	−820	−1050	−1350						
−34+Δ	0		−56	−94	−158	−218	−315	−385	−475	−580	−710	−920	−1200	−1550	4	4	7	9	20	29
				−98	−170	−240	−350	−425	−525	−650	−790	−1000	−1300	−1700						
−37+Δ	0		−62	−108	−190	−268	−390	−475	−590	−730	−900	−1150	−1500	−1900	4	5	7	11	21	32
				−114	−208	−294	−435	−530	−660	−820	−1000	−1300	−1650	−2100						
−40+Δ	0		−68	−126	−232	−330	−490	−595	−740	−920	−1100	−1450	−1850	−2400	5	5	7	13	23	34
				−132	−252	−360	−540	−660	−820	−1000	−1250	−1600	−2100	−2600						

注：（1）公称尺寸小于或等于1mm时，基本偏差A和B及大于IT8的N均不采用。

（2）对于公差带JS7至JS11，若IT_n值数是奇数，则取偏差=±(IT_n−1)/2。

（3）250mm至315mm段的M6，ES=−9μm（代替−11μm）。

【例2-7】 已知孔、轴配合的公称尺寸为$\phi 50$mm，配合公差$T_f=41\mu m$，$X_{max}=+66\mu m$，孔的公差$T_h=25\mu m$，轴的下偏差$ei=+41\mu m$，求孔、轴的其他极限偏差，并画出尺寸公差带图。

解：已知$T_f=41\mu m$，$X_{max}=+66\mu m$；$T_h=25\mu m$，$ei=+41\mu m$。

按照配合公差、公差、偏差、间隙等有关计算公式进行计算。

因为$T_f=T_h+T_s$，所以轴的公差：

$$T_s=T_f-T_h=(41-25)\mu m=16\mu m$$

因为$T_s=es-ei$，所以轴的上偏差：

$$es=T_s+ei=(16+41)\mu m=+57\mu m$$

因为最大间隙$X_{max}=ES-ei$；所以孔的上偏差：

$$ES=X_{max}+ei=(66+41)\mu m=+107\mu m$$

因为孔的公差$T_h=ES-EI$，所以孔的下偏差：

$$EI=ES-T_h=(+107-25)\mu m=+82\mu m$$

由此可得，孔：$\phi 50^{+0.107}_{+0.082}$mm，轴：$\phi 50^{+0.057}_{+0.041}$mm。

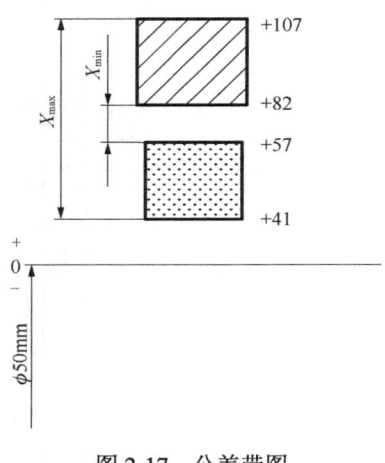

图2-17 公差带图

所得公差带如图2-17所示。

2.3.3 孔、轴的常用公差带与配合

国家标准GB/T 1800.1—2009提供了20种公差等级和28种基本偏差代号，其中对于基本偏差代号J仅保留J6、J7和J8，对于基本偏差代号j仅保留j5、j6、j7和j8，因此可组成孔的公差带有543种、轴的公差带有544种，由孔和轴的公差带又可组成大量的配合。如此多的公差带与配合全部使用显然是不经济的，同时给使用者也带来了不便。为了减少定值刀具、量具和工艺装备的品种和规格，对公差带和配合选用应加以限制。国家标准GB/T 1801—2009推荐了一般、常用和优先选用的公差带和配合。

表2-7 尺寸≤500mm的孔的一般、常用和优先公差带（摘自GB/T 1801—2009）

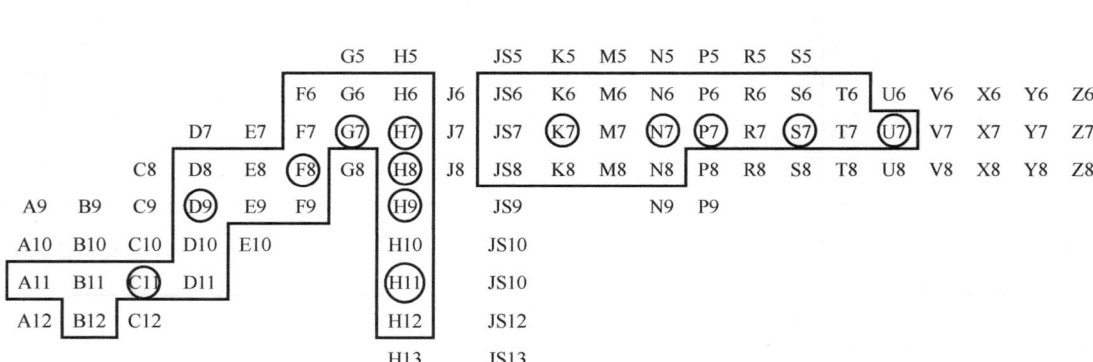

其中孔的公差带共105种，即尺寸≤500mm孔的一般、常用和优先公差带见表2-7。其中方框内的44种为常用公差带，圆圈内的13种为优先公差带。轴的公差带共116种，即尺

寸≤500mm 的轴的一般、常用和优先公差带，见表 2-8。其中方框内的 59 种为常用公差带，圆圈内的 13 种为优先公差带。

表 2-8　尺寸≤500mm 的轴的一般、常用和优先公差带（摘自 GB/T 1801－2009）

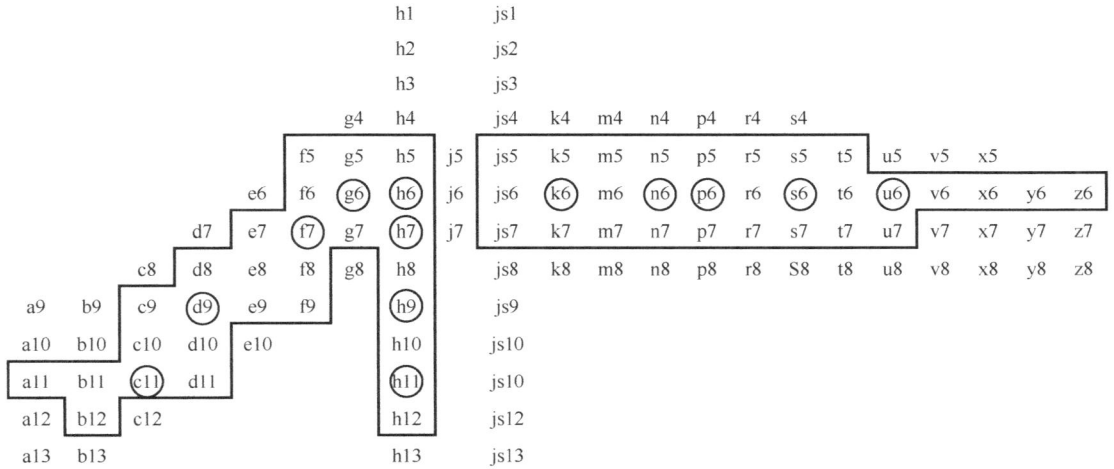

国家标准在规定孔、轴公差带选用的基础上，还规定了孔、轴公差带的组合。基孔制配合中常用配合 59 种，即尺寸≤500mm 的基孔制优先、常用配合见表 2-9。其中注有黑▼符号的 13 种为优先配合。基轴制配合中常用配合 47 种，即尺寸≤500mm 的基轴制优先、常用配合见表 2-10。其中注有黑▼符号的 13 种为优先配合。

表 2-9　尺寸≤500mm 的基孔制优先、常用配合（摘自 GB/T 1801－2009）

基孔制	轴																				
	a	b	c	d	e	f	g	h	js	k	m	n	p	r	s	t	u	v	x	y	z
	间隙配合								过渡配合				过盈配合								
H6						$\dfrac{H6}{f5}$	$\dfrac{H6}{g5}$	$\dfrac{H6}{h5}$	$\dfrac{H6}{js5}$	$\dfrac{H6}{k5}$	$\dfrac{H6}{m5}$	$\dfrac{H6}{n5}$	$\dfrac{H6}{p5}$	$\dfrac{H6}{r5}$	$\dfrac{H6}{s5}$	$\dfrac{H6}{t5}$					
H7						▼$\dfrac{H7}{f6}$	▼$\dfrac{H7}{g6}$	▼$\dfrac{H7}{h6}$	$\dfrac{H7}{js6}$	▼$\dfrac{H7}{k6}$	$\dfrac{H7}{m6}$	▼$\dfrac{H7}{n6}$	▼$\dfrac{H7}{p6}$	$\dfrac{H7}{r6}$	▼$\dfrac{H7}{s6}$	$\dfrac{H7}{t6}$	▼$\dfrac{H7}{u6}$	$\dfrac{H7}{v6}$	$\dfrac{H7}{x6}$	$\dfrac{H7}{y6}$	$\dfrac{H7}{z6}$
H8					$\dfrac{H8}{e7}$	▼$\dfrac{H8}{f7}$	$\dfrac{H8}{g7}$	▼$\dfrac{H8}{h7}$	$\dfrac{H8}{js7}$	$\dfrac{H8}{k7}$	$\dfrac{H8}{m7}$	$\dfrac{H8}{n7}$	$\dfrac{H8}{p7}$	$\dfrac{H8}{r7}$	$\dfrac{H8}{s7}$	$\dfrac{H8}{t7}$	$\dfrac{H8}{u7}$				
H8				$\dfrac{H8}{d8}$	$\dfrac{H8}{e8}$	$\dfrac{H8}{f8}$		$\dfrac{H8}{h8}$													
H9			$\dfrac{H9}{c9}$	▼$\dfrac{H9}{d9}$	$\dfrac{H9}{e9}$	$\dfrac{H9}{f9}$		▼$\dfrac{H9}{h9}$													
H10			$\dfrac{H10}{c10}$	$\dfrac{H10}{d10}$				$\dfrac{H10}{h10}$													
H11	▼$\dfrac{H11}{a11}$	$\dfrac{H11}{b11}$	▼$\dfrac{H11}{c11}$	$\dfrac{H11}{d11}$				▼$\dfrac{H11}{h11}$													

续表

基孔制	轴																				
	a	b	c	d	e	f	g	h	js	k	m	n	p	r	s	t	u	v	x	y	z
	间隙配合								过渡配合				过盈配合								
H12		$\frac{H12}{b12}$						$\frac{H12}{h12}$													

注：(1) H6/n5、H7/p6 在公称尺寸≤3mm 和 H8/r7 在公称尺寸≤100mm 时，为过渡配合。

(2) 标注▼的配合为优先配合。

表 2-10 尺寸≤500mm 的基轴制优先、常用配合

基轴制	孔																				
	A	B	C	D	E	F	G	H	JS	K	M	N	P	R	S	T	U	V	X	Y	Z
	间隙配合								过渡配合				过盈配合								
h5						$\frac{F6}{h5}$	$\frac{G6}{h5}$	$\frac{H6}{h5}$	$\frac{JS6}{h5}$	$\frac{K6}{h5}$	$\frac{M6}{h5}$	$\frac{N6}{h5}$	$\frac{P6}{h5}$	$\frac{R6}{h5}$	$\frac{S6}{h5}$	$\frac{T6}{h5}$					
h6						$\frac{F7}{h6}$	▼$\frac{G7}{h6}$	▼$\frac{H7}{h6}$	$\frac{JS7}{h6}$	▼$\frac{K7}{h6}$	$\frac{M7}{h6}$	▼$\frac{N7}{h6}$	▼$\frac{P7}{h6}$	$\frac{R7}{h6}$	▼$\frac{S7}{h6}$		▼$\frac{U7}{h6}$				
h7					$\frac{E8}{h7}$	$\frac{F8}{h7}$		▼$\frac{H8}{h7}$	$\frac{JS8}{h7}$	$\frac{K8}{h7}$	$\frac{M8}{h7}$	$\frac{N8}{h7}$									
h8				$\frac{D8}{h8}$	$\frac{E8}{h8}$	$\frac{F8}{h8}$		$\frac{H8}{h8}$													
h9				▼$\frac{D9}{h9}$	$\frac{E9}{h9}$	$\frac{F9}{h9}$		▼$\frac{H9}{h9}$													
h10				$\frac{D10}{h10}$				$\frac{H10}{h10}$													
h11	▼$\frac{A11}{h11}$	$\frac{B11}{h11}$	▼$\frac{C11}{h11}$	$\frac{D11}{h11}$				▼$\frac{H11}{h11}$													
h12		$\frac{B12}{h12}$						$\frac{H12}{h12}$													

注：标注▼的配合为优先配合。

在表 2-9 中，当轴的公差等级高于或等于 IT7 时，可与低一级的基准孔相配合（H7/g6、H7/r6）；低于或等于 IT8 时，可与同级基准孔相配合（H8/f8、H8/r8）。在表 2-10 中，当孔的公差等级高于 IT8 或少数等于 IT8 时，可与高一级的基准轴相配合（G7/h6、H8/h7）；其余是与同级基准轴相配合（F8/h8、H8/h8）。

2.3.4 极限与配合在图样上的标注

孔与轴的公差带代号由基本偏差与公差等级代号两部分组成，大写表示孔，小写表示轴，并用同一号大小的字书写。例如，H7 为孔公差带；h6 为轴公差带。

1. 在零件图上的公差标注法

在零件图上的公差注法如图 2-18 所示，线性尺寸的公差应按下列三种形式之一标注。

（1）当采用公差带代号标注公差时，公差带的代号应注在公称尺寸的右边，如图 2-18（a）所示。

（2）当采用极限偏差标注公差时，上偏差应注在公称尺寸的右上方，下偏差应与公称尺寸注在同一底线上。上下偏差的数字的字号应比公称尺寸的数字的字号小一号，如图 2-18（b）所示。

（3）当同时标注公差带代号和相应的极限偏差时，则后者应加圆括号，如图 2-18（c）所示。

须注意的是：当标注极限偏差时，上、下偏差的小数点必须对齐。小数点后右端的"0"（末位）一般不予注出；如果为了使上、下偏差值的小数点后的位数相同，就可以用"0"补齐，如 $\phi 50_{-0.050}^{-0.025}$。当上偏差或下偏差为"零"时，用数字"0"标出，并与下偏差或上偏差的小数点前的个位数对齐，如图 2-18（b）（c）所示。当公差带相对于公称尺寸对称地配置，即上下偏差的绝对值相同时，偏差数字可以只注写一次，并应在偏差数字与公称尺寸之间注出符号"±"，且两者数字高度相同，如 $\phi 50\pm0.08$。

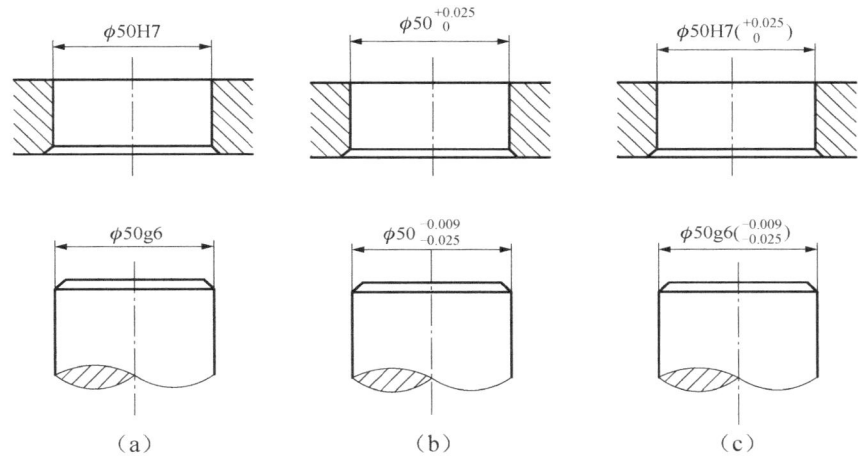

图 2-18　零件图上的公差标注法

2. 在装配图上配合的标注法

在装配图中标注线性尺寸的配合代号时，必须在公称尺寸的右边用分数的形式注出，分子位置标注孔的公差带代号，分母位置标注轴的公差带代号，如图 2-19（a）所示。必要时也允许按图 2-19（b）或图 2-19（c）的形式标注。

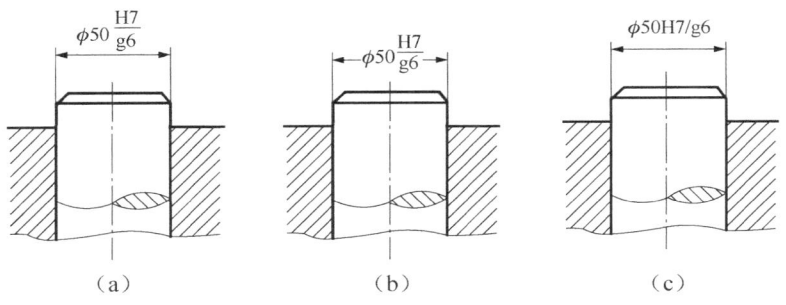

图 2-19　装配图上的配合注法

2.4 孔、轴的尺寸精度设计

尺寸精度设计是机械设计与制造中至关重要的一环,对机械的使用性能和制造成本都有很大的影响,有时甚至起决定性作用。

设计的原则是在保证产品使用要求及性能的前提下,兼顾制造与装配的经济性与可靠性,以达到最大的经济效益。

孔、轴的尺寸精度设计就是要确定配合代号,例如 $\phi50H7/g6$、$\phi50H7/r6$,不同的配合代号反映了配合精度和要求的不同。所以在设计工作中,精度设计主要包括三个方面:基准制、公差等级及配合种类。

2.4.1 基准制

国家标准 GB/T 1800.1—2009 对配合规定了两种基准制,即基孔制和基轴制。当选择为基孔制时,即孔的基本偏差符号为 H。当选择为基轴制时,即轴的基本偏差符号为 h。

一般情况下,设计时应优先选择基孔制配合。因为孔通常使用定值刀具,如钻头、铰刀、拉刀等加工,用极限量规检验。采用基孔制配合可减少定尺寸刀具量具的规格和数量。

但是,在设计时需根据具体情况分析应用,例如在下列情况下可采用基轴制配合:

(1) 在农业机械、纺织机械、建筑机械等制造中,有时采用具有一定公差等级(通常公差等级为 9~11 级)的冷拉钢材,外径无须加工,直接做成轴,此时应选择基轴制配合。

(2) 在同一公称尺寸的轴上需要装配几个具有不同配合性质的零件时,应选择基轴制配合。

如图 2-20 所示为活塞销、连杆小头与活塞销孔的配合。根据要求,活塞销与活塞销孔应为过渡配合,而活塞销与连杆小头之间有相对运动,应为间隙配合。若三段配合均选基孔制配合,则应为 $\phi30H6/m5$、$\phi30H6/h5$ 和 $\phi30H6/m5$,公差带如图 2-20(b)所示。此时必须将轴做成台阶轴才能满足各部分配合要求,这种结构形状,阶梯处容易产生应力集中,同时既不便于加工,又不利于装配。若改用基轴制配合,则三段的配合可改为 $\phi30M6/h5$、$\phi30H6/h5$、$\phi30M6/h5$,其公差带如图 2-20(c)所示,将活塞销做成光轴,既方便加工又利于装配。

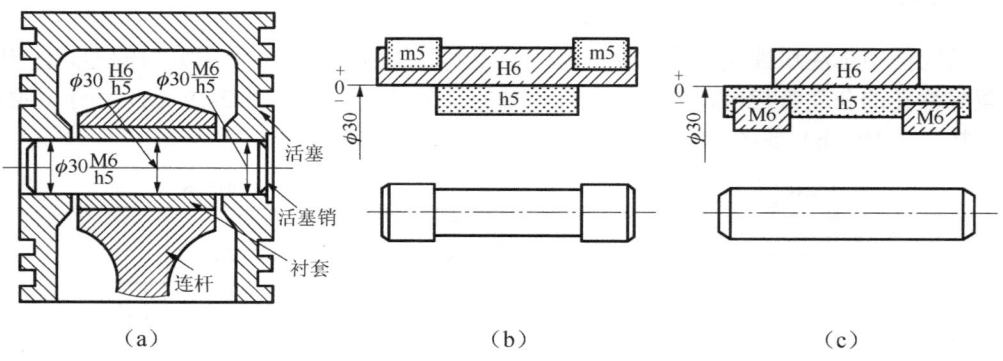

图 2-20 活塞销、连杆小头与活塞孔的配合

(3) 与标准件相配合的孔或轴,应以标准件为基准件来确定配合制。例如,滚动轴承是标准件,与滚动轴承内圈相配合的轴应选择基孔制配合,而与滚动轴承外圈配合的孔则应选

择基轴制配合，还有平键与键槽的配合同样需选择基轴制配合。

此外，为了满足配合的特殊需要，允许采用任意孔、轴公差带组成的非基准制配合，即由不包含基本偏差为 H 和 h 的任意孔、轴公差带组成配合。如图 2-21 所示结构是非基准制配合，图中滚动轴承外圈与机体孔配合，必须采用基轴制。若选定机体孔的公差带为 M7，为保证孔座与端盖之间有 0.03~0.14mm 的间隙，则应采用加 M7/e9 的配合。

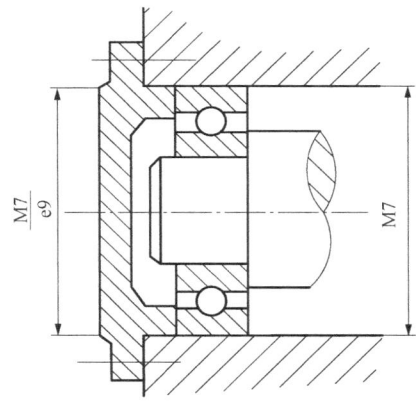

图 2-21 非基准制配合

2.4.2 标准公差等级

孔、轴标准公差等级的确定取决于配合的精度。确定公差等级的基本原则是，在能够满足使用要求的前提下，尽量选择较低的公差等级。确定孔、轴公差等级时，要正确处理使用要求、制造工艺和成本之间的关系。等级选得太低，不能满足机器的工作性能；等级选得太高，将增加成本和制造困难。

公差等级的确定方法有类比法和计算法，但通常采用类比法。

1. 类比法

类比法就是以经过生产验证的类似的机械、机构和零部件为依据，分析对比，参考选择，因此类比法实际上就是经验法。可以参考国家标准 GB/T 1800.1－2009 推荐的孔、轴公差带代号和配合代号，即表 2-7～表 2-9。按类比法确定公差与配合，应在现有的应用基础上，找出存在的问题，进行改进和提高。因此，在确定公差等级需注意以下要点：

1）结合工艺要求

在确定有配合的孔、轴的公差等级时，应考虑工艺等价原则，即孔和轴的加工难易程度基本相同。当公称尺寸≤500mm 范围时，对于间隙配合、过渡配合，在公差等级≤IT8 级时，一般采用孔比轴低一级的配合，例如 H8/f7、H8/n7 等。当公差等级＞IT8 级时，用孔、轴同级配合，例如 H9/e9、H9/js9 等。对于过盈配合，当公差等级≤IT7 时一般采用孔比轴低一级的配合，例如 H7/p6，当公差等级＞IT7 级时，用孔、轴同级的配合，例如 H8/s8。

2）结合公差等级的应用范围

各公差等级的应用范围参见表 2-11。具体要求如下：

（1）IT01、IT0、IT1 级一般用于高精度块规和其他精密尺寸标准块的公差，它们大致相当于量块的 1、2、3 级精度的公差。

表 2-11 公差等级的应用范围

应用范围	公差等级（IT）																		
	01	0	1	2	3	4	5	6	7	8	9	10	11	12	13	14	15	16	17	18
量块																				
量规																				
特别精密零件																				
配合尺寸																				
非配合尺寸																				
原材料公差																				

（2）IT1～IT7 级用于量规的公差。

（3）IT2～IT5 级用于特别精密零件的配合。

（4）IT5～IT13 级用于配合尺寸公差，一般机械行业的零部件常采用的公差等级。

其中，IT5（孔到 IT6）级用于高精度和重要的配合处。例如精密机床主轴的轴颈、主轴箱体孔与精密滚动轴承的配合，车床尾座孔和顶尖套筒的配合，内燃机中活塞销与活塞销孔的配合等。

IT6（孔到 IT7）级用于要求精密配合的情况。例如机床中一般传动轴和轴承的配合，齿轮、带轮和轴的配合，内燃机中曲轴与轴套的配合。这个公差等级在机械制造中应用较广，国家标准推荐的常用公差带也较多。

IT7～IT8 级用于一般精度要求的配合，例如对于一般机械中速度不高的轴与轴承的配合，在重型机械中用于精度要求稍高的配合，在农业机械中则用于较重要的配合。

IT9～IT10 级常用于一般要求的地方，或精度要求较高的槽宽的配合。

IT11～IT12 级用于不重要的配合。

（5）IT12～IT18 级用于未标注尺寸公差的尺寸精度，包括冲压件、铸锻件及其他非配合尺寸的公差等。

3）结合配合性质

选择公差等级还要考虑配合的性质，对于过渡配合和过盈配合，因其间隙和过盈的变化，对定位精度及连接强度很敏感，故应选择较高的公差等级。对于间隙配合则视具体情况而定，若间隙小，则选择公差等级高的；若间隙大，则选择公差等级较低的。

4）结合加工方法

选择的原则是在满足加工精度的要求下，选择成本低的加工方法。公差等级的高低反映了加工精度的高低，公差等级越高；加工精度越高；加工成本越高。一定的加工方法能达到一定的加工精度，加工精度不同其加工方法和加工成本是不一样的。国家标准中各公差等级与各种加工方法的大致关系见表 2-12。在具体应用时，可参考该表并结合企业的生产条件进行设计。

表 2-12 各公差等级与各种加工方法的大致关系

加工方法	公差等级（IT）																		
	01	0	1	2	3	4	5	6	7	8	9	10	11	12	13	14	15	16	17	18
研磨																				
珩磨																				

续表

加工方法	公差等级（IT）																		
	01	0	1	2	3	4	5	6	7	8	9	10	11	12	13	14	15	16	17	18
圆磨							─	─	─											
平磨							─	─	─											
金刚石车							─	─												
金刚石镗							─	─												
拉削							─	─	─											
铰孔								─	─	─	─									
车									─	─	─	─								
镗									─	─	─	─								
铣										─	─	─								
刨、插											─	─								
钻												─	─	─						
滚压、挤压												─	─							
冲压												─	─	─	─					
压铸													─	─	─					
粉末冶金成形							─	─	─											
粉末冶金烧结								─	─	─										
砂型铸造、气割																	─	─	─	
锻造																	─	─		

2. 计算法

计算法是按一定的理论和公式，通过计算来确定孔、轴公差等级。例如轴承的精度设计有相关的计算公式。随着科技的进步，公差分析软件的成熟，计算方法会得到推广应用。

2.4.3 配合种类

确定了孔、轴基准制及公差等级之后，配合种类的确定就是根据使用要求——配合间隙或过盈的大小，确定与基准件相配合的配合件（孔或轴）的基本偏差代号。

选择合适的配合种类主要是为了解决相互结合的零件孔与轴在工作时的相互关系，以保证机器在正常工作条件下具有良好的性能、质量和使用寿命，并兼顾加工的经济性。

设计者在设计时，根据使用要求，参照表2-9和表2-10选择优先配合和常用配合。如果优先配合与常用配合不能满足要求时，可选国家标准推荐的一般用途的孔、轴公差带，按使用要求组成需要的配合。若仍不能满足使用要求，还可从国家标准所提供的孔、轴公差带选取合适的公差带，组成所需要的配合。

对间隙配合，由于配合件（孔或轴）基本偏差的绝对值等于最小间隙，故可按最小间隙确定基本偏差代号；对过盈配合，在确定基准件的公差等级后，即可按最小过盈量确定配合件（孔或轴）的基本偏差代号。

机器的质量大多取决于对其零部件所规定的配合及其技术条件是否合理，许多零件的尺寸公差，都是由配合的要求所决定的。选择配合的方法一般有三种：类比法、试验法和计算法。

1. 类比法

类比法是按同类型机器或机构中，经过生产实践验证的已用配合的实用情况，再考虑所设计机器的使用要求，参照需要确定的配合。

在生产实际中，广泛应用的选择配合的方法是类比法。要掌握这种方法，首先必须分析机器或机构的功用、工作条件及技术要求，进而研究结合件的工作条件及使用要求，其次要了解各种配合的特性和应用。

1）分析零件的工作条件及使用要求

为了充分掌握零件的具体工作条件和使用要求，必须考虑下列问题：工作时结合件的相对位置状态（如运动方向、运动速度、运动精度、停歇时间等）、承受负荷情况、润滑条件、温度变化、配合的重要性、装卸条件以及材料的物理力学性能等。根据具体条件的不同，结合件配合的间隙或过盈量必须相应地进行修正。

2）了解各种配合的特性和应用场合

（1）间隙配合的特性就是具有间隙。它主要用于结合件有相对运动的配合，包括旋转运动和轴向滑动，也可用于一般的定位配合。

a～h（或 A～H）基本偏差与基准孔（或基准轴）形成的间隙配合，主要用于有相对运动的配合，或用于常拆卸而定心精度要求不高的定位配合。其中由 a（或 A）基本偏差与基准孔（或基准轴）形成的间隙最大，然后逐渐依次减小。由 h（或 H）形成的间隙最小，其配合的最小间隙为零。

（2）过盈配合的特性就是具有过盈，它主要用于结合件没有相对运动的配合。过盈不大时，用键连接传递扭矩；过盈大时，依靠孔与轴的结合力传递扭矩。前者可以拆卸，后者是不能拆卸的。

p～zc（或 P～ZC）基本偏差与基准孔（或基准轴）形成过盈配合，主要用于没有相对运动的配合，使孔、轴结合为一整体传递扭矩，公差等级多用于≤IT7 级范围。其中由 p（或 P）配合形成的过盈最小，若公差等级较低时如 H8/p7，则形成过渡配合。此后过盈配合依次增大，当达到 zc（或 ZC）的形成的过盈最大。

（3）过渡配合的特征是，结合可能具有间隙，也可能具有过盈，但所得到的间隙和过盈量一般是比较小的，它主要用于定位精确并要求拆卸的相对静止的连接。

js～n（或 JS～N）基本偏差与基准孔（或基准轴）形成过渡配合。主要用于定心精度要求高并需要拆装的配合，公差等级多用于≤IT8 级范围。从 js～n（或 JS～N），出现间隙概率由大到小，过盈概率则由小到大。以 $\phi 50 \sim \phi 80$mm 尺寸分段为例，其中 H7/js6、H7/k6、H7/m6 及 H7/n6 获得间隙的概率分别为 99.43%、72.31%、18.36% 及 0.69%；过盈概率则正好相反。

表 2-13 是各种基本偏差的特性和应用。表 2-14 是优先配合的配合特性和应用，可供选择配合时参考。

表 2-13 各种基本偏差的特性和应用

配合	基本偏差	特性和应用
间隙配合	a(A) b(B)	可得到特别大的间隙,应用很少。主要用于工作时温度高、热变形大的零件配合,发动机中活塞与缸套的配合为 H9/a9
	c(C)	可得到很大的间隙,一般用于工作条件较差(如农业机械),工作时受力变形大及装配工艺性不好的零件的配合,也适用于高温工作的间隙配合,如内燃机排气阀杆与导管的配合为 H8/c7
	d(D)	一般用于 IT7~IT11 级,适用于较松的间隙配合(如滑轮、空转皮带轮与轴的配合),以及大尺寸滑动轴承与轴的配合(如涡轮机、球磨机等的滑动轴承与轴的配合),如活塞环与活塞槽的配合可用 H 9/d9
	e(E)	多用于 IT7~IT9 级,具有明显的间隙,用于大跨距及多支点的转轴与轴承的配合,以及高速、重载的大尺寸轴与轴承的配合,如大型电机、内燃机的主要轴承处的配合为 H8/e7
	f(F)	多用于 IT6~IT8 级的一般转动的配合,受温度影响不大,采用普通润滑油的轴与滑动轴承的配合,如齿轮箱、小电机、泵等的转轴与滑动轴承的配合为 H7/f6
	g(G)	多用于 IT5~IT7 级,形成配合的间隙较小,用于轻载精密装置中的转动配合,最适合用于不回转的精密滑动配合,也用于插销的定位配合,如钻套与衬套的配合为 H7/g6
	h(H)	多用于 IT4~IT11 级,广泛用于无相对转动的配合,作为一般的定位配合。若没有温度、变形的影响,也可用于精密滑动轴承,如车床尾座孔与滑动套的配合为 H6/h5
过渡配合	js(JS)	多用于 IT4~IT7 级具有平均间隙并略有过盈的定位配合,如联轴节、齿圈与轮毂的配合,滚动轴承外圈与外壳孔的配合多用 JS7。一般用手或木锤装配
	k(K)	多用于 IT4~IT7 级具有平均间隙接近零并稍有过盈的定位配合,如滚动轴承的内、外圈分别与轴颈、外壳孔的配合。用木锤装配
	m(M)	多用于 IT4~IT7 级具有平均过盈较小的精密定位配合,如一般机械中齿轮与轴的配合为 H 7/m6。一般用木锤装配
	n(N)	多用于 IT4~IT7 级具有平均过盈较大、不常拆卸的精密定位配合,很少形成间隙,如冲床上齿轮与轴的配合。用锤或压力机装配
过盈配合	p(P)	用于小过盈配合。与 H6 或 H7 的孔形成过盈配合,而与 H 8 孔形成过渡配合。对钢和铸铁零件形成的配合为标准压入配合,如卷扬机的绳轮与齿圈的配合为 H7/p6。合金钢零件的配合需要小过盈配合时可用 p(P)
	r(R)	对铁类零件为中等打入配合,对非铁类零件为轻打入配合,当需要时可以拆卸。如用于传递大扭矩或受冲击负荷且需加键的蜗轮与轴的配合为 H 7/r6
	s(S)	用于钢和铸铁零件的永久性和半永久性结合,可产生相当大的结合力,如套环压在轴、阀座上用 H7/s6 配合
	t(T)	用于钢和铁零件的永久性结合,不用键可传递扭矩,需用热胀法或冷缩法装配,如汽车变速箱中齿轮与中间轴的配合为 H7/t6
	u(U)	用于大过盈配合,最大过盈需验算。用热胀冷缩法进行装配,如火车轮毂和轴的配合为 H6/u5
	v(V)、x(X) y(Y)、z(Z)	用于特大过盈配合,目前使用的经验和资料很少,必须经试验后才能运用。一般不推荐使用

表 2-14 优先配合的配合特性和应用

优先配合		说 明
基孔制	基轴制	
$\dfrac{H11}{c11}$	$\dfrac{C11}{h11}$	间隙非常大,液体摩擦情况差,用于要求大公差和大间隙的外露组件;要求装配方便的、很松的配合;高温工作和很松的转动配合
$\dfrac{H9}{d9}$	$\dfrac{D9}{h9}$	间隙比较大,液体摩擦情况尚好,用于公差等级较低、温度变化大、高转速或径向压力较大的自由转动配合

续表

优先配合		说　明
基孔制	基轴制	
$\dfrac{H8}{f7}$	$\dfrac{F8}{h7}$	液体摩擦情况良好，配合间隙适中，能保证旋转时有较好的润滑条件。用于中等转速的一般精度的转动，也可用于长轴或多支承的中等精度的定位配合
$\dfrac{H7}{g6}$	$\dfrac{G7}{h6}$	间隙较小，用于不回转的精密滑动配合或用于缓慢间歇回转的精密配合，也可用于保证配合件间具有较好的同轴精度或定位精度，又需经常拆装的配合
$\dfrac{H7}{h6}$	$\dfrac{H7}{h6}$	均为间隙配合，其最小间隙为零，最大间隙等于孔、轴公差之和，用于具有缓慢的轴向移动或摆动的配合；有同轴度和导向精度要求的定位配合
$\dfrac{H8}{h7}$	$\dfrac{H8}{h7}$	
$\dfrac{H9}{h9}$	$\dfrac{H9}{h9}$	
$\dfrac{H11}{h11}$	$\dfrac{H11}{h11}$	
$\dfrac{H7}{k6}$	$\dfrac{K7}{h6}$	过渡配合，拆装比较方便，可用木锤打入或取出，用于要求稍有过盈的精密定位配合。当传递扭矩较大时，应加紧固件
$\dfrac{H7}{n6}$	$\dfrac{N7}{h6}$	过渡配合，拆装困难，需用钢锤打入，用于允许有较大过盈的精密定位配合；在加紧固件的情况下，可承受较大的扭矩、冲击和振动；用于装配后不需拆卸或大修理时才拆卸的配合
$\dfrac{H7}{p6}$	$\dfrac{P7}{h6}$	过盈量小，用于定位精度特别重要时，能以最好的定位精度达到部件的刚性及同轴度精度要求。一般不能靠过盈传递扭矩，若要传递扭矩还需加紧固件
$\dfrac{H7}{s6}$	$\dfrac{S7}{h6}$	过盈量属于中等，用于钢和铸铁零件的永久性和半永久性结合，在传递中等负荷时，无须加紧固件
$\dfrac{H7}{u6}$	$\dfrac{U7}{h6}$	过盈量较大，用于传递大的扭矩或承受大的冲击负荷，不需加紧固件便能得到牢固结合的场合

2. 试验法

试验法是对产品性能影响很大的一些配合或者是没有可参考类比的案例，往往用试验法来确定机器最佳工作性能的间隙或过盈。例如风镐锤体与镐筒配合的间隙量对风镐工作性能有很大影响，一般采用试验法较为可靠。但这种方法须进行大量试验，成本较高。

3. 计算法

计算法是根据一定的理论和公式，计算出所需的间隙或过盈。对间隙配合中的滑动轴承，运用润滑理论，通过计算来保证滑动轴承处于液体摩擦状态所需的间隙，即计算出形成油膜润滑的最小间隙和确定不引起油膜破坏的最大间隙，并根据计算结果，选择合适的配合；对过盈配合，可按弹塑性理论，计算出保证传递扭矩的最小过盈和不引起材料破坏所允许的最大过盈，并根据计算结果，选择合适的配合。由于影响配合间隙量和过盈量的因素很多，理论计算结果也只是近似的，所以，在实际应用中还需经过试验来确定。

【例 2-8】有一个公称尺寸为 $\phi 80$ 的孔、轴相配合，经分析计算要求配合间隙为 $X=+(55\sim135)\mu m$，试确定孔、轴的配合。

解：

（1）确定基准制，因无特殊要求，故优先选用基孔制。

（2）确定公差等级。

① 根据配合公差定义，有

$$[T_f]=|X_{max}-X_{min}|=T_h+T_s$$

已知 $X_{max}=+135\mu m$,$X_{min}=+55\mu m$

代入公式 $[T_f]=|135-55|=[80]$

② 分配孔、轴公差。

因为 $T_h+T_s=[80]$,设孔、轴同级,即 $T_h=T_s$

所以假设 $T_h=T_s=[80]/2=40\mu m$

查表 2-3,当尺寸≥50～80mm 时,IT7=30μm,IT8=46μm。

故选孔的公差等级为 8 级,轴的公差等级为 7 级。

(3) 选定配合种类。

因已选定基孔制,故孔的公差带为 H8,则 EI=0;ES=+46μm,

由题意可知,要求为间隙配合。

$$[X_{max}]=+135\mu m,\ [X_{min}]=+55\mu m$$

可直接用最小间隙确定轴的基本偏差,由表 2-5 查得,e 的基本偏差 es=-60μm,故选轴的公差带为 e7,则 ei=es-IT7=(-60)-30=-90μm。

(4) 检验。

$$X_{max}=ES-ei=(+46)-(-90)=+136\mu m$$
$$X_{min}=EI-es=0-(-60)=+60\mu m$$

合用条件为 $X_{min}\geqslant[X_{min}]$;$X_{max}\leqslant[X_{max}]$

$X_{max}=+136\mu m$,超过+135μm,但未超过配合公差的 5%,即 80×5%=4μm,仍可用,所以 ϕ80H8/e7 能满足使用要求。

2.5 一般公差

2.5.1 一般公差的概念

零件上各个要素的尺寸、形状和各要素间的位置都有一定的功能要求,在加工时,各要素的尺寸、形状和相互位置,都会有一定的误差。因此,图样上所有要素都应受到一定公差的约束。这些要求不一定都要逐项单独予以标注,可以采用一般公差来处理。

一般公差(也称为未注公差)就是指在图样上不单独注出公差(极限偏差)或公差带代号,而是在图样上、技术文件或标准(企业标准或行业标准)中,做出总的说明的公差要求。它是在车间普通工艺条件下机床设备可保证的公差。在正常维护和操作情况下,它代表车间通常的加工精度。

线性尺寸的一般公差主要用于低精度的非配合尺寸。当功能上允许的公差等于或大于一般公差时,应采用一般公差。只有当要素的功能允许具备比一般公差大的公差,而该公差在制造上比一般公差更为经济时,例如装配时所钻的盲孔深度,其相应的极限偏差数值要在尺寸后注出。

采用一般公差的尺寸在正常车间精度保证的条件下,一般可不检验。应用一般公差可简化制图,使图样清晰易读;节省图样设计时间,设计人员只要熟悉和应用一般公差的规定,可不必逐一考虑其公差值;突出了图样上注出公差的尺寸,以便在加工和检验时引起重视。

国家标准 GB/T 1804-2000《一般公差 未注公差的线性和角度尺寸的公差》应用于线

性尺寸（如外尺寸、内尺寸、阶梯尺寸、直径、半径、距离、倒圆半径和倒角高度）、角度尺寸（包括通常不注出角度值的角度尺寸如直角 90°）和机加工组装件的线性和角度尺寸等三个方面未注公差的尺寸。

2.5.2 一般公差的公差等级和极限偏差数值

一般公差规定 4 个公差等级，其公差等级从高到低依次为精密级（f）、中等级（m）、粗糙级（c）、最粗级（v）。公差等级越低，公差数值越大。线性尺寸的极限偏差数值见表 2-15，倒圆半径和倒角高度尺寸的极限偏差数值见表 2-16，角度尺寸的极限偏差数值见表 2-17。

表 2-15　线性尺寸的极限偏差数值（摘自 GB/T 1804-2000）

公差等级	公称尺寸分段/ mm							
	0.5～3	>3～6	>6～30	>30～120	>120～400	>400～1000	>1000～2000	>2000～4000
精密 f	±0.05	±0.05	±0.1	±0.15	±0.2	±0.3	±0.5	—
中等 m	±0.1	±0.1	±0.2	±0.3	±0.5	±0.8	±1.2	±2
粗糙 c	±02	±0.3	±0.5	±0.8	±1.2	±2	±3	±4
最粗 v	—	±0.5	±1	±1.5	±2.5	±4	±6	±8

表 2-16　倒圆半径和倒角高度尺寸的极限偏差数值（摘自 GB/T 1804-2000）

公差等级	公称尺寸分段/mm			
	0.5～3	>3～6	>6～30	>30
精密 f	±0.2	±0.5	±1	±2
中等 m				
粗糙 c	±0.4	±1	±2	±4
最粗 v				

注：倒圆半径和倒角高度的含义参见 GB/T 6403.4。

表 2-17　角度尺寸的极限偏差数值（摘自 GB/T 1804-2000）

公差等级	公称尺寸分段/mm				
	～120	>10～50	>50～120	>120～400	>400
精密 f	±1°	±30′	±20′	±10′	±5′
中等 m					
粗糙 c	±1°30′	±1°	±30′	±15′	±10′
最粗 v	±3°	±2°	±1°	±30′	±20′

2.5.3 一般公差的图样表示法

采用一般公差的尺寸，在该尺寸后不须注出其极限偏差数值，而应在图样标题栏附近或技术要求、技术文件（如企业标准）中注出本标准号及公差等级代号。例如选取中等级时标注为 GB/T 1804-m。

此时，表明该图样上凡未直接注出公差的所有线性尺寸，包括倒角与倒圆，和角度尺寸均按中等级 m 加工和检查。

本章小结

极限与配合的基本术语及定义，不仅是光滑圆柱体零件尺寸极限制的基础知识，也是精度设计的基础知识。对于极限与配合的基本术语及定义，必须牢固掌握，不仅要明确定义，还要能熟练计算。

标准公差系列和基本偏差系列是极限与配合标准的核心，也是本章的重点。标准公差决定了公差带的大小，基本偏差决定了公差带的位置。标准公差与尺寸大小和加工难易程度有关，基本偏差则由尺寸大小和配合性质决定，一般与公差等级无关。

孔、轴尺寸精度的设计主要包括基准制、公差等级和配合种类的选用，须结合实例来理解和掌握。

习 题

一、填空

2-1 允许零件几何参数的变动量称为_____。

2-2 若已知公称尺寸为 $\phi 40$mm 的轴，其下极限尺寸为 $\phi 40.009$mm，公差为 0.025mm，则它的上偏差是_____mm，下偏差是_____mm。

2-3 公差带的位置由_____决定，公差带的大小由_____决定。

2-4 极限偏差是_____尺寸减_____尺寸所得的代数差。

2-5 在公称尺寸至 500mm 内，公差等级共分____级，其中____级精度最高。

2-6 $\phi 50^{+0.05}_{0}$mm 孔的基本偏差数值为____mm，$\phi 50^{-0.025}_{-0.050}$mm 轴的基本偏差数值为_____mm，$\phi 30^{+0.041}_{+0.020}$mm 孔的基本偏差数值为____mm。

2-7 孔、轴的 ES＜ei 的配合属于_____配合，EI＞es 的配合属于_____配合。

2-8 公差等级选择原则是在_____的前提下，尽量选用_____的公差等级。

二、判断题（在括号内：对的画"√"，错的画"×"）

2-9 配合的松紧程度取决于标准公差的大小。 （ ）

2-10 过渡配合的孔轴结合，由于有些可能得到间隙，有些可能得到过盈，因此，过渡配合可能是间隙配合，也可能是过盈配合。 （ ）

2-11 孔与轴的加工精度越高，则其配合精度也越高。 （ ）

2-12 一般来说，零件的实际尺寸越接近公称尺寸就越好。 （ ）

2-13 零件尺寸的加工成本取决于公差等级的高低，而与配合种类无关。 （ ）

2-14 如果某配合的最大间隙 X_{max} = +20μm，配合公差 T_f = 30μm，那么该配合一定是过渡配合。 （ ）

三、简答题

2-15 判断零件实际尺寸的合格性条件是什么？

2-16 公差与偏差有何区别？

2-17 为何优先选用基孔制？哪些情况下可采用基轴制？

2-18 对于孔：$\phi 50_{-0.050}^{0}$mm，轴：$\phi 50_{-0.100}^{-0.050}$mm，其基准制和配合类别如何？

四、计算题

2-19 试根据表2-18中的已知数据，计算填写表中各空格（单位为mm）。

表2-18 例题数据

孔或轴	极限尺寸		极限偏差		公差	尺寸标注
	最大	最小	上偏差	下偏差		
孔：$\phi 10$	9.985	9.970				
孔：$\phi 18$						$\phi 18_{0}^{+0.017}$
孔：$\phi 30$			+0.012		0.021	
轴：$\phi 40$			−0.050	−0.112		
轴：$\phi 60$	60.041				0.030	
轴：$\phi 85$		84.978			0.022	

2-20 已知下列三对孔、轴配合。

(1) 孔：$\phi 20_{0}^{+0.033}$ 轴：$\phi 20_{-0.098}^{-0.065}$

(2) 孔：$\phi 35_{-0.018}^{+0.007}$ 轴：$\phi 35_{-0.016}^{0}$

(3) 孔：$\phi 55_{0}^{+0.030}$ 轴：$\phi 55_{+0.041}^{+0.060}$

要求：

(1) 分别计算三对配合的极限盈隙及配合公差。

(2) 查表确定孔、轴公差带代号。

(3) 分别绘出公差带图，并说明它们的配合类别。

2-21 查表确定下面三对配合中的孔、轴极限偏差，画出公差带图，求出极限间隙（或过盈）及配合公差（T_f），并说明各类配合的基准制及配合性质。

(1) $\phi 70H7/g5$　(2) $\phi 40H7/r6$　(3) $\phi 55JS8/h7$

2-22 有下列三组孔与轴相配合，根据给定的数值，试分别确定它们的公差等级，并选用适当的配合。

(1) 公称尺寸为$\phi 25$mm，$X_{max} = +0.086$mm，$X_{min} = +0.020$mm。

(2) 公称尺寸为$\phi 40$mm，$Y_{max} = -0.076$mm，$Y_{min} = -0.035$mm。

(3) 公称尺寸为$\phi 60$mm，$Y_{max} = -0.032$mm，$X_{max} = +0.046$mm。

第 3 章　几何精度设计

> **教学重点**
>
> 几何公差和几何误差的概念，几何公差的标注和解释，几何公差带四要素分析，公差原则（尤其是独立原则、包容要求、最大实体要求）的特点和应用，几何公差的选用原则。
>
> **教学难点**
>
> 几何公差带的四要素，公差原则。
>
> **教学方法**
>
> 讲授法，问题教学法，启发式教学法。

➤ 引例

为了保证机器的装配和使用性能，机器的零部件的精度光靠尺寸精度来控制是远不能满足性能要求的，也不能保证其配合精度。例如，图 3-1 中的轴尽管在任意方向所测的直径值均在尺寸公差范围内，但由于轴存在直线度误差，装配时发生了装不进去的现象。再如，当内燃机配汽机构中的凸轮轮廓存在轮廓度误差，会直接影响汽缸进、排气量的变化，从而影响发动机的功率，如图 3-2 所示，会影响图中所示 B 值的大小。因此，几何误差会直接影响机械产品的工作精度、运动平稳性、密封性、耐磨性、使用寿命和可装配性等。规定合理的几何公差可保证零件的互换性，满足使用要求。本章重点介绍几何公差的相关标准和几何公差的应用。

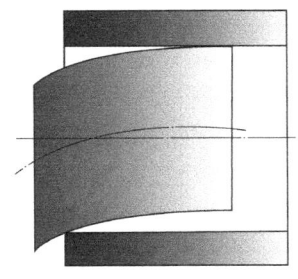
图 3-1　轴存在直线度误差

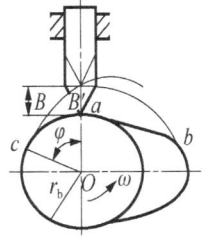
图 3-2　凸轮的线轮廓误差

3.1　概　　述

任何机械产品都要经过图样设计、机械加工和装配调试等过程。其中，图样给出的零件都是没有误差的理想几何体，但是在机械加工中，由于加工中机床、夹具、刀具和工件所组成的工艺系统本身存在各种误差，以及加工过程中存在的受力变形、振动、磨损等各种干扰，致使加工后的零件不仅有尺寸误差,还有几何误差。几何误差包括形状误差、方向误差、位置误差和跳动误差。

几何精度是一项重要的质量指标,直接影响零件的使用功能和互换性。目前颁布实施的有关国家标准主要有 GB/T 1182—2008《产品几何技术规范(GPS)几何公差 形状、方向、位置和跳动公差标注》;GB/T 1184—1996《形状和位置公差 未注公差值》;GB/T 4249—2009《产品几何技术规范(GPS)公差原则》;GB/T 16671—2009《产品几何技术规范(GPS)几何公差 最大实体要求、最小实体要求和可逆要求》;GB/T17851—2010 产品几何技术规范(GPS)几何公差 基准和基准体系》;GB/T 13319—2003《产品几何技术规范(GPS)位置度公差注法》;几何误差检测方面 GB/T 1958—2004《产品几何技术规范(GPS)形状和位置公差 检测规定》。

3.1.1 几何要素及其分类

任何机械零件都是由点、线、面组合而成,构成零件几何特征的点、线、面统称为几何要素(简称要素)。几何公差的研究对象是机械零件的几何要素。如图 3-3 所示的零件就是由多种要素组成。

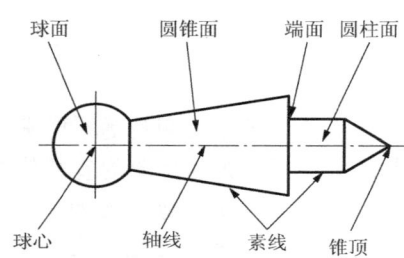

图 3-3 零件的几何要素

几何要素可按以下四个方面分类:

1. 按存在状态分类

(1)公称要素。公称要素是具有几何学意义的、没有任何误差的要素。图样上表示的要素均为公称要素。由于加工误差不可避免,所以,公称要素实际是不可能得到的。

(2)实际要素。实际要素是零件上实际存在的要素,即加工后得到的要素。因为加工误差不可避免,所以实际要素总是偏离其公称要素,通常用提取要素(测得要素)来代替。由于存在测量误差,因此提取要素(测得要素)并非该实际要素的真实状态。

2. 按检测要求分类

(1)被测要素。被测要素是指在图样上标出了的几何公差要求,而加工后需进行检测的要素。如图 3-4 中的 ϕd_1 圆柱面、ϕd_1 的右端面和 ϕd_2 圆柱的轴线都给出了几何公差要求。

(2)基准要素。基准要素是用来确定被测要素方向或(和)位置的要素,基准要素在图样上都标有基准符号或基准代号。理想的基准要素称为基准。如图 3-4 中的 ϕd_1 圆柱面的轴线。

3. 按结构特征分类

按结构特征不同,要素分为组成要素和导出要素。

(1)组成要素。组成要素是面或面上的线。组成要素是实有定义的,所以也称之为轮廓要素。如图 3-3 中球面、圆锥面、端面、圆柱面、素线等都属于组成要素。

(2)导出要素。导出要素是由一个或几个组成要素得到的中心点、中心线或中心面。这些要素的体现必须通过导出才能获得,如图 3-3 中的球心是球面得到的导出要素,圆柱的中心线是由圆柱面得到的导出要素。

4. 按功能关系分类

被测要素按功能关系可分为单一要素和关联要素。

（1）单一要素。单一要素是仅对被测要素本身给出形状公差要求的要素，如图 3-4 中 ϕd_1 的圆柱面。单一要素仅对本身有要求，而与其他要素没有功能关系。

（2）关联要素。关联要素是相对于基准要素有功能要求且给出公差要求的要素，如图 3-4 中 ϕd_2 的轴线和 ϕd_1 的右端面。这些要素与基准要素之间有功能关系，例如同轴、垂直。

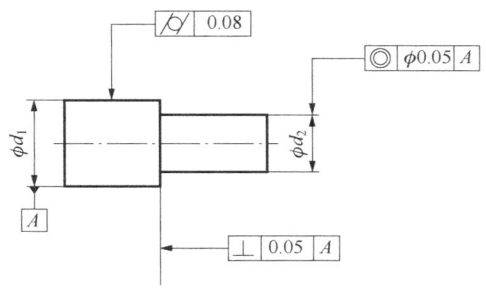

图 3-4　零件的几何要素示例

3.1.2　几何公差的特征项目及其符号

根据国家标准 GB/T 1182－2008《产品几何技术规范（GPS）几何公差　形状、方向、位置和跳动公差标注》的规定，几何公差包括形状公差、方向公差、位置公差和跳动公差，其几何特征和符号见表 3-1。

表 3-1　几何公差的特征项目和符号（摘自 GB/T 1182－2008）

公差类型	几何特征	符号	有无基准	公差类型	几何特征	符号	有无基准
形状公差	直线度	—	无	位置公差	位置度	⊕	有或无
	平面度	▱	无		同心度（用于中心点）	◎	有
	圆度	○	无		同轴度（用于轴线）	◎	有
	圆柱度	⌭	无		对称度	═	有
	线轮廓度	⌒	无		线轮廓度	⌒	有
	面轮廓度	⌓	无		面轮廓度	⌓	有
方向公差	平行度	∥	有	跳动公差	圆跳动	↗	有
	垂直度	⊥	有		全跳动	⌰	有
	倾斜度	∠	有	—	—	—	—
	线轮廓度	⌒	有	—	—	—	—
	面轮廓度	⌓	有	—	—	—	—

3.1.3 几何公差在图样上的标注方法

在技术图样中,几何公差均采用符号标注。标注时,应绘制公差框格,注明几何公差数值,并使用表 3-1 中的相关符号。只有无法在图样上采用符号标注时,才允许在技术要求中用文字说明或列表注明公差项目、被测要素、基准要素和公差数值,但应做到内容完整,不应产生歧义。

几何公差的标注包括几何公差框格、指引线、基准符号等,图 3-5 所示为几何公差框格,即为对被测要素的标注。基准字母采用大写字母,为了避免混淆和误解,规定不得采用 E、F、I、J、L、M、O、P、R 这 9 个字母。用一个字母表示单个基准或几个字母表示基准体系或公共基准。

GB/T 1182—2008 中规定:基准符号由带方框的大写基准字母用细实线与涂黑或空白的三角形相连而组成,如图 3-6 所示,涂黑的和空白的基准三角形含义相同。无论基准符号在图样上的方向如何,方框内的字母均应水平书写。图 3-7 为综合标注实例,后续章节的图例均可作为标注的参考案例。

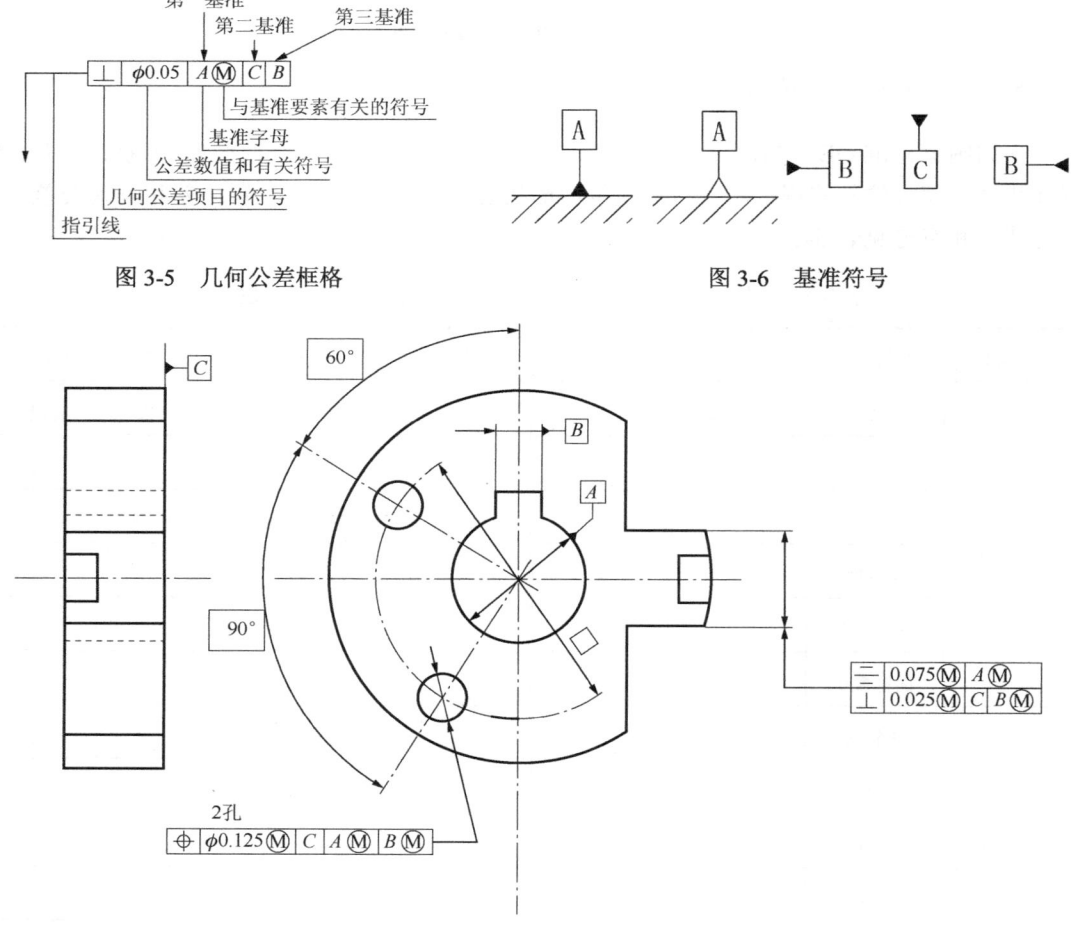

图 3-5 几何公差框格   图 3-6 基准符号

图 3-7 综合标注实例

3.1.4 几何公差和几何公差带的特征

几何公差是指实际被测要素相对于图样上给定的理想形状、理想位置所允许的变动量。几何公差带是由一个或几个理想的几何线或面所限定的、由线性公差值表示其大小的范围。几何公差带具有形状、大小、方向和位置这四个特征要素，这四个特征可在图样标注中体现出来。

1) 形状

几何公差带的形状取决于被测要素的理想形状和给定的公差要求。几何公差带主要有9种形状：两条平行线间、两条等距曲线间、两平行平面间、两等距曲面间、一个圆柱面内、两同心圆间、一个圆周内、一个球内、两同轴圆柱面间，如图3-8所示。几何公差带必须包含实际被测要素，即实际被测要素在几何公差带内可以具有任何形状（除非标有附加性说明）。

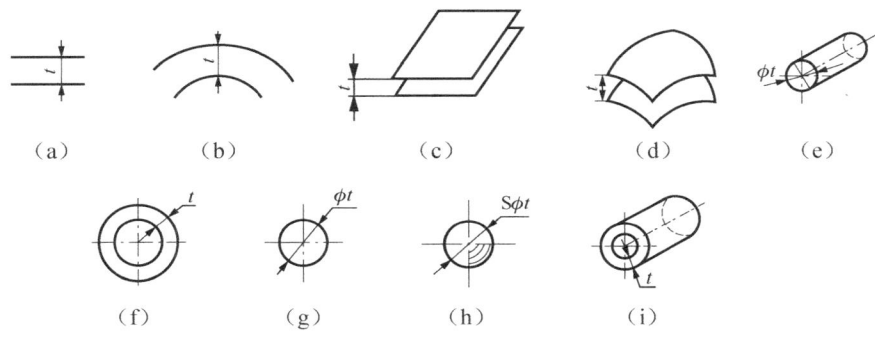

图 3-8 常用几何公差带的9种形状

2) 大小

几何公差带的大小由设计者在图样上的公差框格中给定的公差数值 t 来确定，它指的是公差带的宽度或直径。若公差带为圆形或圆柱形的，则在公差数值前加注"ϕ"；若是球形的，则应加注"$S\phi$"。公差带的大小是控制零件几何精度的重要指标，一般情况下应根据标准规定来选择。

3) 方向

几何公差带的方向是指公差带的延伸方向，它是根据公差项目的特征和标注要求所决定的。对于形状公差带，其方向由实际要素决定，并符合最小条件。对于方向公差和位置公差，其公差带方向由基准要素决定。图 3-9 为公差标注及公差带方向，图 3-9（a）所示的标注表明，设计者对零件表面同时提出平面度和平行度的要求。公差带如图 3-9（b）所示，两平行平面Ⅰ′－Ⅱ′表示的是上表面平面度公差带的方向，而两平行平面Ⅰ－Ⅱ表示的是上表面相对于底面的平行度公差带的方向。可见，两组平行平面的方向是不同的。平面度公差带的方向和被测的实际要素有关，且要求两平行平面之间的最大距离尽可能小（最小条件）。平行度公差带的方向要求和基准平行。

4) 位置

几何公差带的位置有固定和浮动两种。所谓固定是指公差带的位置是由图样上给定的基准和理论正确尺寸来确定的，不随实际要素的形状、尺寸或位置的变动而变化。所谓浮动是指公差带的位置随被测要素实际尺寸的变动而变化。位置公差对导出要素的要求其公差带位置均是固定的，而其他的几何公差要求的公差带位置都是浮动的。

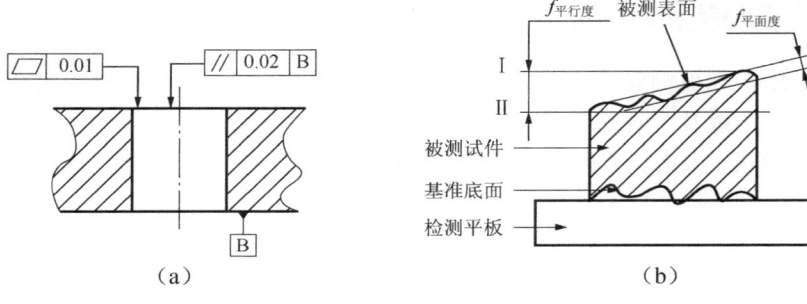

图 3-9 公差标注及公差带方向

3.2 形状公差及误差评定

形状公差是单一实际被测要素对其理想要素的允许变动量。形状公差包括直线度、平面度、圆度和圆柱度、线轮廓度和面轮廓度（没有基准要求时），被测要素分别为直线、平面、圆、圆柱面、曲线和曲面。形状公差不涉及基准，被测要素给出的形状公差仅限定该要素的形状误差。其公差带的方向由最小条件确定，公差带的位置是浮动的。

3.2.1 形状误差及其评定

形状误差是指被测实际要素对其拟合要素的变动量。例如，在给定平面内的直线度误差的评定，要求限定直线的变化区域为两条平行的直线，且该两平行直线之间的最大距离为最小（即符合最小条件）。最大距离是要求两平行直线能包容被测要素，图 3-10 所示为直线度误差评定，图中的 A_1-B_1、A_2-B_2、A_3-B_3 均为最大距离；其中只有 A_1-B_1 的方向所相应的距离为最小，即 $h_1<h_2<h_3$。因此，直线度的误差 h_1 应不大于给定的公差值。

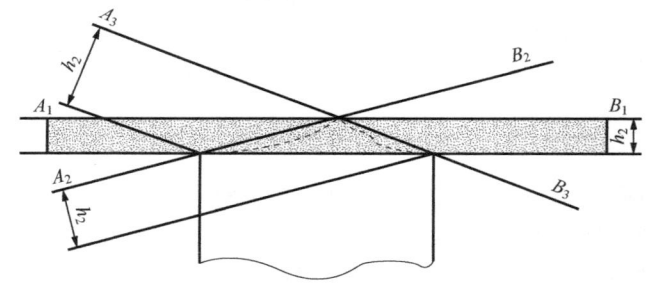

图 3-10 直线度误差评定

A_1-B_1 方向的两平行直线为直线度的最小包容区。在实际应用中，为了检测方便，只要该包容区的距离尽可能小即可，并非一定要达到最小。如图 3-10 所示，如果 h_2 已满足公差要求，就无须再检测 h_1 了。

其他的形状误差评定均类似于直线度要求，具体可参见国家标准 GB/T 1182—2008。

3.2.2 形状公差

1. 直线度公差（符号为 —）

直线度公差用来限制平面内或空间内直线的形状误差。根据零件的功能要求不同，可分为给定平面内、给定（一个）方向上和任意方向上三种情况。

（1）在给定平面内，图 3-11（a）为直线度公差带图。公差带是距离为公差值 t 的两平行直线之间的区域，该被测要素为指定的某平面内的直线。图 3-11（b）的标注所示，在任意平行于图示投影面的平面内，上平面的提取（实际）线必须位于间距等于 0.1mm 的两平行直线之间。

标注说明：当被测要素是轮廓线或轮廓面时，指引线的箭头应直接指在轮廓线或轮廓面上，并与尺寸线明显错开。参考图 3-11（b）的标注所示。

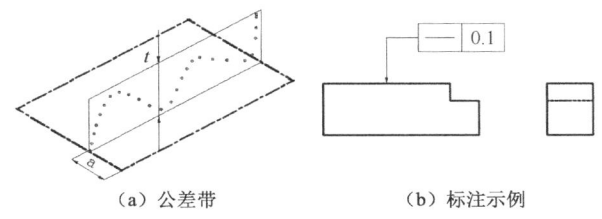

（a）公差带　　　　　　　　（b）标注示例

图 3-11　给定平面内的直线度

（2）在给定方向上，如图 3-12（a）所示，直线度公差带是距离为公差值 t 的两平行平面之间的区域该被测要素为空间的直线。图 3-12（b）标注所示，提取（实际）素线必须位于间距等于 0.1mm 的两平行平面之间。

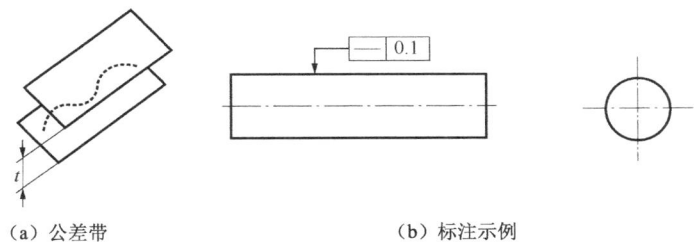

（a）公差带　　　　　　　　（b）标注示例

图 3-12　给定方向上的直线度

（3）任意方向上，图 3-13（a）为直线度公差带图。公差带是直径为 ϕt 的圆柱面内的区域。如图 3-13（b）标注所示，外圆柱面的提取（实际）中心线必须位于直径等于 $\phi 0.03$mm 的圆柱面内。

标注说明：如果是任意方向的几何公差要求，被测要素一定是轴线，必须在公差值前需加注"ϕ"。当被测要素是中心线、中心平面或中心点时，指引线的箭头应在尺寸线的延长线上。参考图 3-13（b）的标注所示。

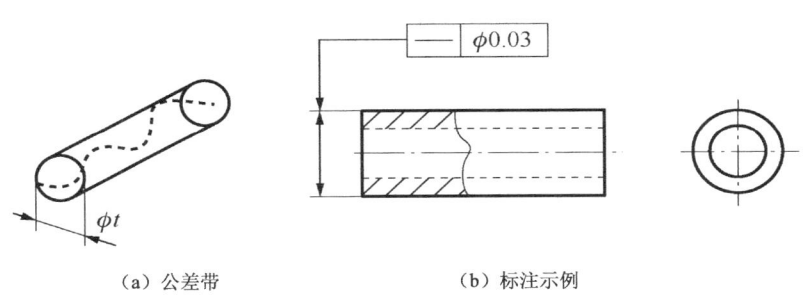

（a）公差带　　　　　　　　（b）标注示例

图 3-13　任意方向上的直线度

2. 平面度公差（符号为 ▱）

平面度公差用来限制被测实际表面的形状误差，是对平面要素的控制要求。图 3-14（a）为平面度公差带图。公差带是距离为公差值 t 的两平行平面之间的区域。图 3-14（b）的标注所示，提取（实际）表面必须位于距离为公差值 0.08mm 的两平行平面内。

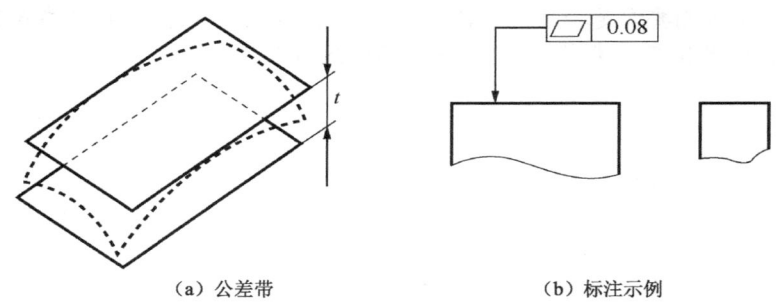

（a）公差带　　　　　　　（b）标注示例

图 3-14　平面度

3. 圆度公差（符号为 ○）

圆度公差是限制圆柱形、圆锥形等回转体横截面的形状误差，它是对横截面是圆的要素提出的控制要求。

图 3-15（a）为圆度公差带图。公差带是给定正截面内半径差为公差值 t 的两个同心圆之间的区域。图 3-15（b）的标注所示，在圆柱面和圆锥面的任意正截面内，提取（实际）圆周必须位于半径差为 0.1mm 的两共面同心圆之间；图 3-15（c）的标注所示，在圆锥面的任意正截面内，提取（实际）圆周应限定在半径差等于 0.1mm 的两同心圆之间。

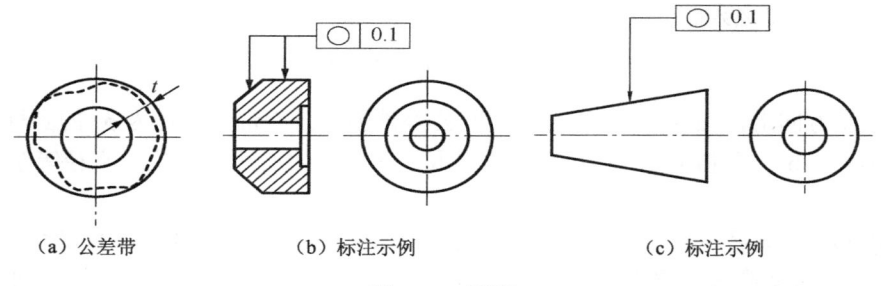

（a）公差带　　　　（b）标注示例　　　　（c）标注示例

图 3-15　圆度

标注说明： 圆度标注的指引线的箭头必须垂直指向回转体的轴线，且与尺寸线明显错开。

4. 圆柱度公差（符号为 ⌭）

圆柱度公差用来限制被测实际圆柱面的形状误差，仅是对圆柱表面的控制要求，不能用于圆锥面或其他形状的表面。

图 3-16（a）为圆柱度公差带图。公差带是半径差为公差值 t 的两同轴圆柱面之间的区域。图 3-16（b）的标注所示，提取（实际）圆柱面必须位于半径差等于 0.1mm 的两同轴圆柱面之间。

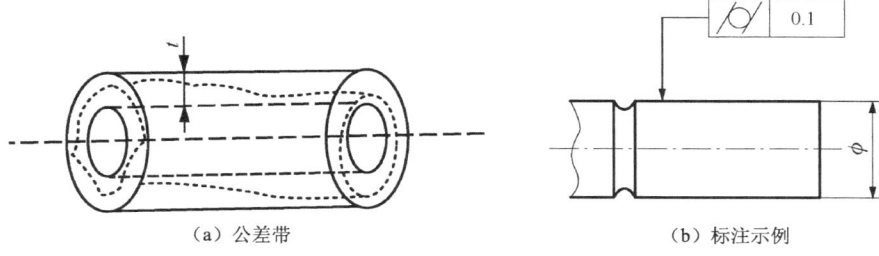

(a) 公差带　　　　　　　　　　　　(b) 标注示例

图 3-16　圆柱度

标注说明：圆柱度公差是一个综合性控制指标。因为它同时控制圆柱体横剖面的圆度和轴向剖面内的直线度的形状误差要求，所以在标注时注意圆柱度与圆度和直线度的关系，具体参见 3.5 节的介绍。

5. 线轮廓度（符号为⌒）

当零件的形体是曲线和曲面可以用线轮廓度和面轮廓度来控制形状误差。

轮廓度公差带有两种情况：一是无基准要求，属于形状公差，只能控制被测要素轮廓的形状；另一种是有基准要求的，属于方向公差或位置公差，在控制被测要素相对于基准方位误差的同时，控制了被测要素轮廓的形状误差。为了比较和区别，将无基准和有基准的两种情况均在此介绍，后续的方向公差和位置公差涉及轮廓度公差就不再重复介绍。

图 3-17（a）为线轮廓度公差带图。公差带为包络直径等于公差数值 t、圆心位于具有理论正确几何形状的理想轮廓线上的一系列圆的两包络线所限定的区域。

图 3-17（b）为无基准要求的线轮廓度公差带图。图 3-17（c）为标注所示，在任意平行于图示投影面的截面内，提取（实际）轮廓线应限定在包络直径等于 0.05mm 且圆心位于具有理论正确几何形状的线上的一系列圆的两包络线之间。其公差带的形状由理论正确尺寸确定。

所谓的理论正确尺寸（TED）和理论正确角度，即没有公差的尺寸或角度是一个理想尺寸或角度。

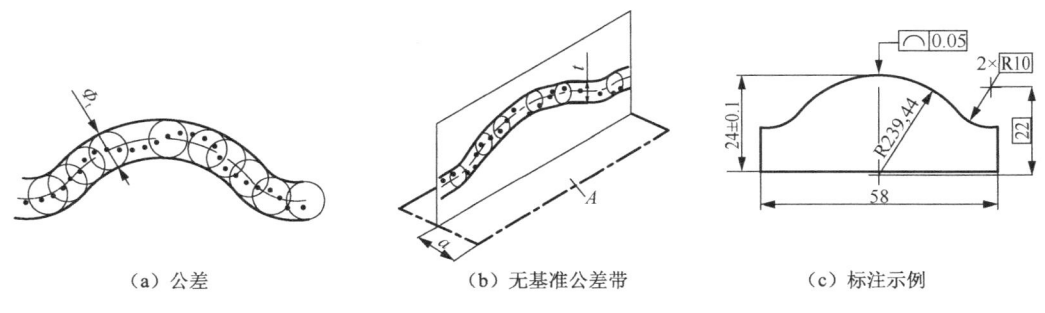

(a) 公差　　　　　　(b) 无基准公差带　　　　　　(c) 标注示例

图 3-17　无基准的线轮廓度

图 3-18（a）为有基准要求的线轮廓度公差带图。图 3-18（b）标注示例，表示在任意平行于图示投影面的截面内，提取（实际）轮廓线应限定在包络直径等于 0.05mm 且圆心位于由基准平面 A 确定的、具有理论正确几何形状的线上的一系列圆的两包络线之间。其公差

带的位置须由理论正确尺寸和基准来决定。

有或无基准时两种轮廓度公差带形状、大小均相同，只是无基准要求时，轮廓度公差带位置是浮动的；有基准要求时，公差带位置是固定的。

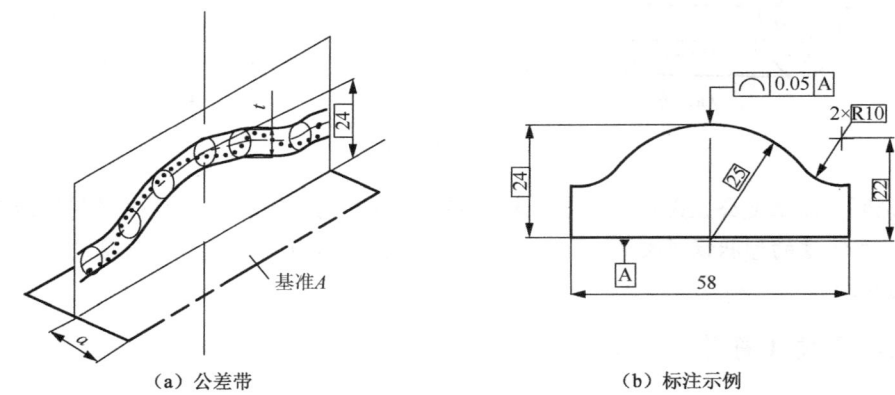

(a) 公差带　　　　　　　　　　　(b) 标注示例

图 3-18　有基准的线轮廓度

6. 面轮廓度（符号为 ⌒）

图 3-19（a）为面轮廓度公差带图。公差带为包络直径等于公差数值 t、球心位于具有理论正确几何形状的理想轮廓面上的一系列球的两包络面所限定的区域。

图 3-19（b）为无基准要求的面轮廓度标注示例，表示提取（实际）轮廓面应限定在包络直径等于 0.04mm、球心位于具有理论正确几何形状的面上的一系列球的两包络面之间。

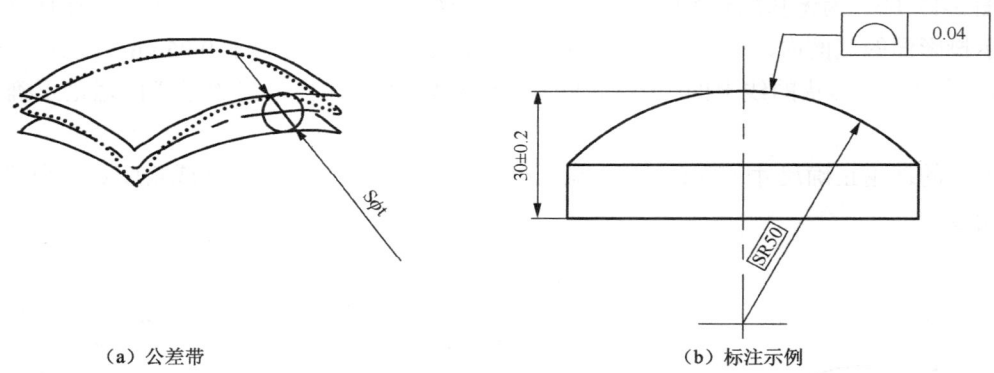

(a) 公差带　　　　　　　　　　　(b) 标注示例

图 3-19　无基准的面轮廓度

图 3-20（a）为有基准要求的面轮廓度公差带图。图 3-20（b）为有基准要求的面轮廓度标注示例，表示提取（实际）轮廓面应限定在包络直径等于 0.04mm、球心位于由基准平面 A 确定的具有理论正确几何形状的面上的一系列球的两包络面之间。当被测轮廓面相对于基准有位置要求时，其理想轮廓面是指相对于基准为理想位置的理想轮廓面。

标注说明：线轮廓度与面轮廓度公差带宽度是两个等距离的曲线或两个等距离曲面之间的宽度。沿所包络的一系列圆或球的直径方向计值。因此，标注时指引线箭头应与曲线或曲面的切线垂直。理论正确尺寸或理论正确角度标注时需用长方形的框格，例如 50、60°，所以也称为方框尺寸或方框角度。

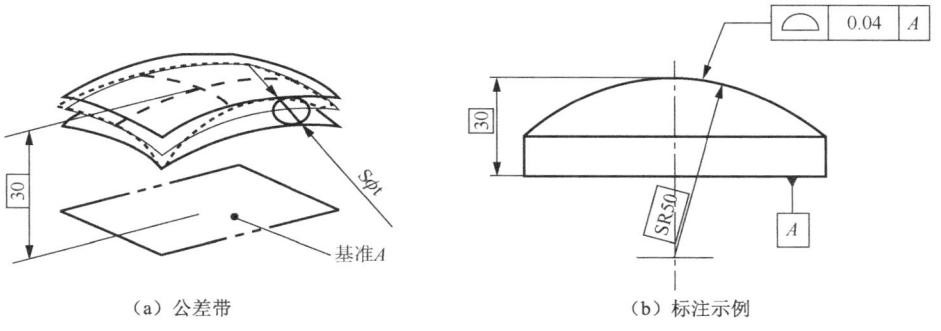

(a) 公差带　　　　　　　　　　(b) 标注示例

图 3-20　有基准的面轮廓度

3.3　方向公差、位置公差和跳动公差及误差评定

国家标准 GB/T 1182—2008 规定,除形状公差外,还有方向公差、位置公差和跳动公差,而这三项公差都是有基准要求的。

3.3.1　基准及误差评定

1. 基准

基准是确定被测要素方向、位置的参考对象。设计时,在图样上标出的基准一般分为以下三种:

1) 单一基准

由一个要素建立的基准称为单一基准,例如,由一个平面、一根轴线均可建立基准。图 3-21 所示为由一个平面建立的单一基准。

2) 组合基准(公共基准)

由两个或两个以上的同类要素所建立的一个独立基准称为组合基准或公共基准,如图 3-22 所示,公共基准轴线 $A-B$ 是由两个直径皆为 ϕd_1 的圆柱面轴线 A、B 所建立的,它是包容两个实际轴线的理想圆柱的轴线,并作为一个独立基准使用。

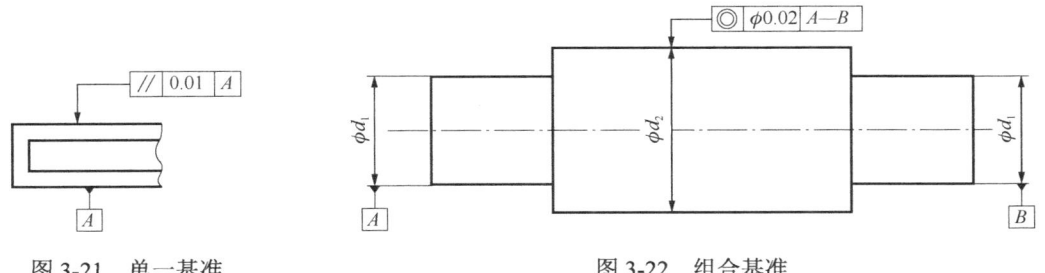

图 3-21　单一基准　　　　　　图 3-22　组合基准

3) 多基准和三基准体系(三基面体系)

多基准是指有两个或三个基准,即在标注的第三和第四框格内,甚至于第五框格均有基准符号。如果为三个基准,则称为三基面体系;该三个基准面必须是由三个互相垂直的平面所构成的基准体系。如图 3-23 所示,A、B 和 C 三个平面互相垂直,分别被称为第一基准平面、第二基准平面和第三基准平面。应用三基面体系标注图样时,要特别注意基准的顺序。

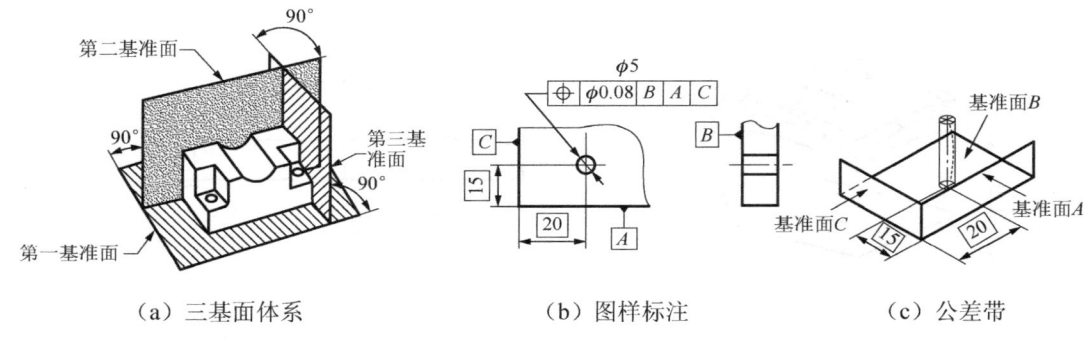

(a)三基面体系　　　　　(b)图样标注　　　　　(c)公差带

图 3-23　三基面体系

2. 方向误差、位置误差和跳动误差及其评定

方向误差是指关联实际要素对基准在方向上的变动量。其误差评定是用既能包容被测要素，又与基准保持图样标注所要求的功能关系，且形状与公差要求一致的区域宽度或直径表示。

位置误差是指关联实际要素对基准在方向和位置上的变动量。其误差评定是用既能包容被测要素，又与基准保持图样标注所要求的功能关系，且形状与公差要求一致的区域宽度或直径表示。

跳动误差是实际被测要素在无轴向移动的条件下，绕基准轴线回转的过程中（回转一周或连续回转），由指示计在给定的测量方向上对其测得的最大与最小示值之差。

3.3.2　方向公差

方向公差是指关联实际要素对基准在方向上允许的变动全量，包括平行度、垂直度和倾斜度三项。关于轮廓度的要求在前面已做介绍，在此不再重复说明。

平行度、垂直度和倾斜度的被测要素和基准要素可以是直线或平面。公差带分别相对于基准保持平行、垂直和倾斜一定理论正确角度。

1. 平行度公差（符号为//）

平行度公差要求被测要素和基准之间的关系是平行关系。分为给定方向和任意方向两种情况。

（1）给定方向上，如图 3-24～图 3-27 所示，被测要素无论是直线或平面，基准也无论是平面还是直线，其公差带的形状均是间距为公差值 t、平行于基准面（或基准线）的两平行平面之间的区域。

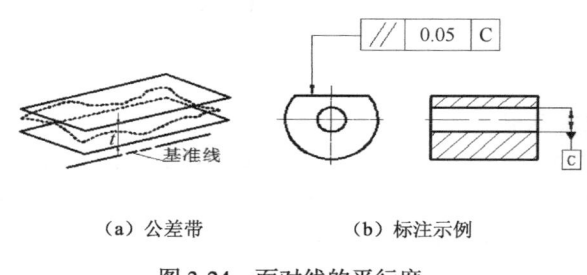

(a)公差带　　　　　(b)标注示例

图 3-24　面对线的平行度

图 3-24（a）为平行度的公差带图。图 3-24（b）为平行度标注示例，其被测要素为平面、基准为轴线的情况，简称面对线的平行度。表示提取（实际）表面应限定在间距等于 0.05mm、平行于基准轴线 C 的两平行平面之间。

图 3-25（a）为平行度的公差带图。图 3-25（b）为平行度标注示例，其被测要素为平面、基准为平面的情况，简称为面对面的平行度。表示提取（实际）表面应限定在间距等于 0.1mm、平行于基准平面 A 的两平行平面之间。

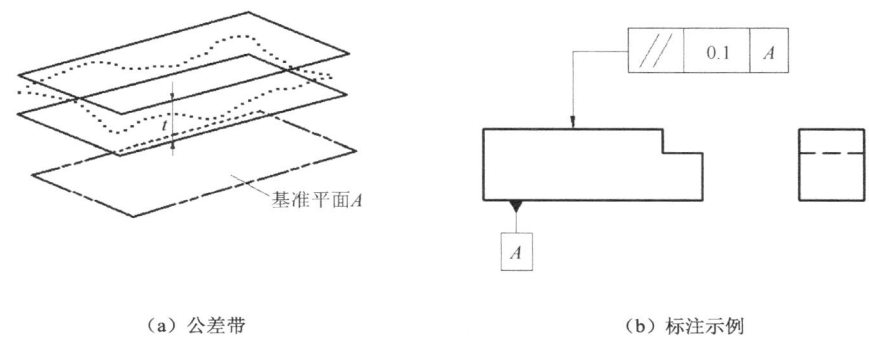

（a）公差带　　　　　　　　　　（b）标注示例

图 3-25　面对面的平行度

图 3-26 是线对线的平行度。其表示提取（实际）轴线必须位于距离为公差值 0.1mm，且在给定方向上平行于基准轴线的两平行平面之间。

图 3-27 是线对面的平行度，其表示提取（实际）中心线应限定在平行于基准平面 A、间距等于 0.01mm 的两平行平面之间。

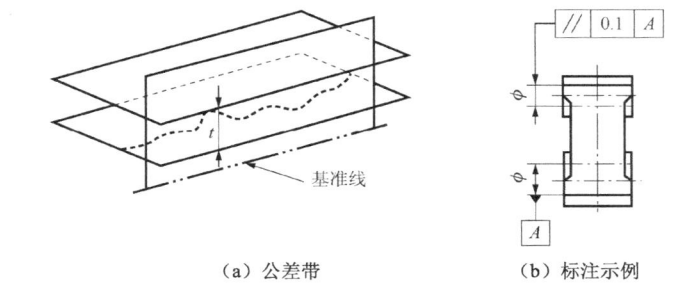

（a）公差带　　　　　　　　　　（b）标注示例

图 3-26　线对线的平行度

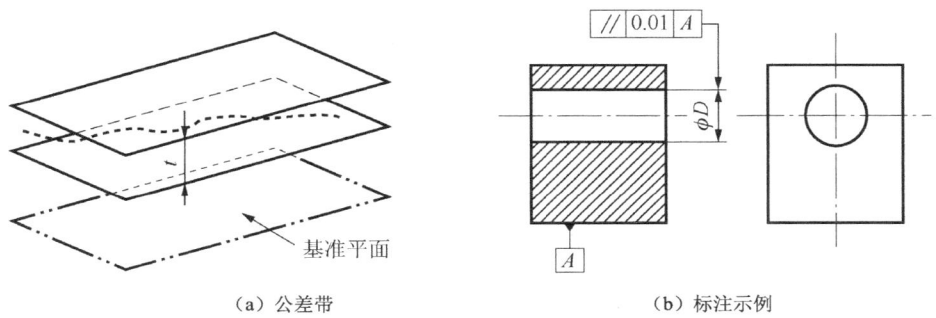

（a）公差带　　　　　　　　　　（b）标注示例

图 3-27　线对面的平行度

（2）任意方向上，当被测要素为轴线时，基准也为轴线时可以提出任意方向上的平行度要求。任意方向上的平行度必须在公差值前加注 ϕ，公差带为轴线平行于基准轴线、直径为

公差值 ϕt 的圆柱面所限定的区域。

图 3-28（a）为任意方向上的平行度的公差带图，图 3-28（b）为标注示例，其表示提取（实际）中心线限定在平行于基准轴线 A，直径等于 0.03mm 的圆柱面内。

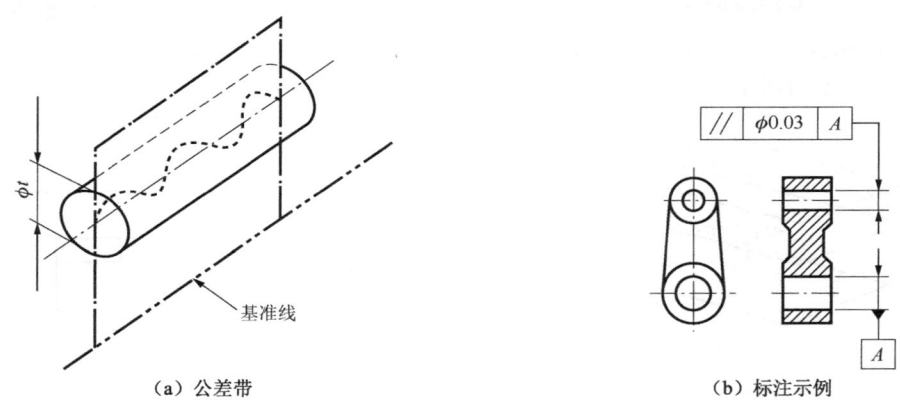

图 3-28　任意方向上的线对线的平行度

2. 垂直度公差（符号为 ⊥）

垂直度公差要求被测要素和基准之间的关系是垂直关系。分为给定方向和任意方向两种情况。

（1）给定方向上，当被测要素无论是直线或平面，基准也无论是平面还是直线，只要要求的是在给定的方向上的垂直度，其公差带的形状均是间距为公差值 t、垂直于基准面（或基准线）的两平行平面之间的区域，如图 3-29～图 3-32 所示。

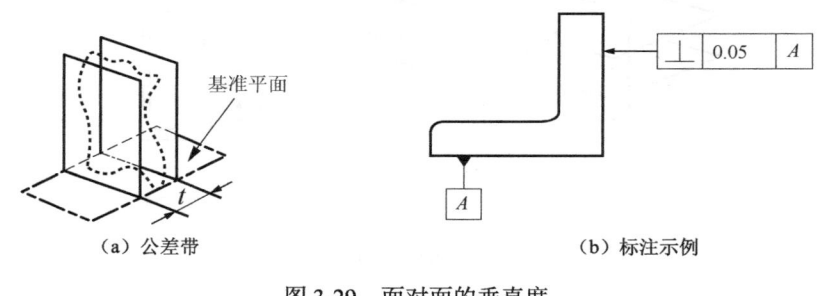

图 3-29　面对面的垂直度

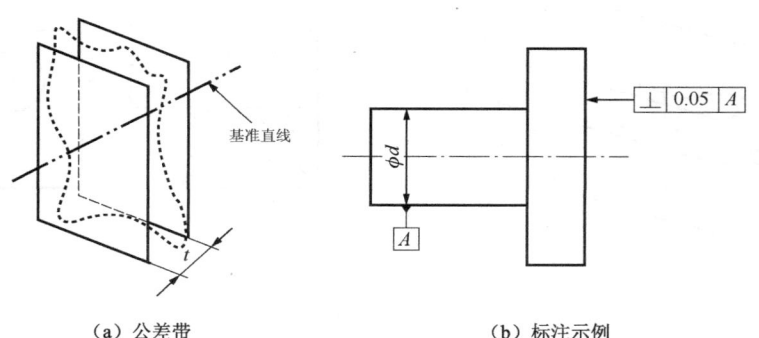

图 3-30　面对线的垂直度

图 3-29 为面对面的垂直度。其表示提取（实际）表面应限定在间距等于 0.05mm、垂直于基准面 A 的两平行平面之间。

图 3-30 为面对线的垂直度。其表示提取（实际）表面应限定在间距等于 0.05mm 且垂直于基准轴线 A 的两平行平面之间。

图 3-31 为线对线的垂直度。其表示提取（实际）轴线必须位于距离为公差值 0.05，且在给定方向上垂直于基准轴线的两平行平面之间。

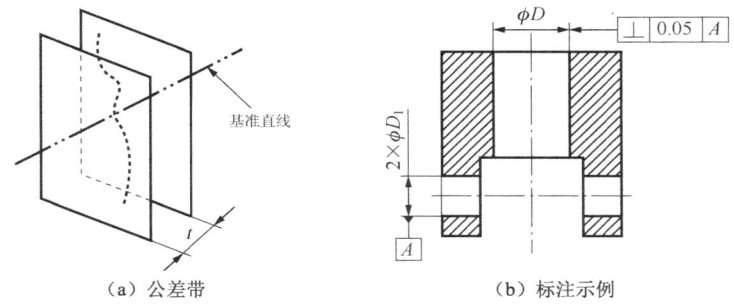

图 3-31　线对线的垂直度

图 3-32 为线对面的垂直度。其表示在给定的方向上，ϕd 的轴线必须位于距离为公差值 0.1，且垂直于基准面 A 的两平行平面之间。

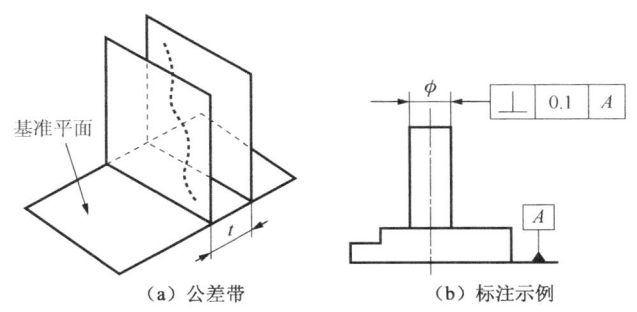

图 3-32　线对面的垂直度

（2）任意方向上，当被测要素为轴线、基准为平面时，可以提出任意方向的垂直度要求。任意方向上的垂直度必须在公差值前加注 ϕ，公差带为轴线垂直于基准平面、直径为公差值 ϕt 的圆柱面所限定的区域。

图 3-33（a）为任意方向上的垂直度的公差带图。3-33（b）为标注示例，其表示提取（实际）轴线限定在垂直于基准面 A、直径等于 $\phi 0.01$ 的圆柱面内。

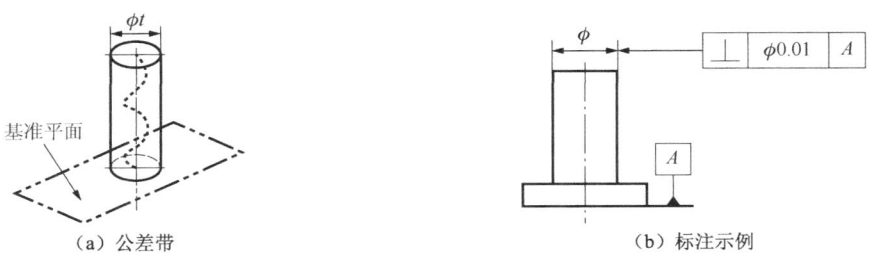

图 3-33　任意方向的线对面的垂直度

3. 倾斜度公差（符号为∠）

倾斜度公差要求被测要素与基准要素成一定角度（0°<α<90°）的关系。被测要素与基准要素的倾斜角度必须用理论正确角度表示，分为给定方向和任意方向两种情况。

（1）给定方向上，当被测要素无论是直线或平面，基准也无论是平面还是直线，只要要求的是在给定的方向上的倾斜度，其公差带的形状均是间距为公差值 t、倾斜于基准面（或基准线）成理论正确角度的两平行平面之间的区域，如图 3-34～图 3-37 所示。

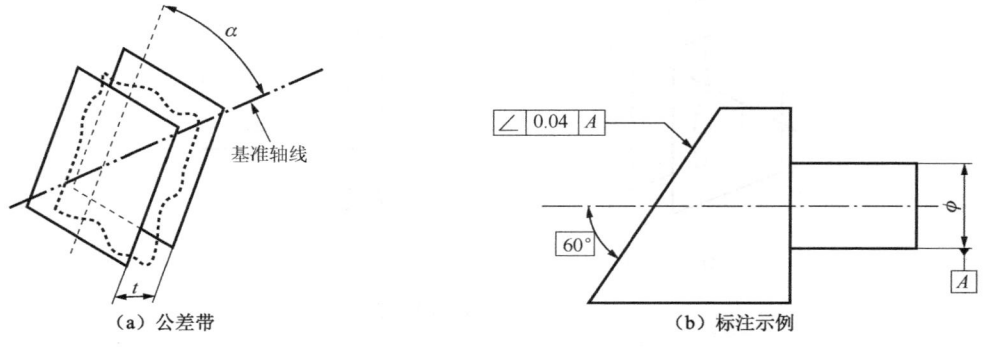

图 3-34 面对线的倾斜度

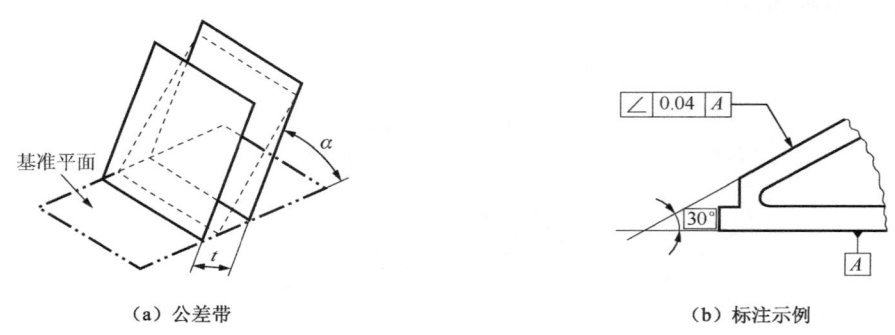

图 3-35 面对面的倾斜度

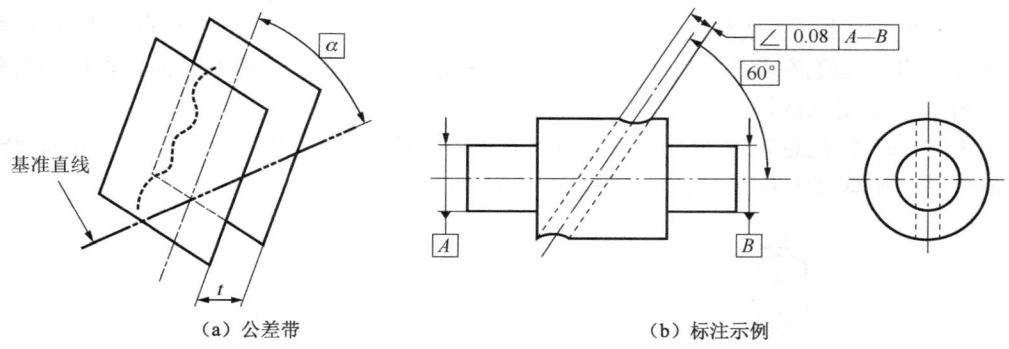

图 3-36 线对线的倾斜度

图 3-34 为面对线的倾斜度。其表示提取（实际）表面应限定在间距等于 0.04mm 且与基准轴线 A 成理论正确角度 60°的两平行平面之间。

图 3-35 为面对面的倾斜度。其表示提取（实际）表面应限定在间距等于 0.04mm 且与基准轴平面 A 成理论正确角度 30°的两平行平面之间。

图 3-36 为线对线的倾斜度。其表示提取（实际）中心线应限定在间距等于 0.08mm 且与公共基准轴线 $A-B$ 成理论正确角度 60°的两平行平面之间。

图 3-37 为线对面的倾斜度。其表示提取（实际）中心线应限定在间距等于 0.04mm 且与基准平面 A 成理论正确角度 65°的两平行平面之间。

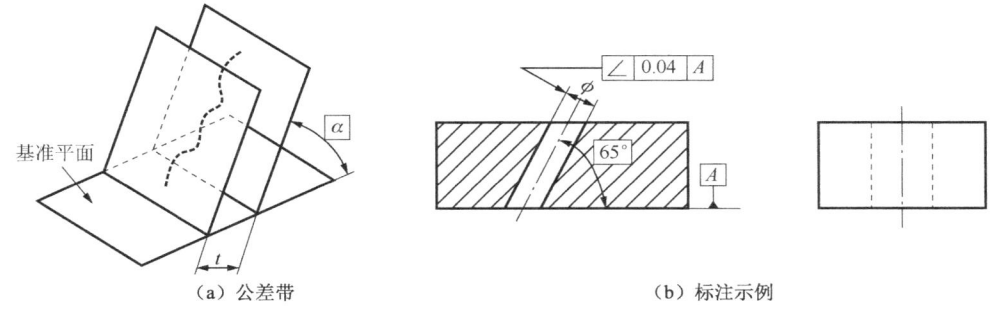

图 3-37　线对面的倾斜度

（2）任意方向上，当被测要素为轴线、基准为平面时，可以提出任意方向的倾斜度要求。必须在公差值前加注 ϕ，其公差带为直径等于公差值 ϕt 的圆柱面所限定的区域，该圆柱面的轴线须与基准平面成一给定的理论正确角度。

图 3-38（a）为给定任意方向的倾斜度公差带图。图 3-38（b）为标注示例，其表示提取（实际）中心线应限定在直径等于 $\phi 0.04$ 的圆柱面内，该圆柱面的轴线应与基准平面 A 成理论正确角度 65°且平行于基准平面 B。

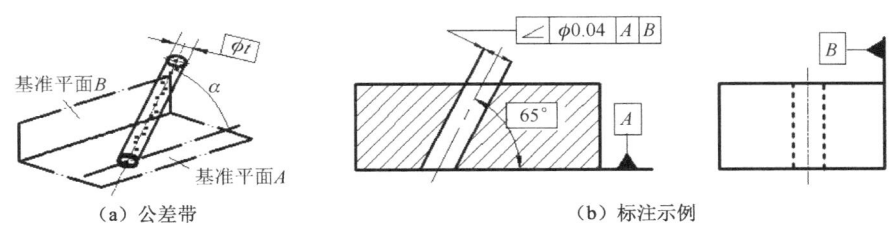

图 3-38　给定任意方向的线对面的倾斜度

方向公差的特点：

（1）方向公差带相对基准有确定的方向，而其位置可以浮动。

（2）方向公差带具有综合控制被测要素的方向误差和形状误差的功能。例如，平面的平行度公差可以控制该平面的平面度和直线度误差；轴线的垂直度公差可以控制该轴线的直线度误差。因此，在保证功能要求的前提下，规定了方向公差的要素，一般不再规定形状公差，只有对被测要素的形状精度有进一步要求时，才同时给出形状公差，但形状公差值必须小于方向公差值。

注意将平行度、垂直度和倾斜度的给定方向的要求的公差带形状进行比较与区别；将平行度、垂直度和倾斜度的任意方向的要求的公差带形状进行比较与区别。

3.3.3 位置公差

位置公差是关联实际要素对基准在方向和位置上允许的变动全量。根据被测要素和基准要素之间的功能关系,位置公差分为同轴度、同心度、对称度和位置度。

1. 同轴度(符号为 ◎)

同轴度公差用于限制被测要素的轴线与基准要素的轴线同轴的位置误差,是指被测轴线与基准轴线重合的精度要求。当被测要素为点时,称为同心度。

(1) 点的同心度。同心度是指被测圆心与基准圆心重合的精度要求。其公差带是直径为公差值 ϕt,且与基准圆心同心的圆内的区域。

图 3-39(a)为点的同心度公差带图。图 3-39(b)为标注示例,表示在任意横截面(ACS)内,内圆的提取(实际)中心应限定在直径等于 $\phi 0.1\text{mm}$,且与基准点 A 同心的圆周内。

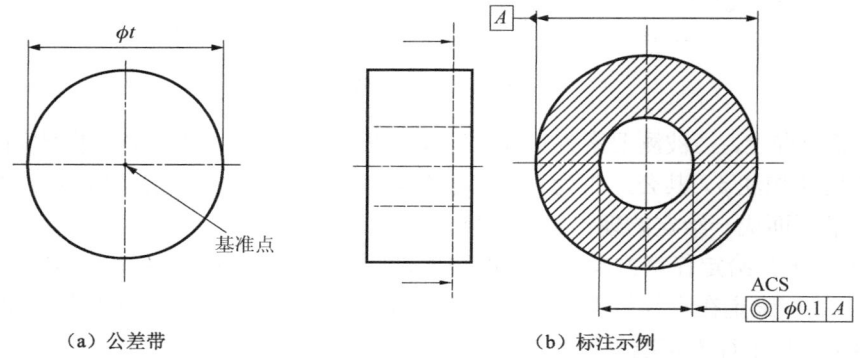

图 3-39 点的同心度

(2) 轴线的同轴度。同轴度要求被测要素和基准要素均为轴线。同轴度公差带是直径为公差值 ϕt,且与基准轴线同轴的圆柱面内的区域。

图 3-40(a)为同轴度公差带图,图 3-40(b)为标注示例,表示 ϕd_2 圆柱面的提取(实际)轴线应限定在直径为 $\phi 0.1\text{mm}$,且与公共基准轴线 $A-B$ 同轴的圆柱面内。

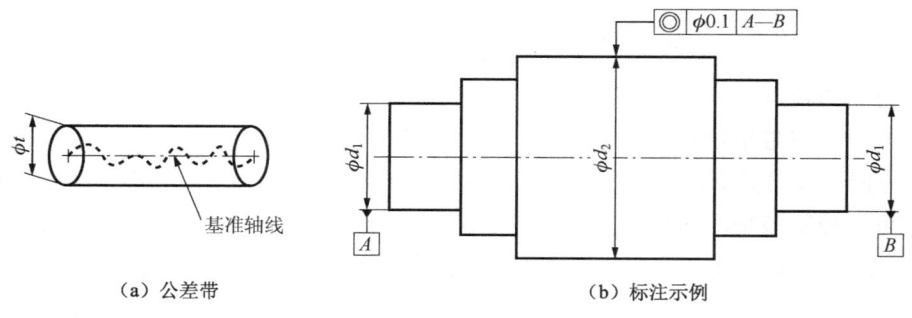

图 3-40 同轴度

2. 对称度(符号为 ═)

对称度公差涉及的被测要素和基准要素均是中心要素,包括中心线或中心平面。

图 3-41（a）为对称度公差带图。图 3-41（b）为标注示例，表示提取（实际）中心面应限定在间距等于公差值 0.1mm，且相对于基准中心平面对称配置的两平行平面之间。

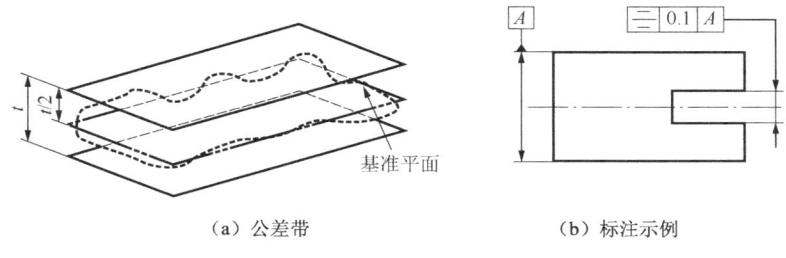

（a）公差带　　　　　　（b）标注示例

图 3-41　对称度

3. 位置度（符号为 ⊕）

位置度公差用于限制被测要素（点、线、面）的实际位置对其理想位置的变动。理想位置是由基准和理论正确尺寸确定的。根据被测要素不同，分为点、线和面的位置度。

（1）点的位置度。被测要素为圆心或球心，一般均要求在任意方向上加以控制，应在公差数值前加注 ϕ 或 $S\phi$。点的位置度公差带是直径为公差值 t，以点的理想位置为圆心（或球心）的圆或球内的区域。

图 3-42（a）为点的位置度公差带图。图 3-42（b）为标注示例，表示该圆的圆心的位于直径为公差值 $\phi 0.1$ 的圆内的区域，该圆的圆心的位置由基准 A、B 的理论正确尺寸确定。

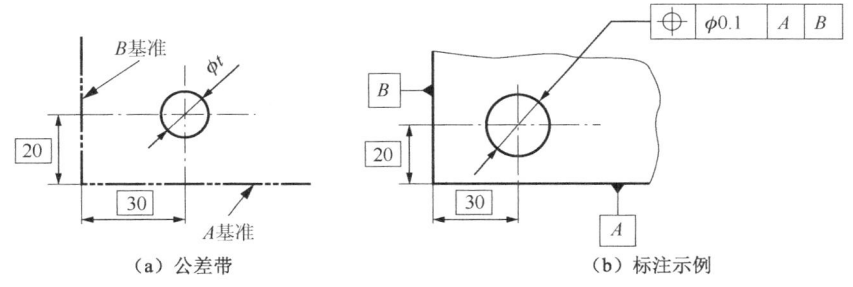

（a）公差带　　　　　　　　　（b）标注示例

图 3-42　点的位置度

（2）线的位置度。线的位置度可以在一个方向上、任意方向上加以控制。如果是一个方向上，其公差带形状为两个平行平面，该两个平行平面的位置由基准和理论正确尺寸确定。如果是任意方向，那么被测要素一定是轴线，其公差带形状为一个圆柱面的区域，该圆柱面的轴心线的位置由基准和理论正确尺寸确定。

图 3-43（a）为线的位置度在任意方向上的公差带图。图 3-43（b）为标注示例，表示提取的（实际）中心线应限定在直径等于 $\phi 0.1$mm 的圆柱面内，该圆柱面的轴线应垂直于 A 基准；并分别与 B、C 基准保持图样上标注的理论正确尺寸。

（3）面的位置度。平面的位置度公差带形状为两个平行平面，该两个平行平面是以基准所确定的平面对称配置的，如图 3-44（a）所示。图 3-44（b）为标注示例，表示提取的（实际）表面应限定在间距等于 0.1mm，并以基准轴线 A 倾斜 70°，与基准平面 B 相距 25 的平面对称配置的两平行平面之间。

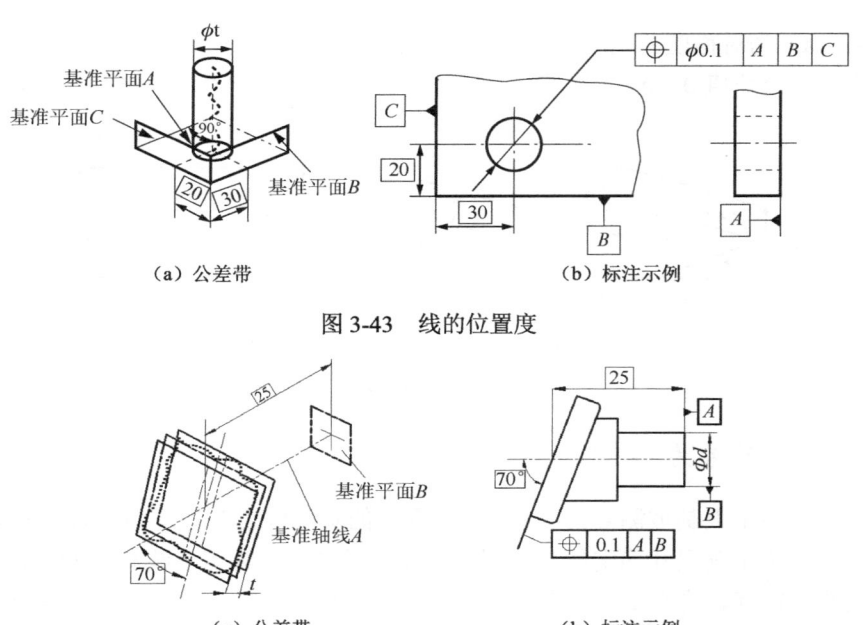

图 3-43 线的位置度

图 3-44 面的位置度

位置公差带的特点如下：

（1）位置公差带具有确定的位置，即固定公差带，公差带的位置由基准或由基准所确定的理论正确尺寸（或角度）确定。

（2）位置公差带具有综合控制被测要素位置、方向和形状的功能。例如，平面的位置度公差可以控制该平面的平面度误差和相对于基准的方向误差；同轴度公差可以控制被测轴线的直线度误差和相对于基准轴线的平行度误差。

3.3.4 跳动公差

跳动公差是关联实际要素绕基准轴线回转一周或连续回转时所允许的最大跳动量。跳动公差带是按特定的测量方法定义的公差项目，测量方法简便，其被测要素为圆柱面、端平面和圆锥面等组成要素，基准要素为轴线。

跳动误差是实际被测要素在无轴向移动的条件下绕基准轴线回转的过程中（回转一周或连续回转），由指示计在给定的测量方向上对其测得的最大与最小示值之差。

跳动公差分为圆跳动公差和全跳动公差。

1）圆跳动公差（符号为↗）

圆跳动公差是指被测要素的某一固定参考点围绕基准轴线旋转一周时（零件和测量仪器间无轴向位移）测得的示值最大变动量的允许值。测量时，被测要素回转一周，指示计的位置固定。根据测量方向的不同，圆跳动分为径向圆跳动、轴向圆跳动和斜向圆跳动。

（1）径向圆跳动公差带。图 3-45（a）为径向圆跳动的公差带图。径向圆跳动公差带是指在垂直于基准轴线的任一测量平面内、半径差等于公差值 t、圆心在基准轴线上的两同心圆之间的区域，图 3-45（b）为标注示例，表示在任一垂直于基准 A 的横截面内，提取（实际）圆应限定在半径差等于 0.2mm 且圆心在基准轴线 A 上的两同心圆之间。

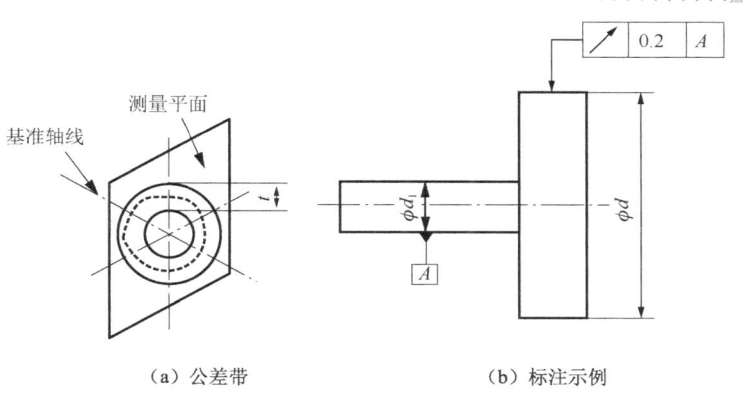

（a）公差带　　　　　　　　（b）标注示例

图 3-45　径向圆跳动公差带

（2）轴向圆跳动公差带。图 3-46（a）为轴向圆跳动的公差带图。轴向圆跳动公差带是指与基准轴线同轴的任一半径位置的测量圆柱截面上，沿母线方向间距为公差值 t 的两圆所限定的区域。图 3-46（b）为标注示例，表示在与基准轴线 A 同轴的任一半径的圆柱形截面内，提取的（实际）圆应限定在轴向距离等于 0.2mm 的两个等圆之间。

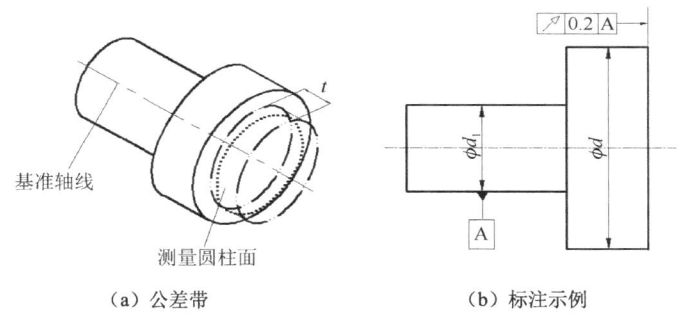

（a）公差带　　　　　　　　（b）标注示例

图 3-46　轴向圆跳动公差

（3）斜向圆跳动公差带。图 3-47（b）为径向圆跳动的公差带图。斜向圆跳动公差带是指与基准轴线同轴，且母线垂直于被测表面的任一测量圆锥面上，沿母线方向间距为公差值 t 的两圆所限定的圆锥面区域。图 3-47（a）是标注示例，表示在与基准轴线 C 同轴的任一圆锥截面上，提取的（实际）线应限定在素线方向距离等于 0.1mm 的两个不等圆之间。

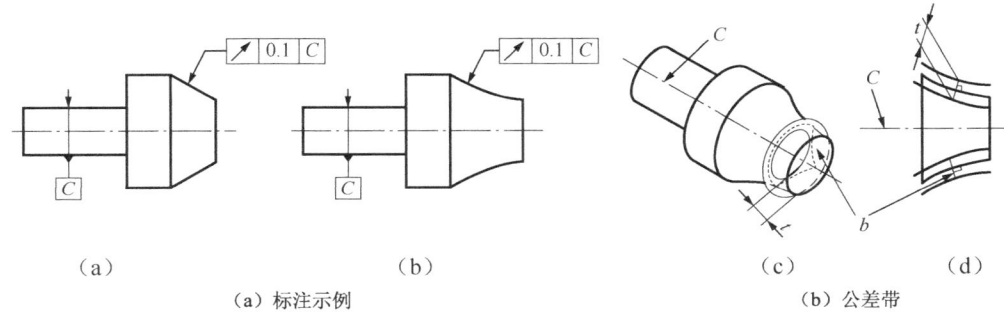

（a）　　　　　　　　（b）　　　　　　　　（c）　　　　（d）

（a）标注示例　　　　　　　　　　　（b）公差带

图 3-47　斜向圆跳动公差带

a—基准轴线；*b*—公差带

2) 全跳动公差（符号为 ⌰）

全跳动公差是指被测要素绕基准轴线连续旋转多周，同时指示计作平行或垂直于基准轴线的直线移动时，测得的示值最大变动量的允许值。全跳动可分为径向全跳动和轴向圆跳动。

（1）径向全跳动公差带。图 3-48（a）为径向圆跳动的公差带图。径向全跳动公差带是指半径差为公差值 t，且与基准轴线同轴的两圆柱面所限定的区域。图 3-48（b）是标注示例，表示提取（实际）圆柱表面应限定在半径差等于 0.2mm，且与基准轴线同轴的两圆柱面所限定的区域。

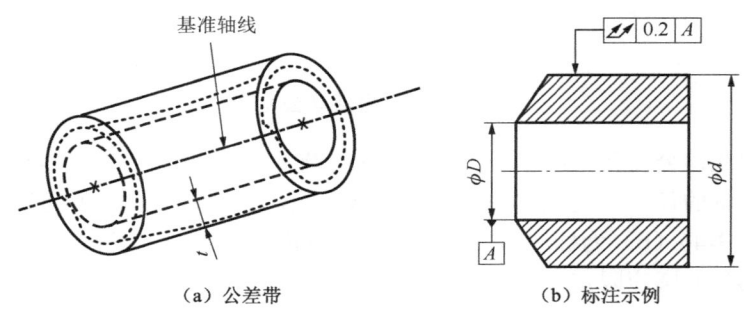

图 3-48 径向全跳动公差

（2）轴向全跳动公差带。轴向全跳动公差带是指间距为公差值 t，且与基准轴线垂直的两平行平面之间的区域，如图 3-49 所示。提取（实际）端面应限定在间距等于 0.2mm、垂直于基准轴线 A 的两平行平面之间。

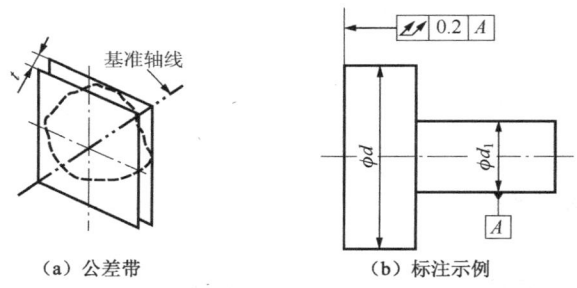

图 3-49 轴向全跳动公差带

跳动公差带的特点如下：

（1）跳动公差涉及基准，公差带的方位是由基准所确定的。

（2）跳动公差具有综合控制被测要素的位置、方向和形状的作用。例如，径向圆跳动公差带可综合控制同轴度和圆度误差；径向全跳动公差带可综合控制同轴度和圆柱度误差；轴向全跳动公差带可综合控制端面对基准轴线的垂直度误差和平面度误差。因此，采用跳动公差时，若综合控制被测要素不能够满足功能要求，则可进一步给出相应的位置公差和形状公差，但其数值应小于跳动公差。

除特殊规定外，其测量方向是被测面的法线方向，

3.4 公差原则与相关要求

机械零件的同一被测要素既有尺寸公差要求，又有几何公差要求，处理尺寸公差与几何公差两者之间关系的原则称为公差原则。公差原则分为独立原则和相关要求，根据被测要素所遵守的边界不同，相关要求又可分为包容要求、最大实体要求、最小实体要求和可逆要求。

3.4.1 基本概念

1）提取组成要素的局部尺寸（提取圆柱面或两个平行提取表面）

要素上两对应点之间的距离。内表面（孔）和外表面（轴）的局部尺寸分别用 D_a、d_a 表示。由于存在形状误差，局部尺寸是随机变量。

2）拟合组成要素

拟合组成要素是指按规定的方法，由提取组成要素形成的、并具有理想形状的组成要素，它涵盖了体外作用尺寸和体内作用尺寸。

体外作用尺寸是指在被测要素的给定长度上，与实际内表面（孔）体外相接的最大理想面或与实际外表面（轴）体外相接的最小理想面的直径或宽度。对关联要素，体现其体外作用尺寸的理想面的中心线或中心平面，必须与基准保持图样上给定的几何关系。

图 3-50 为单一要素的实际内、外表面的体外和体内作用尺寸。体外作用尺寸分别用 D_{fe} 和 d_{fe} 表示。体外作用尺寸是由被测要素的实际尺寸和几何误差综合形成的。有几何误差的内表面（孔）的体外作用尺寸小于其实际尺寸，有几何误差的外表面（轴）的体外作用尺寸大于其实际尺寸。通俗地讲，由于孔、轴存在几何误差 f，当孔和轴配合时，孔显得小了，轴显得大了。轴的体外作用尺寸和孔的体外作用尺寸分别用下式表示：

$$d_{fe} = d_a + f_{几何}$$
$$D_{fe} = D_a - f_{几何} \tag{3-1}$$

体内作用尺寸是指在被测要素的给定长度上，与实际内表面（孔）体内相接的最小理想面或与实际外表面（轴）体内相接的最大理想面的直径或宽度。对关联要素，体现其体内作用尺寸的理想面的中心线或中心平面，必须与基准保持图样上给定的几何关系。

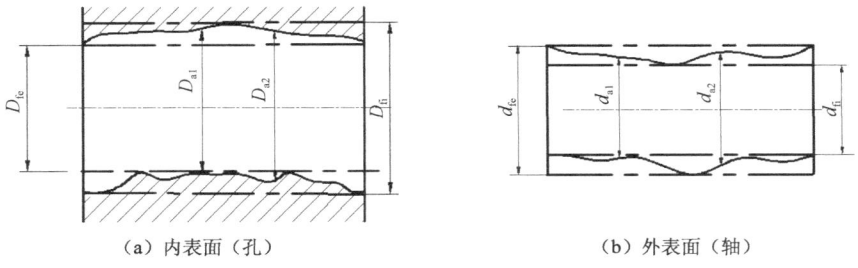

(a) 内表面（孔）　　(b) 外表面（轴）

图 3-50　单一要素的实际内、外表面的体外和体内作用尺寸

体内作用尺寸分别用 D_{fi} 和 d_{fi} 表示，如图 3-50 所示。体内作用尺寸是也由被测要素的实际尺寸和几何误差综合形成的。有几何误差的内表面（孔）的体内作用尺寸大于其实际尺寸，有几何误差的外表面（轴）的体内作用尺寸小于其实际尺寸。轴的体内作用尺寸和孔的

体内作用尺寸分别用下式表示：
$$d_{\text{fi}} = d_{\text{a}} - f_{\text{几何}}$$
$$D_{\text{fi}} = D_{\text{a}} + f_{\text{几何}} \tag{3-2}$$

3）最大实体状态（MMC）、最大实体边界（MMB）与最大实体尺寸（MMS）

最大实体状态（MMC）是指假定提取组成要素的局部尺寸处处位于极限尺寸，且使其具有实体最大时的状态。

最大实体边界（MMB）为最大实体状态的理想形状的极限包容面。

最大实体尺寸（MMS）为要素最大实体状态的尺寸（D_M、d_M），即外尺寸要素的上极限尺寸（$d_\text{M}=d_{\max}$），内尺寸要素的下极限尺寸（$D_\text{M}=D_{\min}$）。

4）最小实体状态（LMC）、最小实体边界（LMB）与最小实体尺寸（LMS）

最小实体状态（LMC）是指假定提取组成要素的局部尺寸处处位于极限尺寸，且使其具有实体最小时的状态。

最小实体边界（LMB）为最小实体状态的理想形状的极限包容面。

最小实体尺寸（LMS）为要素最小实体状态的尺寸（D_L、d_L），即外尺寸要素的下极限尺寸（$d_\text{L}=d_{\min}$），内尺寸要素的上极限尺寸（$D_\text{L}=D_{\max}$）。

5）最大实体实效状态（MMVC）、最大实体实效边界（MMVB）与最大实体实效尺寸（MMVS）

最大实体实效状态（MMVC）是指拟合要素的尺寸为其最大实体实效尺寸（MMVS）时的状态。

最大实体实效状态对应的极限包容面称为最大实体实效边界（MMVB）。

最大实体实效尺寸（MMVS）是尺寸要素的最大实体尺寸与其导出要素的几何公差（形状、方向或位置）共同作用产生的尺寸（D_MV、d_MV）。对于内尺寸（孔），它等于最大实体尺寸 D_M 与带有Ⓜ的几何公差值 t 之差；对于外尺寸（轴），它等于最大实体尺寸 d_M 带有Ⓜ的几何公差值 t 之和，即

$$D_{\text{MV}} = D_\text{M} - t\,Ⓜ = D_{\min} - t\,Ⓜ$$
$$d_{\text{MV}} = d_\text{M} + t\,Ⓜ = d_{\max} + t\,Ⓜ \tag{3-3}$$

6）最小实体实效状态（LMVC）、最小实体实效边界（LMVB）与最小实体实效尺寸（LMVS）

最小实体实效状态（LMVC）是拟合要素的尺寸为其最小实体实效尺寸（LMVS）时的状态。

最小实体实效状态对应的极限包容面称为最小实体实效边界（LMVB）。

最小实体实效尺寸（LMVS）是指尺寸要素的最小实体尺寸与其导出要素的几何公差（形状、方向或位置）共同作用产生的尺寸（D_LV、d_LV）。对于内尺寸（孔），它等于最小实体尺寸 D_L 与带有Ⓛ的几何公差值 t 之和；对于外尺寸（轴），它等于最小实体尺寸 d_L 带有Ⓛ的几何公差值 t 之差，即

$$D_{\text{LV}} = D_\text{L} + t\,Ⓛ = D_{\max} + t\,Ⓛ$$
$$d_{\text{LV}} = d_\text{L} - t\,Ⓛ = d_{\min} - t\,Ⓛ \tag{3-4}$$

【例 3-1】 图 3-51 为孔、轴零件，按图 3-51（a）、（b）所示加工轴、孔零件，测得直径尺寸为 $\phi 18$mm，其轴线的直线度误差为 0.03mm；按图 3-51（c）、（d）所示加工轴、孔零件，

测得直径尺寸为 $\phi 18$mm，其轴线的垂直度误差为 0.1mm。试计算这四种情况的最大实体尺寸、最小实体尺寸、体外作用尺寸、体内作用尺寸、最大实体实效尺寸和最小实体实效尺寸。

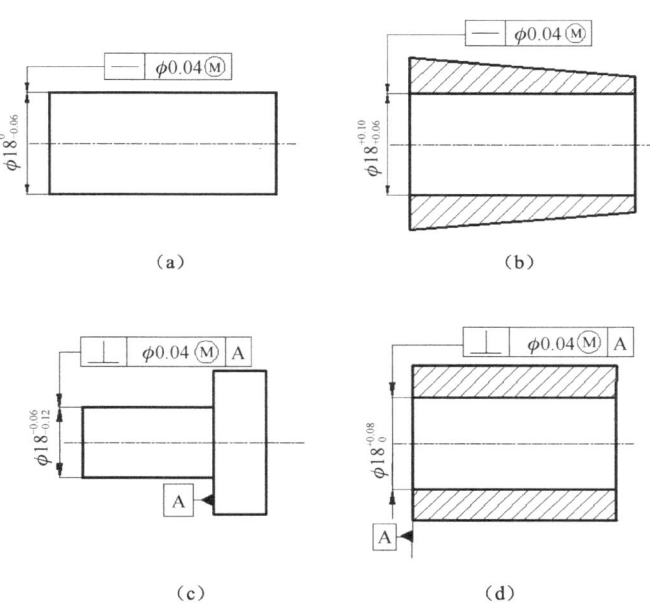

图 3-51　孔、轴零件

解：（1）由图 3-51（a）可知：
$d_a = 18$, $f_- = 0.03$, $d_M = d_{max} = 18$,　　$d_L = d_{min} = 18 - 0.06 = 17.94$
$d_{fe} = d_a + f_- = 18 + 0.03 = 18.03$,　　$d_{fi} = d_a - f_- = 18 - 0.03 = 17.97$
$d_{MV} = d_M + t = 18 + 0.04 = 18.04$,　　$d_{LV} = d_L - t = 17.94 - 0.04 = 17.90$

（2）同理，可算出图 3-51（b）的各项尺寸：
$D_a = 18$, $f_- = 0.03$
$D_M = D_{min} = 18 + 0.06 = 18.06$,　　$D_L = D_{max} = 18 + 0.10 = 18.10$
$D_{fe} = D_a - f_- = 18 - 0.03 = 17.97$,　　$D_{fi} = D_a + f_- = 18 + 0.03 = 18.03$
$D_{MV} = D_M - t = 18.06 - 0.04 = 18.02$,　　$D_{LV} = D_L + t = 18.10 + 0.04 = 18.14$

（3）图 3-51（c）中的各项尺寸：
$d_a = 18$, $f_\perp = 0.1$
$d_M = d_{max} = 18 - 0.06 = 17.94$,　　$d_L = d_{min} = 18 - 0.12 = 17.88$
$d_{fe} = d_a + f_\perp = 18 + 0.1 = 18.1$,　　$d_{fi} = d_a - f_\perp = 18 - 0.1 = 17.9$
$d_{MV} = d_M + t = 17.94 + 0.04 = 17.98$,　　$d_{LV} = d_L - t = 17.88 - 0.04 = 17.84$

（4）图 3-51（d）中的各项尺寸：
$D_a = 18$, $f_\perp = 0.1$
$D_M = D_{min} = 18$,　　$D_L = D_{max} = 18 + 0.06 = 18.06$
$D_{fe} = D_a - f_\perp = 18 - 0.1 = 17.9$,　　$D_{fi} = D_a + f_\perp = 18 + 0.1 = 18.1$
$D_{MV} = D_M - t = 18 - 0.05 = 17.95$,　　$D_{LV} = D_L + t = 18.06 + 0.05 = 18.11$

3.4.2 独立原则

独立原则是指图样上给定的几何公差和尺寸公差相互无关、彼此独立,应分别满足各自要求的公差原则。它是几何公差和尺寸公差相互关系所遵循的基本原则。

遵守独立原则的公差要求无须在图样上特别注明。如果对尺寸和几何(形状、方向或位置)要求之间的相互关系有特定要求,就应在图样上标明。

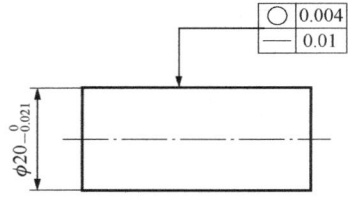

图 3-52 独立原则的标注

独立原则的标注如图 3-52 所示,其含义:实际尺寸和圆度误差和直线度误差分别进行检测,采用通用量具,各自满足要求。局部实际尺寸应在 19.979~20mm 之间变动,即 $19.979\text{mm} \leqslant d_a \leqslant 20 \text{ mm}$,任意正截面的圆度误差不得大于 0.004mm,即 $f_O \leqslant 0.004\text{mm}$,素线的直线度误差不得大于 0.01mm,即 $f_- \leqslant 0.01\text{mm}$。

3.4.3 包容要求(ER)

1. 包容要求的含义及在图样上的标注方法

图 3-53(a)为采用包容要求时的标注示例,应在其尺寸极限偏差或公差带代号后加注符号Ⓔ。被测轴的尺寸公差为 0.021mm,$d_M = d_{max} = \phi 20\text{mm}$,$d_L = d_{min} = \phi 19.979\text{mm}$。包容要求仅适用于单一要素,例如圆柱表面或两个平行平面,即仅对零件要素本身提出形状公差要求的要素。

包容要求是指尺寸要素的非理想要素不得违反其最大实体边界(MMB)的一种尺寸要素要求。图 3-53(b)给出的是最大实体边界,边界尺寸为最大实体尺寸 20mm。即在最大实体状态下,给定的形状公差为 0,此时不允许存在形状误差,是一理想形状。

包容要求是要求提取组成要素(体外作用尺寸)不得超越其最大实体边界(MMB),其局部实际尺寸不得超出最小实体尺寸(LMS)的一种公差要求。

如图 3-53(c)所示,其当提取要素局部尺寸偏离最大实体尺寸时,形状公差得到补偿。当提取要素的局部尺寸为最小实体尺寸 19.979mm 时,形状公差获得补偿量最多。此时形状公差的最大值可以等于尺寸公差 0.021mm,其动态公差图如图 3-53(d)所示,补偿关系参见图左边的表格,补偿量的一般计算公式为 $t_{补} = |\text{MMS} - d_a(D_a)|$;当要素的局部尺寸处处为最小实体尺寸时,形状公差获得最大补偿量,即 $t_{补\max} = |\text{MMS} - \text{LMS}| = T_h(T_s)$。

2. 应用包容要求零件的合格条件

零件满足包容要求的合格条件是要求提取组成要素(体外作用尺寸)不得超越其最大实体边界(MMB),其局部实际尺寸不得超出最小实体尺寸(LMS)。检测时用极限量规,参见书中 5.4 节的量规设计遵守的泰勒原则。可以用公式表达。

对于内表面(孔):

$$\begin{cases} D_{fe} \geqslant D_M \\ D_a \leqslant D_L \end{cases} \text{即} \begin{cases} D_a - f_{形状} \geqslant D_{min} \\ D_a \leqslant D_{max} \end{cases} \tag{3-5}$$

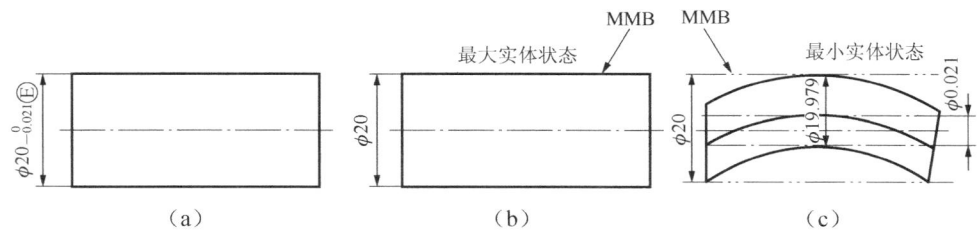

图 3-53 包容要求标注示例及解释

对于外表面（轴）：

$$\begin{cases} d_{fe} \leq d_M \\ d_a \geq d_L \end{cases} \quad 即 \quad \begin{cases} d_a + f_{形状} \leq d_{max} \\ d_a \geq d_{min} \end{cases} \tag{3-6}$$

3. 包容要求的主要应用范围

包容要求主要用于有严格装配要求的场合，即用最大实体边界保证所需要的最小间隙或最大过盈，用最小实体尺寸防止间隙过大或过盈过小。检验时可用极限量规，提高检测效率。按包容要求给出单一要素的尺寸公差后，若对该要素的形状精度有更高的要求，则可进一步给出形状公差值，该形状公差值必须小于尺寸公差值。

【例 3-2】 按尺寸 $\phi60_{-0.05}^{\ 0}$ Ⓔ 加工一个轴，加工后测得该轴的实际尺寸 $d_a=\phi59.97\text{mm}$，其轴线直线度误差 $f_-=\phi0.02\text{mm}$，试判断该零件是否合格。

解：由题意可得

$$d_{max}=\phi60\text{mm}, \ d_{min}=\phi59.95\text{mm}$$

根据公式（3-6）：

$$\begin{cases} d_{fe}=d_a+f_-=\phi59.97+\phi0.02=\phi59.99<d_M=d_{max}=\phi60 \\ d_a=\phi59.97>d_L=d_{min}=\phi59.95 \end{cases}$$

计算结果满足式（3-6），故该零件合格。

【例 3-3】 按尺寸 $\phi60_0^{+0.05}$ Ⓔ 加工一个孔，加工后测得该孔的实际尺寸 $D_a=\phi60.04\text{mm}$，其轴线直线度误差 $f_-=\phi0.02\text{mm}$，试判断该零件是否合格。

解：由题意可得

$$D_{max}=\phi60.05\text{mm}, \ D_{min}=\phi60\text{mm}$$

根据式（3-5）：

$$\begin{cases} D_{min}=\phi60 \leq D_a=\phi60.04 \leq D_{max}=\phi60.05 \\ f_-=\phi0.02<t_{补}=|D_a-D_M|=\phi0.04 \end{cases}$$

计算结果满足式（3-5），故该零件合格。

3.4.4 最大实体要求（MMR）

1. 最大实体要求的含义及在图样上的标注方法

最大实体要求适用于导出要素（中心要素）。直线度、方向公差和位置公差均能应用，所以在应用时必须标注几何公差，表明几何公差符号。

最大实体要求既适用于被测要素，又适用于基准要素。当应用于被测要素，标注如图 3-54（a）所示，在几何公差数值后面标注Ⓜ。当应用于基准要素时，标注如图 3-54（b）所示，在基准符号后面标注Ⓜ。

图 3-54 最大实体要求的标注方法

当应用于被测要素时，其提取组成要素（体外作用尺寸）不得违反其最大实体实效状态，即在给定长度上处处不得超出最大实体实效边界；其提取局部尺寸不得超出最大和最小实体尺寸。如图 3-55（a）所示，被测轴的尺寸公差为 0.021mm，$d_M=d_{max}=\phi 20$mm，$d_L=d_{min}=\phi 19.979$mm。最大实体实效边界如图 3-55（b）所示，边界尺寸为 20.01 mm。

如图 3-55（c）所示，被测要素的几何公差值 $t_{几何}$ 是在该要素处于最大实体状态时给出的 $t_{给定}$，其当提取要素局部尺寸偏离最大实体尺寸时，几何公差得到补偿 $t_补$。当提取要素的局部尺寸为最小实体尺寸 19.979mm 时，几何公差获得最大补偿量，此时几何公差的最大值为 0.031mm，其动态公差图如图 3-55（d）所示，补偿关系参见图左边的表格，补偿量的一般计算公式为

$$t_补 = |MMS - d_a(D_a)|$$

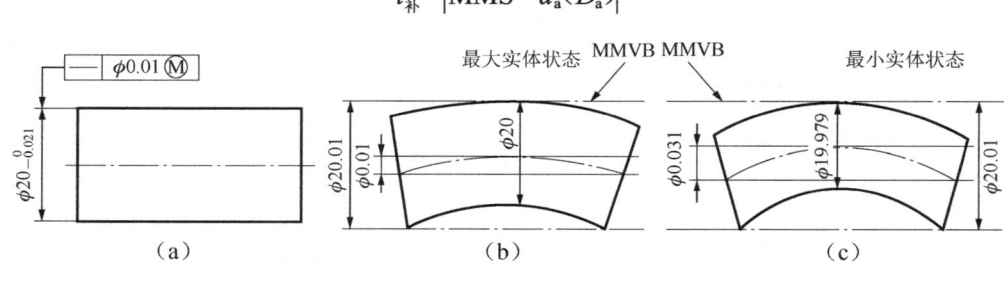

尺寸公差与几何公差的补偿关系

d_a	$t_{给定}+t_补$	d_a	$t_{给定}+t_补$
20	0.01	19.985	0.025
19.995	0.015	19.98	0.03
19.99	0.02	19.979	0.031

图 3-55 最大实体要求应用于单一要素

2. 应用最大实体要求零件的合格条件

当应用于被测要素时，零件满足最大实体要求的合格条件为其提取组成要素（体外作用尺寸）不得违反其最大实体实效状态，其提取局部尺寸不得超出最大和最小实体尺寸。其检测用综合量规。可用公式表达如下。

对于内表面（孔）：

$$\begin{cases} D_{fe} \geq D_{MV} \\ D_M \leq D_a \leq D_L \end{cases} \quad 即 \quad \begin{cases} D_a - f_{几何} \geq D_M - t_{几何} = D_{min} - t_{几何} \\ D_{min} \leq D_a \leq D_{max} \end{cases} \quad (3\text{-}7)$$

对于外表面（轴）：

$$\begin{cases} d_{fe} \leq d_{MV} \\ d_L \leq d_a \leq d_M \end{cases} \quad 即 \quad \begin{cases} d_a + f_{几何} \leq d_M + t_{几何} = d_{max} + t_{几何} \\ d_{min} \leq d_a \leq d_{max} \end{cases} \quad (3\text{-}8)$$

3. 最大实体要求应用范围

最大实体要求主要应用于保证装配要求的场合，一般只能用于导出要素（中心要素）。设计时如能正确地应用最大实体要求，就可以充分利用尺寸公差补偿几何公差，有利于制造。检验时可用综合量规，提高检验效率，适合大批量生产。例如，用螺栓或螺钉连接的圆盘零件上圆周布置的通孔的位置度公差就是广泛采用最大实体要求，以便充分利用图样上给出的通孔尺寸公差，获得最佳的技术经济效益。

【例 3-4】 如图 3-55（a）所示为 $\phi 20_{-0.021}^{0}$ 轴的轴线直线度公差与尺寸公差的关系采用最大实体要求。现设该轴的局部尺寸为 $\phi 19.998$mm，测得轴线直线度误差为 $\phi 0.011$mm，问该轴是否合格？

根据公式（3-8）：

$$\begin{cases} d_{fe} = d_a + f_- = \phi 19.998 + \phi 0.011 = \phi 20.009 < d_M + t_- = d_{max} + t_- = \phi 20 + \phi 0.01 = \phi 20.01 \\ d_{min} = \phi 19.979 < \phi 19.998 < d_{max} = \phi 20 \end{cases}$$

故该轴合格。

【例 3-5】如图 3-56 所示，请分析该标注的含义与要求。若测得孔的实际尺寸为 $\phi 50.12$mm，轴线垂直度误差值为 $\phi 0.12$mm，问该零件是否合格？

图 3-56（a）所示的图样标注表示，$\phi 50_{0}^{+0.13}$ mm 孔的轴线对基准平面 A 的垂直度公差与尺寸公差的关系采用最大实体要求。如图 3-56（b）所示，遵守最大实体实效边界（MMVB），该边界尺寸为最大实体实效尺寸，按式（3-3）计算：

$$D_{MV} = D_M - t_{几何} = D_{min} - t_\perp = \phi 50 - \phi 0.08 = \phi 49.92 \text{mm}$$

局部尺寸应在 50~50.13mm 范围内。当孔的局部尺寸处处皆为最大实体尺寸 50mm 时，轴线垂直度误差允许值为 0.08mm。

如图 3-56（c）所示，当孔的局部尺寸处处皆为最小实体尺寸 50.13mm 时，轴线垂直度误差允许值可以增大到 0.21mm，即等于图样上给定的轴线垂直度公差值 0.08mm 与孔尺寸公差值 0.13mm 之和。

图 3-56（d）给出了轴线垂直度公差 t 随孔实际尺寸 D_a 变化的规律的动态公差图。相对于每一个局部尺寸，孔的轴线垂直度误差，只要落在图中的阴影部分，该孔的轴线垂直度就是合格的。

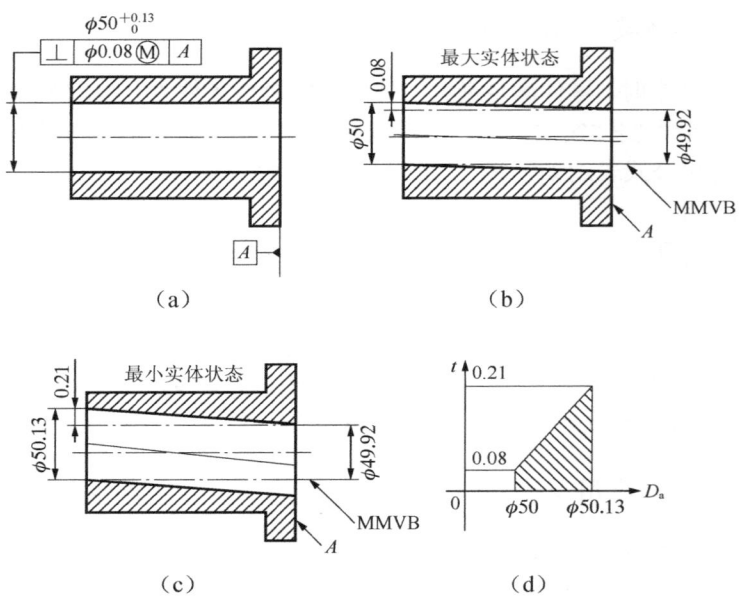

图 3-56 最大实体要求应用于关联要素的示例及解释

当孔的实际尺寸为 $\phi50.12$mm，若测得轴线垂直度误差值为 $\phi0.12$mm，则按偏离最大实体状态来判断。

$$\begin{cases} f_{几何}=f_\perp=\phi0.12 < t_\perp = 给定值 + 补偿值 = \phi0.08 + (\phi50.12 - \phi50) = \phi0.2 \\ \phi50 < \phi50.12 < \phi50.13 \end{cases}$$

故该孔合格。

最大实体要求有另外一种情况称之为零公差，即几何图框里给定的几何公差值为零。零公差的分析可以看做给定的公差值为 0，因此它的最大实体实效边界尺寸等于最大实体边界尺寸。这样它遵守的边界就为最大实体边界，该种情况与包容要求相同，但区别在于标注不同，参见图 3-57 的标注，在公差数值 0 后面标有 Ⓜ 符号。

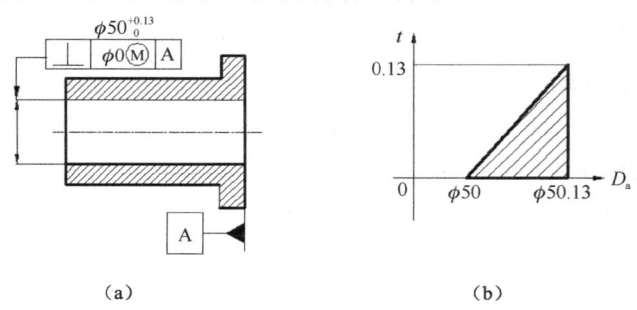

图 3-57 最大实体要求的零几何公差

【例 3-6】 分析图 3-57 所示的最大实体要求的零几何公差标注含义与要求。

该孔应该满足下列要求：

（1）局部尺寸应在最大实体尺寸 $\phi50$mm 和最小实体尺寸 $\phi50.13$mm 之间变化。

（2）实际轮廓不超出关联最大实体边界，如图 3-57（a）所示，遵守的是最大实体边界。

因为其关联体外作用尺寸不小于最大实体尺寸ϕ50mm。

（3）当孔处于最大实体状态时，其轴线对基准 A 的垂直度误差应该为 0。若当孔的实际尺寸偏离最大实体尺寸ϕ50mm 时，则允许轴线垂直度误差存在；当孔处于最小实体状态时，其轴线对基准 A 的垂直度误差允许达到最大值，即为ϕ0.13mm。图 3-57（b）为动态公差图，该图表示垂直度误差允许值随实际尺寸的变化规律。相对于每一个实际尺寸的轴线垂直度误差，只要落在图中的阴影部分，该轴的轴线垂直度就是合格的。

4. 最大实体要求应用于基准要素

最大实体要求应用于基准要素时，基准要素应遵守相应的边界。由于基准要素本身可以采用独立原则、包容要求、最大实体要求或其他相关要求，因此遵守的边界不同。

（1）当基准要素本身采用最大实体要求时，其遵守的边界为最大实体实效边界。如图 3-58（a）所示，该基准孔的最大实体实效边界尺寸为ϕ11.99mm。

（2）基准要素本身不采用最大实体要求时，其遵守的边界为最大实体边界。图 3-58（b）所示为基准本身采用包容要求，图 3-58（c）所示为基准本身采用独立原则，所以基准孔都遵守最大实体边界，该边界尺寸为ϕ12mm。

若基准要素的实际轮廓偏离其相应的边界，则允许基准要素的几何公差可以获得补偿，其补偿值等于基准要素的局部实际尺寸与最大实体尺寸的差值。分析时被测要素和基准要素的几何公差与尺寸公差的补偿关系可分别进行。如图 3-58（a）所示，当基准为最大实体尺寸ϕ12mm 时，基准要素的直线度公差给定值为ϕ0.01mm；当基准要素为最小实体尺寸ϕ12.027mm 时，此时几何公差获得的最大补偿值为ϕ0.027mm，基准要素的直线度公差为ϕ0.037mm。对被测要素而言，如果被测要素为最小实体尺寸时ϕ25.033mm 时，那么此时几何公差获得的最大补偿值为ϕ0.033mm，被测要素的同轴度公差为ϕ0.083mm；如果此时基准要素也为最小实体尺寸ϕ12.027mm，即基准轴线相对于理想位置具有最大浮动量ϕ0.037mm，那么同轴度公差带ϕ0.083mm 相对于基准的位置变化而变化，最大变化范围可以达到ϕ0.12mm。

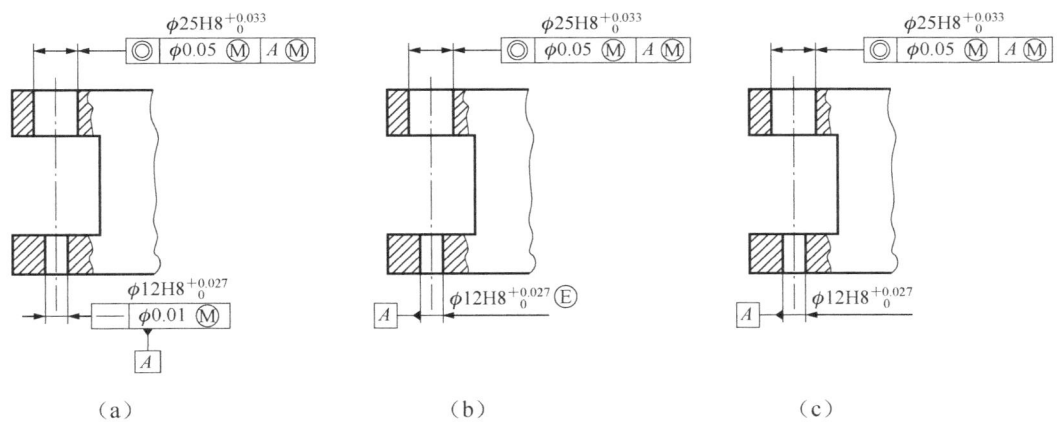

图 3-58 最大实体要求应用于基准要素

3.4.5 最小实体要求（LMR）

1. 最小实体要求的含义及其在图样上的标注方法

最小实体要求适用于导出要素（中心要素）。主要应用于位置度、同轴度和同心度。最小实体要求既适用于被测要素，又适用于基准要素。最小实体要求标注如图 3-59（a）所示；当应用于基准要素时，标注方法如图 3-59（b）所示。

图 3-59　最小实体要求的标注方法

2. 最小实体要求应用于被测要素

最小实体要求是控制被测要素的实际轮廓处于其最小实体实效边界之内的一种公差要求。

被测要素在给定长度上处处不得超出最小实体实效边界，如图 3-60（a）所示，最小实体实效尺寸 $D_{LV}=D_L+t=8.25+0.4=8.65$（mm）。

其提取局部尺寸不得超出最大和最小实体尺寸，如图 3-60（a）所示，局部尺寸为 $\phi 8\text{mm}\sim\phi 8.25\text{mm}$。

当被测实际要素处于最小实体状态时，为图样上给定的几何公差值 $t_{几何}$；如图 3-60（b）所示，其轴线对 A 基准的位置度公差给定值为 $\phi 0.4\text{mm}$。当被测实际要素偏离最小实体状态时，其偏离量补偿给几何公差，补偿量的一般计算公式为

$$t_{补}=|\text{LMS}-d_a(D_a)|$$

允许的几何误差为图样上给定的几何公差值与补偿量之和；当被测实际要素为最大实体状态时，几何公差获得最大补偿量，即将尺寸公差全部补偿给几何公差，此时允许的几何误差达到最大值 $t_{\max}$，即尺寸公差值与图样上给定的几何公差值之和。如动态公差图 3-60（c）所示，当该孔处于最大实体状态 $\phi 8\text{mm}$ 时，其轴线对 A 基准的位置度公差达到最大值 $\phi 0.65\text{mm}$。若提取要素的局部尺寸为 $\phi 8\sim\phi 8.25\text{mm}$，则轴线的位置度公差为 $\phi 0.65\sim\phi 0.4\text{mm}$。

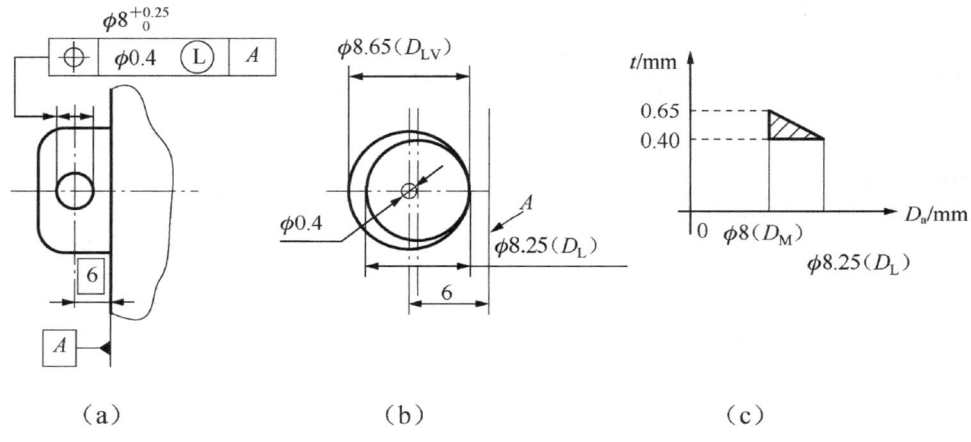

图 3-60　位置度公差采用最小实体要求

2. 应用最小实体要求零件的合格条件

当应用于被测要素时，零件满足最小实体要求的合格条件为其提取组成要素（体内作用尺寸）不得违反其最小实体实效状态，其提取局部尺寸不得超出最大和最小实体尺寸。可用公式表达如下。

对于内表面（孔）：

$$\begin{cases} D_{\text{fi}} \leqslant D_{\text{LV}} \\ D_{\text{M}} \leqslant D_{\text{a}} \leqslant D_{\text{L}} \end{cases} \quad 即 \quad \begin{cases} D_{\text{a}} + f_{\text{几何}} \leqslant D_{\text{L}} + t_{\text{几何}} = D_{\max} + t_{\text{几何}} \\ D_{\min} \leqslant D_{\text{a}} \leqslant D_{\max} \end{cases} \quad (3\text{-}9)$$

对于外表面（轴）：

$$\begin{cases} d_{\text{fi}} \geqslant d_{\text{LV}} \\ d_{\text{L}} \leqslant d_{\text{a}} \leqslant d_{\text{M}} \end{cases} \quad 即 \quad \begin{cases} d_{\text{a}} - f_{\text{几何}} \geqslant d_{\text{L}} - t_{\text{几何}} = d_{\min} - t_{\text{几何}} \\ d_{\min} \leqslant d_{\text{a}} \leqslant d_{\max} \end{cases} \quad (3\text{-}10)$$

3. 最小实体要求的主要应用范围

最小实体要求仅适用于导出要素（中心要素），主要用于保证零件强度和最小壁厚，所以主要用于内表面（孔）的体内作用尺寸的控制，防止在零件承受压力时，造成孔壁贯穿。图 3-60（a）表示孔 $\phi 8^{+0.25}_{0}$ mm 的轴线对 A 基准的位置度公差采用最小实体要求，以保证孔与边缘之间的最小距离。

3.4.6 可逆要求（RDR）

可逆要求只能应用于最大实体要求和最小实体要求。前面分析的最大实体要求与最小实体要求均是指局部尺寸偏离最大实体尺寸或最小实体尺寸时，允许尺寸公差补偿给几何公差。而可逆要求是一种反补偿要求，即用几何公差可以补偿给尺寸公差，允许相应的尺寸公差增大。可逆要求仅适用于导出要素，即轴线和中心平面。

1. 可逆要求及在图样上的标注方法

可逆要求的标注方法如图 3-61（a）所示为应用于最大实体要求的情况，即在 Ⓜ 符号后面标注 Ⓡ 符号。如果应用于最小实体要求的情况，即在 Ⓛ 符号后面标注 Ⓡ 符号。

可逆要求是在不影响零件功能的前提下，当被测要素的几何误差值小于给定的几何公差值时，允许其相应的尺寸公差增大的一种相关要求。

可逆要求本身不能单独使用，也没有自己的边界，必须与最大实体要求或最小实体要求一起使用。可逆要求只能用于被测要素，不能用于基准要素。

2. 可逆要求应用于最大实体要求

（1）可逆要求应用于最大实体要求时，表示在被测要素的实际轮廓不超出其最大实体实效边界的条件下，允许被测要素的尺寸公差补偿其几何公差，同时也允许被测要素的几何公差补偿其尺寸公差，当被测要素的几何误差值小于图样上标注的几何公差值，允许被测要素的实际尺寸超出其最大实体尺寸，当几何误差为 0 时，尺寸公差的补偿值最大，允许实际尺寸可以等于其最大实体实效尺寸。

(2) 零件合格条件。

对于内表面（孔）：

$$\begin{cases} D_{fe} \geqslant D_{MV} \\ D_{MV} \leqslant D_a \leqslant D_L \end{cases} \quad 即 \quad \begin{cases} D_a - f_{几何} \geqslant D_M - t_{几何} = D_{min} - t_{几何} \\ D_{min} - t_{几何} \leqslant D_a \leqslant D_{max} \end{cases} \quad (3-14)$$

对于外表面（轴）：

$$\begin{cases} d_{fe} \leqslant d_{MV} \\ d_L \leqslant d_a \leqslant d_{MV} \end{cases} \quad 即 \quad \begin{cases} d_a + f_{几何} \leqslant d_M + t_{几何} = d_{max} + t_{几何} \\ d_{min} \leqslant d_a \leqslant d_{max} + t_{几何} \end{cases} \quad (3-15)$$

式中，$t_{几何}$ 是图样上给定的几何公差值。当局部尺寸超过最大实体尺寸时，补偿量会出现负值。如图 3-61 所示，应用可逆要求时，垂直度公差补偿给尺寸公差是 0.2mm，轴的实际尺寸在 $\phi 19.9 \sim \phi 20.2$mm 范围内。此时，轴的实际直径虽然超出了允许的尺寸极限，但是，只要实际轴的轮廓被控制在最大实体实效边界以内，就是合格的。但是应注意，当 $d_a = \phi 20.2$ 时，轴线的垂直度误差等于零。

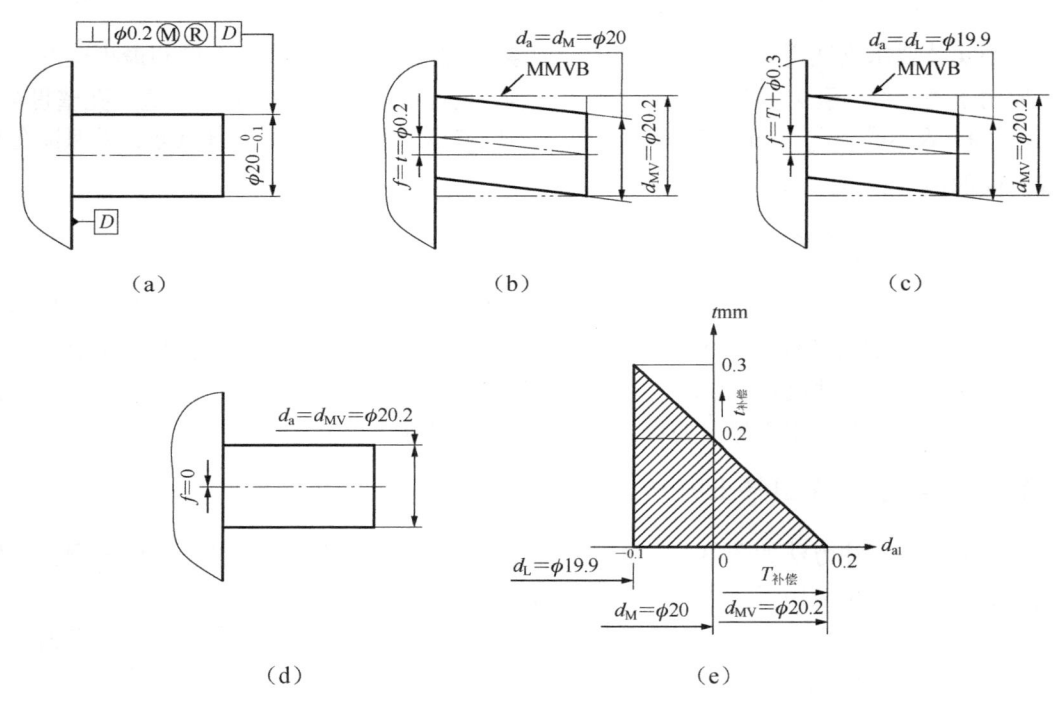

图 3-61 可逆要求应用于最大实体要求

3. 可逆要求的应用

当被测要素实行最大实体要求时，检测时用综合量规，此时最大实体实效尺寸控制的是体外作用尺寸，即所谓的通规。最小实体尺寸控制的是局部实际尺寸，即所谓的止规。检验时并不知道零件的几何误差和实际尺寸的大小，只能判断是否超范围，即通规要能通过；止规要能止住。这样即使实际尺寸超过了最大实体尺寸，但体外作用尺寸没有超过最大实体实效尺寸，也是合格的。如果用可逆要求来解释，就完全合理了。可逆要求用于最大实体要求时，主要应用于低精度配合要求，仅要求保证装配互换的场合。

3.5 几何公差的选用

几何公差对零部件的使用性能有很大的影响,正确地选择几何公差,对保证零件的功能要求、提高经济效益非常重要。

在图样上是否给出几何公差要求,可按下述原则确定:凡是几何公差要求用一般机床加工能保证的,就不必注出,其公差要求应按 GB/T 1184—1996《形状和位置公差 未注公差值》执行;凡是几何公差有特殊要求,即高于或低于 GB/T 1184—1996《形状和位置公差 未注公差值》规定的公差级别的,就应按标准注出几何公差。几何公差的选择包括公差特征项目、基准要素、公差等级(公差值)和公差原则的选择。

3.5.1 几何公差特征项目的选用

几何公差特征项目的选择一般是根据被测要素的几何特征、使用要求、特征项目的公差带特点、检测的方便性及经济性等因素来确定。在满足零件功能要求的前提下,应尽量减少几何公差项目,选用测量简便的项目,以获得好的经济效益。

1. 零件的几何特征

零件本身的几何特征限定了可选择的形状公差特征项目,零件要素间的几何方位关系限定了位置公差特征项目的选择。例如,对于构成零件要素的点,可以选点的同心度和位置度;对于线又分为直线和曲线,当零件要素为直线时,可选直线度、平行度、垂直度、倾斜度、同轴度、对称度和位置度等;当零件要素为曲线时,可选线轮廓度;当零件要素为平面时,可选直线度、平面度、平行度、垂直度、倾斜度、对称度、位置度、轴向圆跳动和轴向全跳动;当零件要素为曲面时,可选面轮廓度;当零件要素为圆柱时,可选轴线直线度、素线直线度、圆度、圆柱度、径向圆跳动、径向全跳动等;当零件要素为圆锥时,可选择素线直线度、圆度、斜向圆跳动等。

2. 零件的使用要求

按零件的几何特征,一个零件要素通常有多个可选择的公差项目。没有必要全部选用,可通过分析要素的几何误差对零件在机器中使用性能的影响,确定所要控制的几何公差特征项目。例如圆柱形零件,当仅需要顺利装配,或保证轴、孔之间的相对运动以减少磨损时,可选轴线的直线度公差;如果轴、孔之间既有相对运动又要求密封性能好,为了保证在整个配合表面有均匀的小间隙,就需要标注圆柱度公差,以综合控制圆度、素线直线度和轴线直线度。

3. 几何公差的控制能力

各项几何公差的控制能力不尽相同,选择时应尽量发挥能综合控制的公差项目的职能,以减少几何公差项目。例如,跳动公差可以控制与之相关的位置、方向和形状误差;位置公差可以控制与之相关的方向误差和形状误差;方向公差可以控制与之相关的形状误差等。因此,规定了跳动公差,就不再规定其他几何公差;同理,规定了位置公差就不再规定相应的方向公差和形状公差,规定了方向公差就不再规定形状公差等。但是,如果对被测要素有进一步的要求，就应允许对同一要素规定多项几何公差，但是必须满足跳动公差值>位置公差值>方向公差>形状公差值。

4. 检测的方便性

确定几何公差项目必须考虑检测的方便性、可能性与经济性。当同样满足零件的使用要求时，应选用检测方便的项目。例如，考虑到跳动误差检测方便，对于轴类零件，可用径向全跳动或径向圆跳动同时控制同轴度、圆柱度以及圆度误差，用轴向全跳动代替端面对轴线的垂直度公差等。

总之，合理、恰当地确定零件各个要素几何公差项目的前提是设计者必须充分明确所设计零件的几何特征、功能要求，熟悉零件的加工工艺并具有一定的检测经验。

3.5.2 公差原则的选用

对同一零件上的同一要素，当既有尺寸公差要求又有几何公差要求时，还要确定它们之间的关系，即确定选用何种公差原则或公差要求。选择公差原则应根据被测要素的功能要求，充分发挥公差的职能和采取该公差原则的可行性和经济性。

1. 独立原则

采用独立原则几何公差与尺寸公差无关，几何公差的数值是固定的。尺寸误差和几何误差分别检测，各自满足要求，质量易于保证，所以是设计中常用的基本原则。对单件、小批量和大型零件必须采用独立原则。例如，齿轮箱体孔的尺寸精度与两孔轴线的平行度；连杆活塞销孔的尺寸精度与圆柱度；滚动轴承内、外圈滚道的尺寸精度与形状精度均应采用独立原则。

凡是未注尺寸公差与未注几何公差的要素，都要采用独立原则。例如，退刀槽的倒角、圆角等非功能要素。

2. 包容要求

包容要求主要用于须严格保证配合性质的场合，即保证相配合件的极限间隙或极限过盈满足设计要求的场合。由于检验需用极限量规，所以适用于大批量、中小型零件。采用包容要求可使尺寸公差得到充分的利用，因此，经济效益较高。

保证符合国家标准《公差与配合》规定的配合性质。例如，$\phi 20H7$Ⓔ孔与$\phi 20h6$Ⓔ轴的配合可以保证配合的最小间隙为零。对于需要严格保证配合性质的齿轮内孔与轴的配合，可以采用包容要求。当采用包容要求时，形状误差由尺寸公差来控制，若用尺寸公差控制形状误差仍满足不了要求，则可以在采用包容要求的前提下，对形状公差提出更严格的要求。

3. 最大实体要求

最大实体要求常应用于只要求保证可装配性的场合，其被测要素和基准要素均为导出要素（中心要素）。由于检验需用综合量规，所以适用于大批量、中小型零件。采用最大实体要求可使尺寸公差得到充分的利用，因此，经济效益较高。例如，用于盖板、箱体及法兰盘上孔系的位置度公差采用最大实体要求，可极大地满足可装配性，提高零件的合格率，降低成本。

4. 最小实体要求

当保证零件强度或最小壁厚不小于某个极限值，当要求某个表面到理想中心的最大距离不大于某个极限等功能要求，或者保证零件的对中性时，应该选用最小实体要求来满足要求。

5. 可逆要求

可逆要求只能与最大实体要求或最小实体要求一起连用。当与最大实体要求一起连用时，按最大实体要求选用；当与最小实体要求一起连用时，按最小实体要求选用。

可逆要求与最大（最小）实体要求连用，能充分利用公差带，扩大被测要素实际尺寸变动范围，使尺寸超过最大（最小）实体尺寸而体外（体内）作用尺寸未超过最大（最小）实体实效边界的"废品"变为合格品，提高了经济效益。所以在不影响使用性能的前提下可以选用。

3.5.3 基准要素的选用

基准要素的选用包括零件上基准部位的选择、基准数量的确定、基准的体现等。

1. 基准部位的选择

选择基准部位时，主要应根据设计和使用要求、零件的结构特征，并兼顾基准统一等原则进行。具体应考虑以下几点：

（1）选用零件在机器中定位的结合面作为基准部位。例如，箱体的底平面和侧面、盘类零件的轴线、回转零件的支撑轴颈或支撑孔等。

（2）基准应具有足够的刚度和尺寸，以保证定位稳定可靠。

（3）选用加工精度较高的表面作为基准部位。

（4）尽量使装配基准、加工基准和检验基准统一。

2. 基准数量的确定

一般来说，应根据公差项目的定向、定位几何功能要求来确定基准的数量。方向公差在大多数情况下只需要一个基准，例如，对于平行度、垂直度、同轴度和对称度等，一般只用一个平面或一条轴线作基准要素；而位置公差则需要 1~3 个基准。如果是 3 个基准，即构成三基面体系。

3. 基准的体现方法

在检测的时候，面对的都是基准的实际要素，基准要素是有误差的。所以基准的建立原则是以基准实际要素的理想要素来体现，该理想基准简称为基准。基准体现的方法主要有 4 种，用得最多的是模拟法，其次是目标法、直接法和分析法。直接法就是用基准要素直接作为基准来检测，一般用于基准要素的几何精度较高的场合。模拟法是采用具有足够精确形状的表面来体现实际基准，例如检测用的平板作为模拟基准。目标法是采用基准目标来代替整个表面构成基准，例如用球状支撑构成点目标，用刃口尺构成线目标，以三点（局部面积）来构成整体表面目标，主要用于铸锻件，减小基准要素形状误差对定位的影响，使其在加工或检测过程中具有较好的再现性。分析法严格遵守基准建立的原则。

3.5.4 几何公差值的选用

合理给出几何公差值，对于保证产品功能、提高产品质量、降低制造成本十分重要。图样上的几何公差值有两种标注形式：一种是在框格内注出公差值；另一种是不在图样中注出。而采用 GB/T 1184－1996 中规定的未注公差值，要在图样的技术要求中给予说明。

1. 几何公差未注公差值的规定

图样上的要素没有标注几何公差要求，也是有几何精度要求的，称之为未注公差要求。GB/T 1184－1996 对未注公差值做了如下的规定，供选择时参考。

（1）对于直线度、平面度、垂直度、对称度和圆跳动的未注公差，标准中规定了 H、K、L 这三个公差等级，它们的数值分别见表 3-2～表 3-5。

表 3-2　直线度、平面度未注公差值（摘自 GB/T 1184－1996）　　　单位：mm

公差等级	基本长度范围					
	≤10	>10～30	>30～100	>100～300	>300～1000	>1000～3000
H	0.02	0.05	0.1	0.2	0.3	0.4
K	0.05	0.1	0.2	0.4	0.6	0.8
L	0.1	0.2	0.4	0.8	1.2	1.6

注：表中"基本长度"对于直线度是指其被测长度，对平面度是指平面较长一边的长度，对圆平面则指其直径。

表 3-3　垂直度未注公差值（摘自 GB/T 1184－1996）　　　单位：mm

公差等级	基本长度范围			
	≤100	>100～300	>300～1000	>1000～3000
H	0.2	0.3	0.4	0.5
K	0.4	0.6	0.8	1
L	0.6	1	1.5	2

表 3-4　对称度未注公差值（摘自 GB/T 1184－1996）　　　单位：mm

公差等级	基本长度范围			
	≤100	>100～300	>300～1000	>1000～3000
H	0.5			
K	0.6		0.8	1
L	0.6	1	1.5	2

表 3-5　圆跳动未注公差值（摘自 GB/T 1184－1996）　　　单位：mm

公差等级	基本长度范围
H	0.1
K	0.2
L	0.5

（2）圆度的未注公差值等于给出的直径公差值，但不能大于径向圆跳动的未注公差值，即表 3-5 中的圆跳动公差值。

（3）对圆柱度的未注公差值不作规定。圆柱度误差由圆度、直线度和相对素线的平行度误差组成，其中每一项误差均由它们的注出公差或未注公差控制。如果因功能要求，圆柱度要小于圆度、直线度和平行度的未注公差的综合结果，应在被测要素上按 GB/T 1182 的规定注出圆柱度公差值。

（4）平行度的未注公差值等于给出的尺寸公差值，或是直线度和平面度未注公差值中的相应公差值取较大者。应取两要素中的较长者作为基准，两要素的长度相等则可选任一要素为基准。

（5）同轴度的未注公差值未作规定。在极限状况下，同轴度的未注公差值可以与规定的径向圆跳动的未注公差值相等。应选两要素中的较长者为基准，若两要素长度相等，则可选任意要素为基准。

（6）线轮廓度、面轮廓度、倾斜度、位置度和全跳动的未注几何公差均由各要素的注出或未注出尺寸公差或角度公差来控制，对这些项目的未注公差不必作特殊标注。

（7）未注公差值的图样表示方法：在标题栏附近或在技术要求、技术文件中注出标准号及未注几何公差等级代号，例如，GB/T 1184－K。

2. 几何公差注出公差值的规定

图纸上注出几何公差值，可以通过查找 GB/T 1184－1996 附录 B 中的规定，确定参数值。

（1）除线轮廓度和面轮廓度外，其他特征项目都规定有公差数值。其中，除位置度外，又都规定了公差等级。

（2）圆度和圆柱度的公差等级分别规定了 13 个公差等级，即 0 级、1 级、2 级、…、12 级，其中，0 级最高，等级依次降低，12 级最低。

（3）其余 9 个特征项目的公差等级分别规定了 12 个公差等级，即 1 级、2 级、…、12 级，1 级最高，等级依次降低，12 级最低。

（4）规定了位置度公差值数系，如表 3-6 所示。

表 3-6　位置度公差值数系（摘自 GB/T 1184－1996）　　　　　　单位：μm

1	1.2	1.5	2	2.5	3	4	5	6	8
1×10^n	1.2×10^n	1.5×10^n	2×10^n	2.5×10^n	3×10^n	4×10^n	5×10^n	6×10^n	8×10^n

注：n 为正整数。

（5）几何公差数值除和公差等级有关外，还与主参数有关。主参数 B、L、d 如图 3-62 所示。

在图 3-62（a）中，主参数为键槽宽度 B；在图 3-62（b）和图 3-62（c）中，主参数为长度和高度 L；图 3-62（d）和图 3-62（e）中，主参数是直径 d；图 3-62（f）中表示的是圆台，其主参数应该是 $d=\dfrac{d_1+d_2}{2}$，其中 d_1 和 d_2 分别是大圆锥和小圆锥直径。几何公差值随主参数的增加而增大。

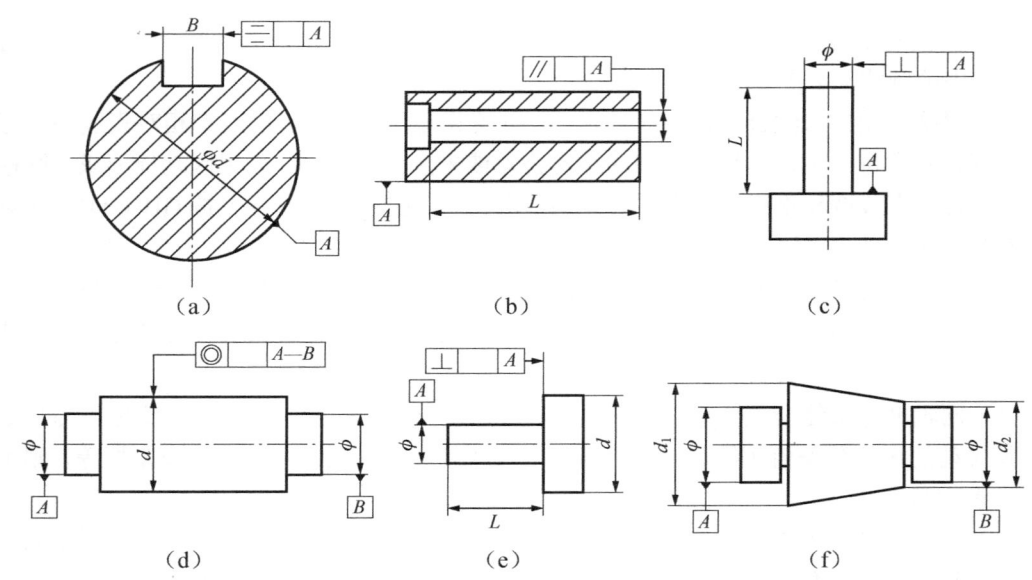

图 3-62 主参数 B、L、d

几何公差的注出公差值如表 3-7～表 3-10 所示。

表 3-7 直线度、平面度公差值（摘自 GB/T 1184－1996）　　　　　单位：μm

主参数 L/mm	公差等级											
	1	2	3	4	5	6	7	8	9	10	11	12
≤10	0.2	0.4	0.8	1.2	2	3	5	8	12	20	30	60
>10～16	0.25	0.5	1	1.5	2.5	4	6	10	15	25	40	80
>16～25	0.3	0.6	1.2	2	3	5	8	12	20	30	50	100
>25～40	0.4	0.8	1.5	2.5	4	6	10	15	25	40	60	120
>40～63	0.5	1	2	3	5	8	12	20	30	50	80	150
>63～100	0.6	1.2	2.5	4	6	10	15	25	40	60	100	200
>100～160	0.8	1.5	3	5	8	12	20	30	50	80	120	250
>160～250	1	2	4	6	10	15	25	40	60	100	150	300
>250～400	1.2	2.5	5	8	12	20	30	50	80	120	200	400
>400～630	1.5	3	6	10	15	25	40	60	100	150	250	500

注：主参数 L 为轴、直线、平面的长度。

表 3-8 圆度、圆柱度公差值（摘自 GB/T 1184－1996）　　　　　单位：μm

主参数 $d(D)$/mm	公差等级												
	0	1	2	3	4	5	6	7	8	9	10	11	12
≤3	0.1	0.2	0.3	0.5	0.8	1.2	2	3	4	6	10	14	25
>3～6	0.1	0.2	0.4	0.6	1	1.5	2.5	4	5	8	12	18	30
>6～10	0.12	0.25	0.4	0.6	1	1.5	2.5	4	6	9	15	22	36
>10～18	0.15	0.25	0.5	0.8	1.2	2	3	5	8	11	18	27	43
>18～30	0.2	0.3	0.6	1	1.5	2.5	4	6	9	13	21	33	52
>30～50	0.25	0.4	0.6	1	1.5	2.5	4	7	11	16	25	39	62
>50～80	0.3	0.5	0.8	1.2	2	3	5	8	13	19	30	46	74

续表

主参数 $d(D)$/mm	公差等级												
	0	1	2	3	4	5	6	7	8	9	10	11	12
>80～120	0.4	0.6	1	1.5	2.5	4	6	10	15	22	35	54	87
>120～180	0.6	1	1.2	2	3.5	5	8	12	18	25	40	63	100
>180～250	0.8	1.2	2	3	4.5	7	10	14	20	29	46	72	115
>250～315	1.0	1.6	2.5	4	6	8	12	16	23	32	52	81	130
>315～400	1.2	2	3	5	7	9	13	18	25	36	57	89	140
>400～500	1.5	2.5	4	6	8	10	15	20	27	40	63	97	155

注：主参数 $d(D)$ 为轴（孔）直径。

表 3-9　平行度、垂直度、倾斜度公差值（摘自 GB/T 1184－1996）　　　　单位：μm

主参数 L、$d(D)$/mm	公差等级											
	1	2	3	4	5	6	7	8	9	10	11	12
≤10	0.4	0.8	1.5	3	5	8	12	20	30	50	80	120
>10～16	0.5	1	2	4	6	10	15	25	40	60	100	150
>16～25	0.6	1.2	2.5	5	8	12	20	30	50	80	120	200
>25～40	0.8	1.5	3	6	10	15	25	40	60	100	150	250
>40～63	1	2	4	8	12	20	30	50	80	120	200	300
>63～100	1.2	2.5	5	10	15	25	40	60	100	150	250	400
>100～160	1.5	3	6	12	20	30	50	80	120	200	300	500
>160～250	2	4	8	15	25	40	60	100	150	250	400	600
>250～400	2.5	5	10	20	30	50	80	120	200	300	500	800
>400～630	3	6	12	25	40	60	100	150	250	400	600	1000

注：① 主参数 L 为给定平行度时轴线或平面的长度，或给定垂直度、倾斜度时被测要素的长度。
② 主参数 $d(D)$ 为给定面对线的垂直度时，被测要素的轴（孔）直径。

表 3-10　同轴度、对称度、圆跳动和全跳动公差值（摘自 GB/T 1184－1996）　　　　单位：μm

主参数 $d(D)$、B、L/mm	公差等级											
	1	2	3	4	5	6	7	8	9	10	11	12
≤1	0.4	0.6	1.0	1.5	2.5	4	6	10	15	25	40	60
>1～3	0.4	0.6	1.0	1.5	2.5	4	6	10	20	40	60	120
>3～6	0.5	0.8	1.2	2	3	5	8	12	25	50	80	150
>6～10	0.6	1	1.5	2.5	4	6	10	15	30	60	100	200
>10～18	0.8	1.2	2	3	5	8	12	20	40	80	120	250
>18～30	1	1.5	2.5	4	6	10	15	25	50	100	150	300
>30～50	1.2	2	3	5	8	12	20	30	60	120	200	400
>50～120	1.5	2.5	4	6	10	15	25	40	80	150	250	500
>120～250	2	3	5	8	12	20	30	50	100	200	300	600
>250～500	2.5	4	6	10	15	25	40	60	120	250	400	800

注：① 主参数 $d(D)$ 为给定同轴度时轴的直径，或给定圆跳动、全跳动时轴（孔）的直径。
② 圆锥体斜向圆跳动公差的主参数为平均直径。
③ 主参数 B 为给定对称度时槽的宽度。
④ 主参数 L 为给定两孔对称度时的孔心距。

3. 几何公差值的选用原则

几何公差值（几何公差等级）的选择原则：在满足零件使用要求的前提下，尽量选用较大的公差值，即选用低的公差等级。选择方法有类比法和计算法。

类比法应用时需考虑以下几个问题：

（1）几何公差和尺寸公差的关系。除采用相关要求外，一般情况下，同一要素所给出的形状公差、位置公差和尺寸公差应满足关系式：$T_{形状} < T_{方向} < T_{位置} < T_{尺寸}$。若要求两个平面平行，则其平面度公差值应小于该平面相对基准的平行度公差，平行度公差应小于相应的距离公差值。

（2）有配合要求时形状公差与尺寸公差的关系。有配合要求并要严格保证其配合性质的要素，应采用包容要求。在工艺上，其形状公差大多按分割尺寸公差的百分比来确定，即 $T_{形状} = KT_{尺寸}$。在常用尺寸公差等级 IT5～IT8 级的范围内，通常取 K 为 25%～65%。

（3）形状公差与表面粗糙度的关系。一般情况下，表面粗糙度的 Ra 值约占形状公差值的 20%～25%。

（4）整个表面的几何公差比某个截面上的几何公差值大。

（5）一般来说，尺寸公差、形状公差和位置公差同级。

（6）对以下情况，考虑到加工的难易程度和除主参数外其他参数的影响，在满足零件功能要求的前提下，可适当降低 1～2 级选用。

① 孔相对于轴。
② 细长比（长度与直径之比）较大的轴或孔。
③ 距离较大的轴或孔。
④ 宽度较大（一般大于 1/2 长度）的零件表面。
⑤ 线对线和线对面相对于面对面的平行度或垂直度。

（7）凡有关国家标准已对几何公差作出规定的，应按相应的国家标准确定。例如，与滚动轴承相配的轴和壳体孔的圆柱度公差、机床导轨的直线度公差、齿轮箱体孔的轴线的平行度公差等。

计算法主要应用于位置度公差，国家标准只规定了位置度公差值数系，通过计算得出公差数值。位置度公差值与被测要素的类型、连接方式等有关。例如，用螺栓当做连接件，被连接零件上的孔均为通孔，其孔径大于螺栓的直径，位置度可用下式计算：

$$t = X_{min}$$

式中，t 为位置度公差；X_{min} 为通孔与螺栓间的最小间隙。

当用螺钉连接时，被连接零件中有一个零件上的孔是螺纹，而其余零件上的孔都是通孔，且孔径大于螺钉直径，位置度公差可用下式计：

$$t = 0.5 X_{min}$$

按上式计算确定的公差，经化整并按表 3-6 选择公差值。

公差等级具体选用时要考虑各种因素，表 3-11～表 3-13 列出了部分几何公差常用等级的应用举例，供选用时参考。

表 3-11 直线度和平面度公差常用等级的应用举例

公差等级	应用举例
5	1级平板，2级宽平尺，平面磨床的纵导轨、垂直导轨、立柱导轨及工作台，液压龙门刨床和转塔车床床身导轨，柴油机进气、排气阀门导杆
6	普通机床导轨面，如卧式车床、龙门刨床、滚齿机、自动车床等的床身导轨、立柱导轨，柴油机壳体
7	2级平板，机床主轴箱、摇臂钻床底座和工作台，镗床工作台，液压泵盖，减速器壳体结合面
8	机床传动箱体，交换齿轮箱体，车床溜板箱体，柴油机汽缸体，连杆分离面，缸盖结合面，汽车发动机缸盖，曲轴箱结合面，液压管件和法兰连接面
9	3级平板，自动车床床身底面，摩托车曲轴箱体，汽车变速器壳体，手动机械的支撑面

表 3-12 圆度和圆柱度公差常用等级的应用举例

公差等级	应用举例
5	一般计量仪器主轴、测杆外圆柱面，陀螺仪轴颈，一般机床主轴轴颈及主轴轴承孔，柴油机、汽油机活塞、活塞销，与6级滚动轴承配合的轴颈
6	仪表端盖外圆柱面，一般机床主轴及箱体孔，泵、压缩机的活塞、汽缸、汽车发动机凸轮轴，减速器轴颈，高速船用柴油机、拖拉机曲轴主轴颈，与6级滚动轴承配合的外壳孔，与0级滚动轴承配合的轴颈
7	大功率低速柴油机曲轴轴颈、活塞、活塞销、连杆、汽缸，高速柴油机箱体轴承孔，千斤顶或压力液压缸活塞，汽车传动轴，水泵及通用减速器轴颈，与0级滚动轴承配合的外壳孔
8	低速发动机，减速器，大功率曲柄轴轴颈，拖拉机汽缸体、活塞，印刷机传墨辊，内燃机曲轴，柴油机机体孔、凸轮轴，拖拉机、小型船用柴油机汽缸套等
9	空气压缩机缸体，液压传动筒，通用机械杠杆与拉杆用套筒销子，拖拉机活塞环、套筒孔等

表 3-13 同轴度、对称度和跳动公差常用等级的应用举例

公差等级	应用举例
5、6、7	应用范围较广的公差等级。用于几何精度要求较高、尺寸公差等级为IT8及高于IT8的零件。5级常用于机床主轴轴颈，计量仪器的测杆，汽轮机主轴，柱塞油泵转子，高精度滚动轴承外圈，一般精度滚动轴承内圈；6、7级用于内燃机曲轴、凸轮轴轴颈、齿轮轴、水泵轴、汽车后轮输出轴，电动机转子、印刷机传辊的轴颈、键槽等
8、9	常用于几何精度要求一般、尺寸公差等级为IT9至IT11的零件。8级主要用于拖拉机发动机分配轴轴颈，与9级精度以下齿轮相配的轴，水泵叶轮，离心泵体，棉花精梳机前后滚子，键槽等；9级用于内燃机汽缸套配合面，自行车中轴等

表 3-14 平行度、垂直度公差常用等级的应用举例

公差等级	面对面平行度应用举例	面对线、线对线平行度应用举例	垂直度应用举例
4、5	普通机床，测量仪器，量具基准面和工作面，高精度轴承座圈，端盖，挡圈的端面等	机床主轴孔对基准面要求，重要轴承孔对基准面要求，主轴箱体重要孔间要求，齿轮泵的端面等	普通机床导轨，精密机床重要零件，机床重要支撑面，普通机床主轴偏摆，测量仪器，刀具，量具，液压传动轴瓦端面，刀具、量具的工作面和基准面等
6、7、8	一般机床零件的工作面和基准面，一般刀、量、夹具等	机床一般轴承孔对基准面要求，主轴一般孔间要求，主轴花键对定心直径的要求，刀具，量具，模具等	普通精密机床主要基准面和工作面，回转工作台端面，一般导轨，主轴箱体孔、刀架、砂轮架及工作台回转中心，一般轴肩对其轴线等
9、10	低精度零件,重型机械滚动轴承端盖等	柴油机和燃气发动机的曲轴孔、轴颈等	花键轴的轴肩端面，带式运输机法兰盘等对端面、轴线，手动卷扬机及传动装置中轴承端面，减速器壳体平面等

本章小结

本章重点阐述了几何公差的研究对象，主要介绍了几何公差带的形状、大小、方向和位置四个特征，分析了各项目的特点和在图样上的标注规定。介绍了公差原则，分析了几何公差与尺寸公差的关系，并且就几何精度设计中几何公差应用、公差原则的选择进行了阐述。

习 题

3-1 几何公差项目分类如何？其名称和符号是什么？

3-2 几何公差的研究对象是什么？如何分类？各自的含义是什么？

3-3 几何公差带与尺寸公差带有何区别？几何公差的四要素是什么？

3-4 组成要素和导出要素的几何公差标注有什么区别？

3-5 公差原则有哪些？独立原则和包容要求的含义、标注方法和适用范围是什么？

3-6 如图 3-63 所示销轴的三种几何公差标注，它们的公差带有何不同？

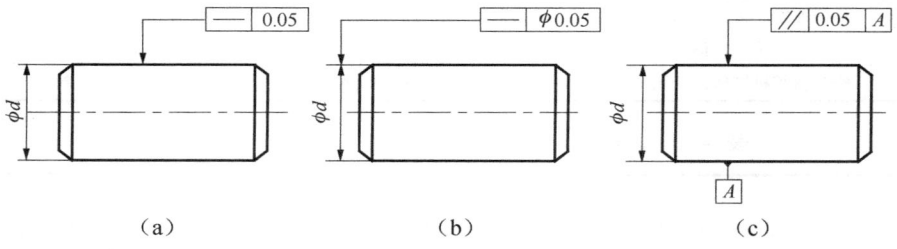

图 3-63 习题 3-6

3-7 将零件的技术要求标注在图 3-64 上。（1） $2 \times \phi d$ 轴线对其公共轴线的同轴度公差为 0.02mm；（2） ϕD 轴线对 $2 \times \phi d$ 公共轴线的垂直度公差为 0.02/100mm；（3） ϕD 轴线对 $2 \times \phi d$ 公共轴线的偏离量不大于 $\pm 10 \mu m$。

3-8 将下列几何公差要求标注在图 3-65 中。

（1） $\phi 50$ 圆柱面素线的直线度公差为 0.02mm。

（2） $\phi 30$ 圆柱面的圆柱度公差为 0.05mm。

（3）整个零件的轴线必须位于直径为 0.04mm 的圆柱面内（在公差数值后面标注 CZ）。

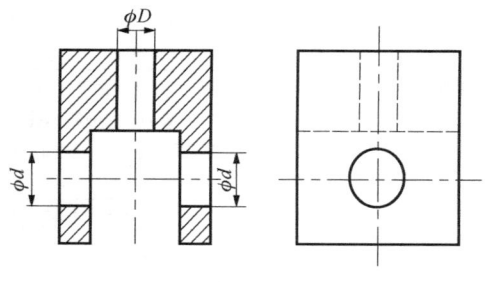

图 3-64 习题 3-7

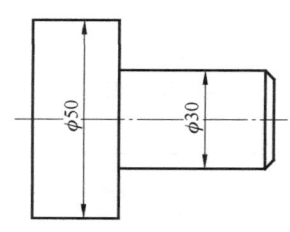

图 3-65 习题 3-8

3-9 将下列几何公差要求标注在图 3-66 中。

（1）ϕ20d7 圆柱面任一素线的直线度公差为 0.05mm。

（2）ϕ40m7 轴线相对于 ϕ20d7 轴线的同轴度公差为 ϕ0.01mm。

（3）10H6 槽的中心平面对 ϕ40m7 轴线的对称度公差为 0.01mm。

（4）ϕ20d7 圆柱面的轴线对 ϕ40m7 圆柱右肩面的垂直度公差为 ϕ0.02mm。

3-10 将下列几何公差要求标注在图 3-67 中。

（1）$\phi 40_{-0.03}^{\ 0}$ 圆柱面对两 $\phi 25_{-0.021}^{\ 0}$ 公共轴线的圆跳动公差为 0.015mm；

（2）两 $\phi 25_{-0.021}^{\ 0}$ 轴颈的圆度公差为 0.01mm；

（3）$\phi 40_{-0.03}^{\ 0}$ 左、右端面对 $2\times\phi 25_{-0.021}^{\ 0}$ 公共轴线的端面圆跳动公差为 0.02mm；

（4）键槽 $10_{-0.036}^{\ 0}$ 中心平面对 $\phi 40_{-0.03}^{\ 0}$ 轴线的对称度公差为 0.015mm。

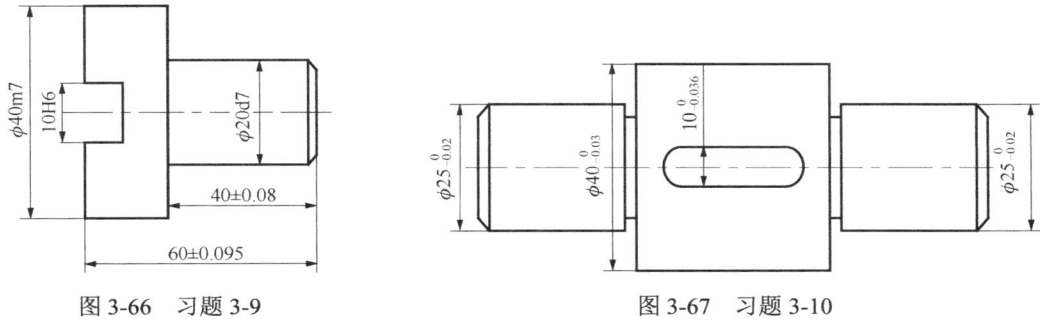

图 3-66 习题 3-9　　　　　　　　　图 3-67 习题 3-10

3-11 指出图 3-68 中几何公差的标注错误，并加以改正（不允许改变几何公差的特征符号）。

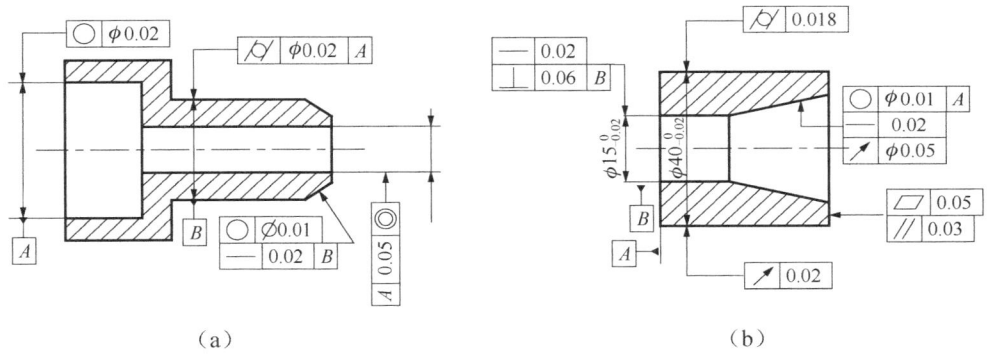

（a）　　　　　　　　　　　　　　　（b）

图 3-68 习题 3-11

3-12 指出图 3-69 中几何公差的标注错误，并加以改正（不允许改变几何公差的特征符号）。

3-13 如图 3-70 所示，要求：

（1）指出被测要素遵守的公差原则。

（2）求出单一要素的最大实体实效尺寸，关联要素的最大实体实效尺寸。

（3）求被测要素的形状、位置公差的给定值，最大允许值的大小。

（4）若被测要素实际尺寸处处为 ϕ19.97mm，轴线对基准 A 的垂直度误差为 ϕ0.09mm，判断其垂直度的合格性，并说明理由。

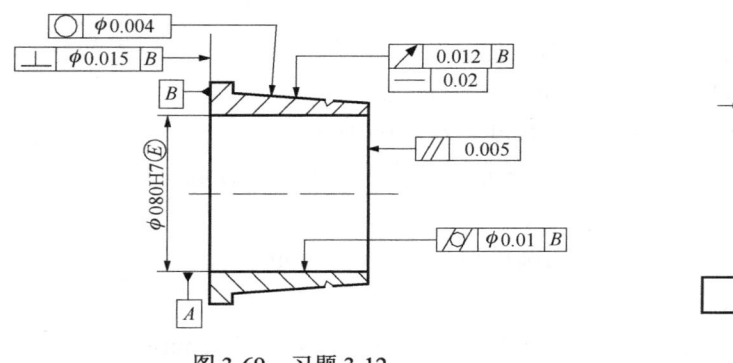
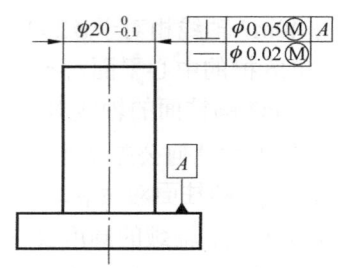

图 3-69　习题 3-12　　　　　　　　　图 3-70　习题 3-13

3-14　如图 3-71 所示轴套的 2 种标注方法，试分析说明它们所表示的要求有何不同（包括采用的公差原则、公差要求、理想边界尺寸、允许的形位误差值），并填入下表内。

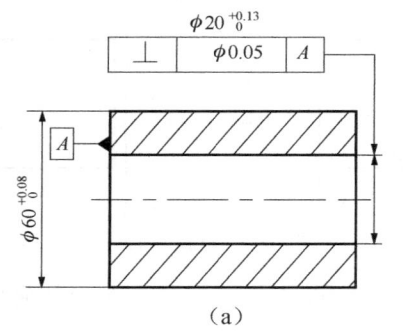
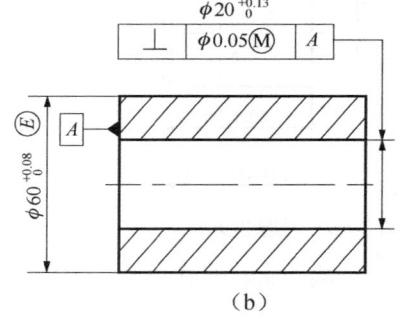

（a）　　　　　　　　　　　　　　　　（b）

图 3-71　习题 3-14

图序号及基本尺寸	MMS/mm	LMS/mm	采用的公差原则	理想边界的名称及边界尺寸/mm	MMC 时的形位公差值/mm	LMC 时的形位公差值/mm
(a) $\phi 20$						
(b) $\phi 20$						
(b) $\phi 60$						

第 4 章　表面轮廓精度设计

> **教学重点**

理解表面粗糙度的概念、表面粗糙度的相关基本术语，掌握表面粗糙度的评定参数、基本符号的意义及标注、参数的选用原则，了解测量表面粗糙度的常用方法。

> **教学难点**

新旧标准的异同，表面粗糙度的正确标注方法。

> **教学方法**

讲授法、问题教学法。

> **引例**

表面轮廓精度是精度设计的主要指标之一，是制定加工工艺的重要依据。由于机械加工过程中的振动、刀痕、塑性变形以及刀具与零件之间的摩擦，使得零件的表面轮廓存在着误差，所以表面轮廓精度也称为表面粗糙度。表面粗糙度会直接影响零件的力学性能和使用寿命。本章就是讨论如何控制表面轮廓精度。图 4-1 为表面粗糙度检测仪，可直观地检测零件表面的轮廓精度。图 4-2 为在双管显微镜下观测到的零件表面粗糙度的影像。

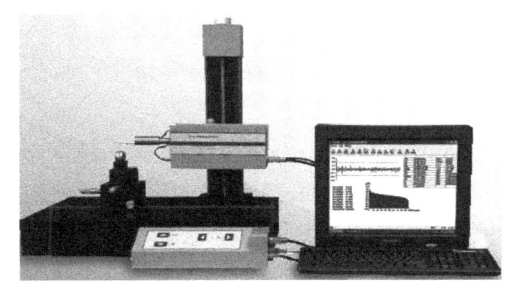
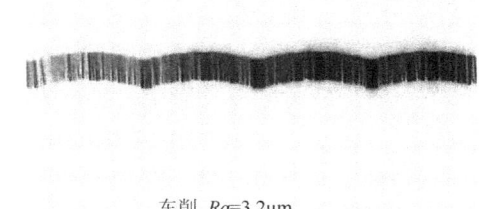

车削 $Ra=3.2\mu m$

图 4-1　表面粗糙度检测仪　　　　　　　图 4-2　表面粗糙度的影像

4.1　概　　述

4.1.1　表面粗糙度的概念

零件加工表面上所具有的较小间距和微小峰谷的不平程度称为表面粗糙度。对于粗加工后的表面用肉眼就能看到，对于精加工后的表面，要用放大镜或显微镜才能观察到。

零件加工表面的实际形状是由一系列不同高度和间距的峰谷组成的，包括表面几何形状误差（宏观形状误差）、表面波度（中间形状误差）和表面粗糙度（微观形状误差）。一般按照波距（相邻两波峰或相邻两波谷之间的距离）的大小加以区分。

波距大于 10mm 的并且无明显周期性变化的属于表面几何形状误差，这主要是由机床几何精度方面的误差引起的。

波距在 1～10mm 的并且具有较明显的周期性变化的属于表面波度，通常只在高速切削条件下才会出现，它是由机床—工件—刀具加工系统的振动、发热和运动不平衡造成的。

波距小于 1mm 的属于表面粗糙度，一般是在机械加工中因切削刀痕、表面撕裂挤压、振动和摩擦等原因，从而在被加工表面留下间距很小的微观起伏。

本章涉及的表面粗糙度的标准有 GB/T 7220－2004《产品几何技术规范（GPS）表面结构 轮廓法 表面粗糙度 术语 参数测量》、GB/T 131－2006《产品几何技术规范（GPS）技术产品文件中表面结构的表示法》、GB/T 3505－2009《产品几何技术规范（GPS）表面结构 轮廓法 术语、定义及表面结构参数》、GB/T 1031－2009《产品几何规范（GPS）表面结构 轮廓法 表面粗糙度参数及其数值》及 GB/T 10610－2009《产品几何技术规范（GPS）表面结构 轮廓法 评定表面结构的规则和方法》等。

4.1.2　表面粗糙度对零件工作性能的影响

表面粗糙度对零件的使用性能有着重要的影响，尤其对在高温、高速、高压条件下的机器（仪器）零件影响更大。零件表面粗糙主要影响零件的摩擦磨损、配合性质、抗疲劳强度和密封性等。

（1）对零件耐磨性的影响。表面越粗糙，配合表面间的有效接触面积减少，使单位面积承受的压力加大，零件相对运动时，就会加剧表面磨损，一般地说，表面越粗糙，则摩擦阻力越大，零件的磨损也越快。

（2）对配合性质稳定性的影响。对有配合要求的零件表面，无论是哪一类配合，表面粗糙度都会影响配合性质的稳定性。对于间隙配合，配合表面经跑合后，表面被磨损，扩大了实际间隙，改变了配合性质；对于过盈配合，由于在压入装配时，把微观凸峰挤平，减小了实际有效过盈，因此降低了零件间的连接强度。

（3）对零件疲劳强度的影响。零件表面粗糙度越大，表面微小不平度的凹痕就越深，其底部圆弧半径越小，对应力集中的敏感性越大。在谷底产生的应力，较之作用在光滑表面层的平均应力要大 0.5～1.5 倍。在交变载荷作用下，零件的疲劳强度就会降低。

（4）对零件密封性能的影响。当两个表面接触时，由于粗糙度的存在，只在局部点上接触，表面之间无法严密地贴合，气体或液体会通过接触面间的缝隙渗漏，因此中间缝隙将影响零件的密封性。

（5）对零件抗腐蚀性能的影响。金属腐蚀是由于化学过程或电化学过程所引起的。零件表面越粗糙，则积累在零件表面上的腐蚀性气体和液体也越多，腐蚀作用就越厉害。随着时间的推移，因腐蚀而产生的裂缝将使零件发生突然性的破坏，产生严重的后果。在承受变动负荷的情况下，腐蚀作用对疲劳强度的影响更为明显。

（6）对零件接触刚度的影响。零件表面越粗糙，表面间的接触面积就越小，单位面积受力就越大，峰顶处的局部塑性变形就越大，接触刚度降低，进而影响零件的工作精度和抗振性。

此外，表面粗糙度对零件的测量精度、外形的美观性、镀涂层、导热性和接触电阻、反射能力、辐射性能、液体和气体流动的阻力、导体表面电流的流通等都会有不同程度的影响。

但零件表面过于光滑,同样也会造成接触表面形成干摩擦或半干摩擦,影响零件的使用性能。因此合理的表面粗糙度指标是保证产品质量的关键,同时也是工艺制定的依据。

4.2 表面粗糙度的评定

对于具有表面粗糙度要求的零件表面,加工后需要测量和评定其表面粗糙度的合格性。

4.2.1 基本术语

1. 表面轮廓

平面与实际表面相交所得的轮廓线。按照所截方向的不同,表面轮廓可分为横向轮廓和纵向轮廓两种。

(1)横向表面轮廓是指垂直于表面加工纹理的平面与表面相交所得的轮廓线。其表面粗糙度是由切削刀痕及进给量所引起的,通常测得的参数值最大。图 4-3 为局部截出的表面轮廓(横向轮廓),即沿 X 轴方向。在评定或测量表面粗糙度时,除非特别指明,通常指的都是横向表面轮廓上的表面粗糙度。

(2)纵向表面轮廓是指平行于表面加工纹理的平面与表面相交所得的轮廓线。其表面粗糙度是由切削时刀具撕裂工件材料的塑性变形引起的,通常测得的参数值最小。图 4-3 所示为沿 Y 轴方向测得的表面轮廓(纵向轮廓)。

2. 取样长度(lr)

取样长度在 X 轴方向上判别被评定轮廓的不规则特征的一段长度。从图 4-4 中可以看出,实际表面轮廓同时存在着宏观形状误差、表面波纹度和表面粗糙度,当选取的取样长度不同时,得到的高度值也是不同的,所以规定和选择这段长度是为了限制和减弱其他几何形状误差对表面粗糙度测量结果的影响。国家标准 GB/T 1031—2009《产品几何规范(GPS)表面结构 轮廓法 表面粗糙度参数及其数值》规定了标准的取样长度,参见表 4-1 所示,通常可以从表中选取。

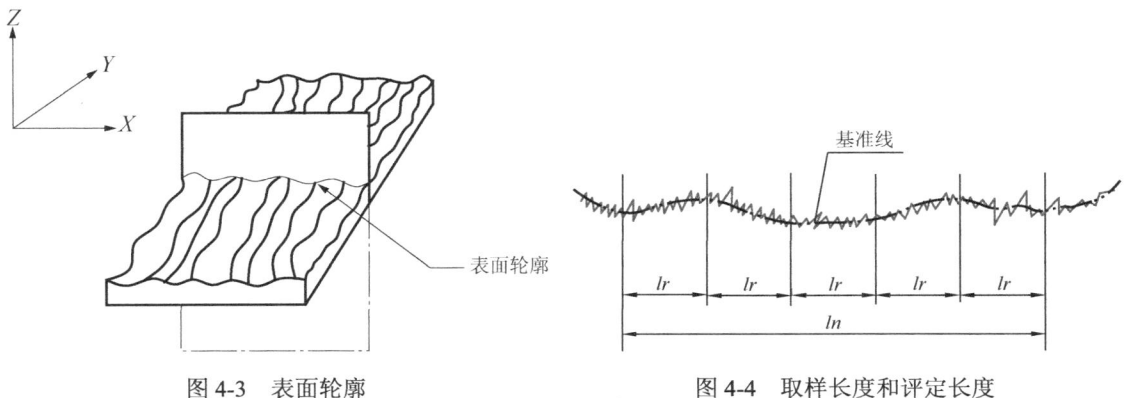

图 4-3 表面轮廓　　　　　　图 4-4 取样长度和评定长度

3. 评定长度(ln)

评定长度是用于判别被评定轮廓的 X 轴方向上的一段长度。一般情况下取标准的评定长

度 $ln=5lr$，该值也是默认值。如果被测表面均匀性较好，那么可选 $ln<5lr$；如果被测表面均匀性较差，那么可选 $ln>5lr$，如图 4-4 所示。由于零件表面粗糙度不均匀，在一个取样长度上往往不能客观合理地反映整个表面粗糙度的特征，因此在测量和评定时，需要取一个或和几个连续的取样长度。具体选择时可参考表 4-1 所示选取。

表 4-1　截止波长 λs 和 λc 的标准值对照表（摘自 GB/T 1031－2009）

Ra / μm	Rz / μm	Rsm / mm	标准取样长度 lr		标准评定长度 $ln = 5 \times lr$ / mm
			λs / mm	$lr = \lambda c$ / mm	
≥0.008～0.02	≥0.025～0.1	≥0.013～0.04	0.0025	0.08	0.4
>0.02～0.1	>0.1～0.5	>0.04～0.13	0.0025	0.25	1.25
>0.1～2	>0.5～10	>0.13～0.4	0.0025	0.8	4
>2～10	>10～50	>0.4～1.3	0.008	2.5	12.5
>10～80	>50～320	>1.3～4	0.025	8	40

4. 轮廓中线（m）

轮廓中线具有几何轮廓形状并用于划分轮廓的基准线。轮廓中线有以下两种评判方法。

1）轮廓的最小二乘中线

轮廓的最小二乘中线（见图 4-5）是指在一个取样长度内，轮廓线上各点的轮廓偏距（在测量方向上轮廓线上的点与基准线之间的距离）的平方和为最小的基准线，即 $\int_0^{lr}[Z(x)]^2 dx$ 为最小。

2）轮廓的算术平均中线

轮廓的算术平均中线（见图 4-6）是指在一个取样长度内具有几何轮廓形状与轮廓走向一致的基准线，并且该基准线将轮廓划分为上下两部分，使得上、下两边的面积之和相等，如图 4-6 所示。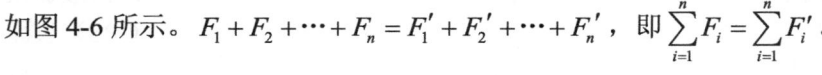，即 $\sum_{i=1}^n F_i = \sum_{i=1}^n F_i'$。

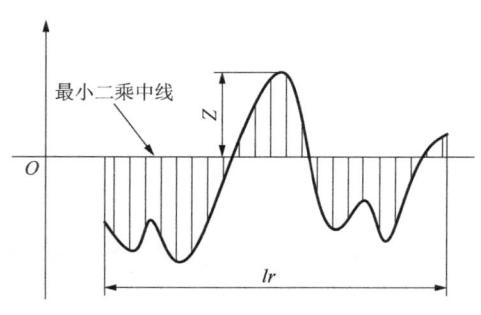

图 4-5　轮廓的最小二乘中线

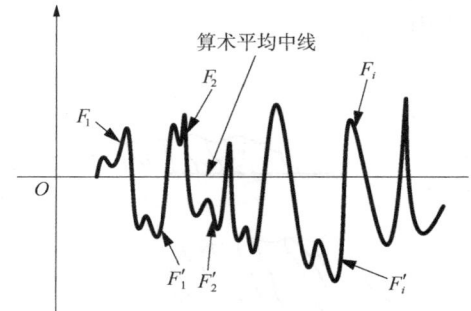

图 4-6　轮廓的算术平均中线

最小二乘中线符合最小二乘原则，从理论上讲是理想的、唯一的基准线，因此在我国标准 GB/T 3505－2009 中规定，轮廓中线规定采用最小二乘中线。轮廓的算术平均中线可能不止一条，但在工程实践中，却经常采用轮廓的算术平均中线，主要是获取轮廓的算术平均中线比最小二乘中线较为容易。

5. 轮廓滤波器

轮廓滤波器是能把轮廓分成长波和短波的仪器。采用接触式测量时，需要利用轮廓滤波器来过滤掉其他的几何形状，获得粗糙度轮廓形状，评价粗糙度参数。轮廓滤波器按波长从短到长的顺序，分为 λs 滤波器、λc 滤波器、λf 滤波器。图 4-7 所示为表面粗糙度和波纹度轮廓的传输特性。获取表面粗糙度成分的滤波器是 λc 滤波器。

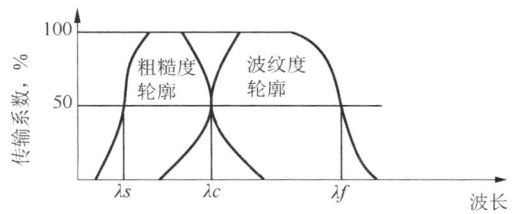

图 4-7 表面粗糙度和波纹度轮廓的传输特性

参见表 4-1 所示，λc 滤波器的截止波长在数值上与取样长度 lr 相等（即 $lr = \lambda c$），X 轴方向与间距方向一致，如图 4-7 所示。

6. 传输带

传输带是指短波轮廓滤波器的截止波长值 λs 和长波轮廓滤波器的截止波长值 λc 之间的波长范围。截止波长 λs 和 λc 的标准值可由表 4-1 查取。

4.2.2 表面轮廓（粗糙度）的评定参数

GB/T 3505－2009 中规定的有关评定表面轮廓（粗糙度）的参数有幅度参数（Z 轴方向）9 项、间距参数（X 轴方向）1 项、混合参数 1 项以及曲线和相关参数 5 项，共 4 大类 16 项。下面选择介绍几个常用的评定参数。

1. 幅度参数（波峰和波谷）

幅度参数又称为高度参数，是在 Z 轴方向定义的。该方面的参数主要反映表面轮廓的粗糙程度。

1）轮廓的算术平均偏差 Ra

轮廓的算术平均偏差 Ra 是指在一个取样长度内纵坐标 $Z(x)$ 绝对值的算术平均值。如图 4-8 所示，即为轮廓上的各点至中线的距离的平均值。用公式表示如下

$$Ra = \frac{1}{n}\sum_{i=1}^{n}|Z_i| \tag{4-1}$$

显然，n 趋于 $+\infty$，因此式（4-1）可以更精确地表示为

$$Ra = \frac{1}{lr}\int_0^{lr}|Z(x)|\mathrm{d}x \tag{4-2}$$

2）轮廓的最大高度 Rz

在一个取样长度 lr 内，最大轮廓峰高 Z_p 和最大轮廓谷深 Z_v 之和的高度。

$$Rz = Z_p + Z_v \tag{4-3}$$

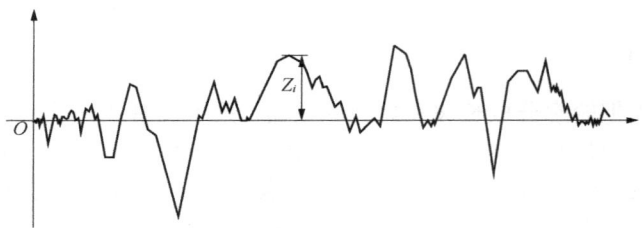

图 4-8　轮廓的算术平均偏差

轮廓峰是在被评定轮廓上连接轮廓和 X-轴两相邻交点向外的轮廓部分（中线以上），轮廓谷是以连接轮廓和 X-轴两相邻交点向内的轮廓部分（中线以下）。若图 4-9 中对应的分别为 Z_{p6} 和 Z_{v2}，则此时 $Rz=Z_{p6}+Z_{v2}$。

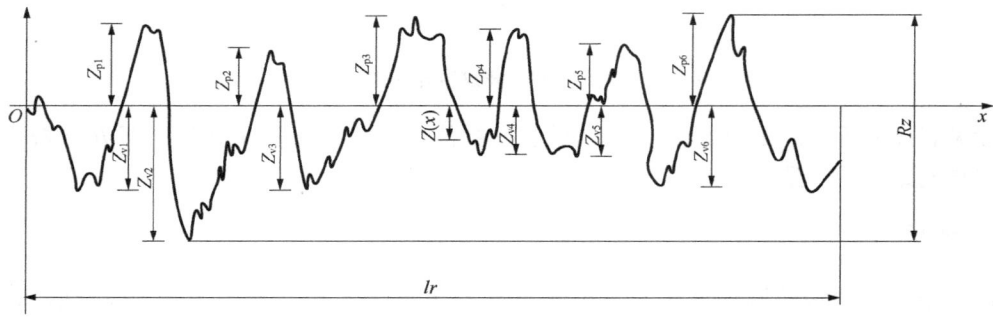

图 4-9　轮廓的最大高度

需要注意的是，在旧标准 GB/T 3505－1983 中，符号 Rz 表示"轮廓微观不平度十点高度"（该参数在现行国标 GB/T 3505－2009 中已取消），它的定义是，在取样长度 lr 内，5 个最大的轮廓峰高的平均值与 5 个最大的轮廓谷深的平均值之和。

$$Rz = \left(\sum_{i=1}^{5} Z_{\mathrm{p}i} + \sum_{i=1}^{5} Z_{\mathrm{v}i}\right)\bigg/5 \tag{4-4}$$

因此，当采用现行的技术文件和图样时必须小心慎重。

轮廓的算术平均偏差 Ra 是评价表面轮廓粗糙度的主要参数，要求优先选用。也可以和轮廓的最大高度 Rz 同时作为评价表面轮廓粗糙度的参数。轮廓的最大高度 Rz 主要用于对零件表面要求不允许出现较深加工痕迹或小零件表面，测量简单。

2. 间距参数

轮廓单元的平均宽度 Rs_m 介绍如下：

一个轮廓峰与相邻的轮廓谷的组合称为轮廓单元。在一个取样长度 lr 范围内，中线与各个轮廓单元相交线段的长度，称为轮廓单元的宽度，用符号 Xs_i 表示。

如图 4-10 所示，在一个取样长度 lr 内，轮廓单元宽度 Xs 的平均值称为轮廓单元的平均宽度 Rs_m，用公式表示如下：

$$Rs_\mathrm{m} = \frac{1}{n}\sum_{i=1}^{n} Xs_i \tag{4-5}$$

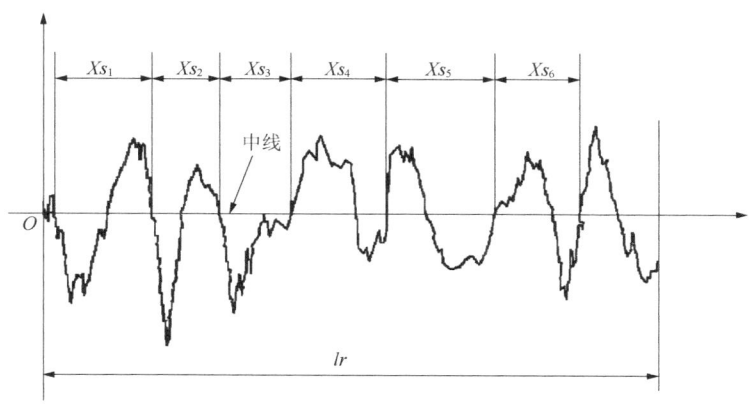

图 4-10 轮廓单元的平均宽度

Rs_m 反映轮廓表面峰谷的疏密程度，Rs_m 越大峰谷越稀，密封性也就越差。适中的 Rs_m 数值可改善材料的涂敷性能，提高可漆性。

3. 曲线和相关参数

轮廓支承长度率 $Rm_r(c)$ 介绍如下：

轮廓支承长度率 $Rm_r(c)$ 是指在给定水平截面高度 c 上，轮廓的实体材料长度 $Ml(c)$ 与评定长度 ln 的比率。

$$Rm_r(c) = \frac{Ml(c)}{ln} \quad (4-6)$$

如图 4-11 所示，上式中的轮廓的实体材料长度 $Ml(c)$ 是一条平行于中线的线与轮廓相截所得各段截线长度 b_i 之和，即 $Ml(c) = \sum_{i=1}^{n} b_i$。

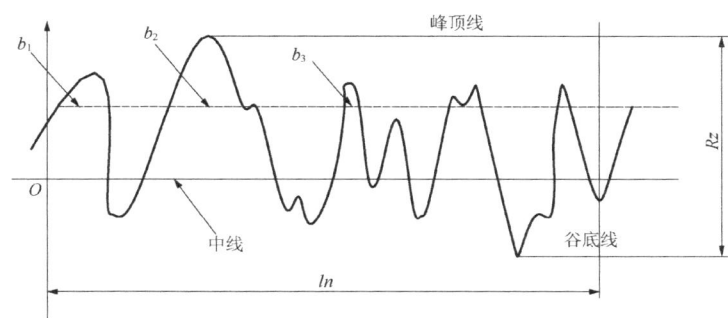

图 4-11 轮廓支承长度率

显然，从峰顶线向下所取的水平截距 c 不同，其轮廓支承长度率 $Rm_r(c)$ 也不同。如图 4-12 所示，可以明显地看出轮廓支承长度率 $Rm_r(c)$ 的值对应于水平截距 c 的变化趋势，c 一般取峰顶线至中线距离的 50%评价轮廓支承长度率 $Rm_r(c)$。

轮廓支承长度率 $Rm_r(c)$ 能直观地反映零件表面的耐磨性，对提高承载能力也具有重要的意义。接触面积大小对耐磨性的影响如图 4-12 所示，相比较而言，图 4-12（a）的接触面积较大，轮廓支承长度较大，承载能力更强，耐磨性也更好。因此，$Rm_r(c)$ 常被作为耐磨性的度量指标。

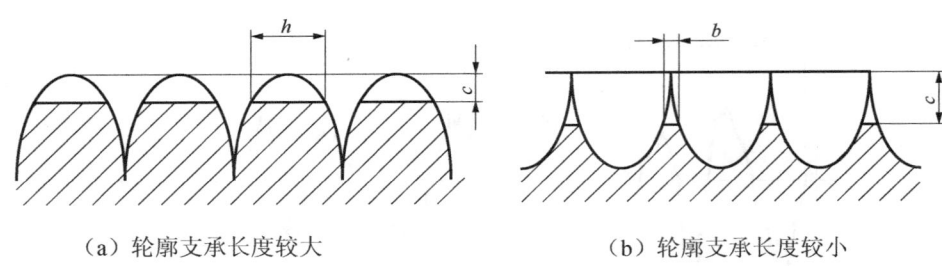

(a) 轮廓支承长度较大　　　　　　(b) 轮廓支承长度较小

图 4-12　接触面积大小对耐磨性的影响

应指出的是,此参数是在评定长度 ln 上定义的,而不是在取样长度 l_r 上定义的。其应用仅限于零件的重要表面并且有特殊使用要求的时候。

4.3　表面粗糙度的符号及其标注方法

国家标准 GB/T 131—2006《产品几何技术规范(GPS)技术产品文件中表面结构的表示法》详细规定了零件表面粗糙度的符号及其在图样上的标注方法。

4.3.1　表面粗糙度的符号

在技术产品文件中对表面粗糙度的要求可用图形符号表示,每种图形符号都有特定含义,见表 4-2。

表 4-2　表面粗糙度的图形符号及其意义

类别	符号	意义及说明
基本图形符号	✓	由两条不等长的与标注表面成 60°夹角的直线构成。表示表面可用任何方法获得,当不加注粗糙度参数值或有关说明(例如,表面处理、局部热处理状况等)时,仅适用于简化代号标注。该符号没有补充说明时不能单独使用
扩展图形符号	✓	在基本符号加以一短横。表示指定表面是用去除材料的方法获得。例如,车、铣、刨、磨、剪切、抛光等机械加工获得的表面。
	✓	在基本符号加以小圆圈,表示表面是用不去除材料的方法获得。例如,铸、锻、冲压变形、热轧、冷轧、粉末冶金等。或者是用于保持原供应状况的表面(包括保持上道工序的状况)
完整图形符号	✓✓✓	在上述三个符号的长边上均可加一横线。用于标注有关参数和说明
工件轮廓各表面的符号	✓✓✓	在上述三个符号的长边上均可加一小圈。标注在图样中工件的封闭轮廓线上,用于表示在图样某个视图上构成封闭轮廓的各表面有相同的表面粗糙度要求。如果标注会引起歧义时,各表面应分别标注

表面粗糙度的完整图形符号是工程设计中常用的,简称表面粗糙度符号,其有关参数应按功能要求给定。

4.3.2 表面粗糙度的标注方法

1. 表面粗糙度完整图形符号的组成

为了明确表面结构要求，除了标注表面结构参数和数值外，必要时应标注补充要求。补充要求包括传输带、取样长度、加工工艺、表面纹理及方向、加工余量等。表面粗糙度数值及其补充要求在符号中的注写位置，如图 4-13 所示。

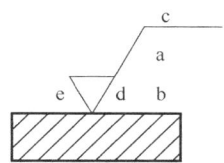

图 4-13 表面粗糙度数值及其补充要求在符号中的注写位置

2. 表面粗糙度参数的标注方法

1) 表面粗糙度基本参数的标注（a 位置）

如图 4-13 所示，a 位置表示表面结构的单一要求。即标注表面结构参数代号、极限值和传输带或取样长度。为了避免误解，在参数代号和极限值间应插入空格。传输带或取样长度后应有一条斜线"/"，之后是表面结构参数代号，最后是数值。

例如：0.0025-0.8/Rz 6.3（传输带波长-取样长度/幅度参数）；-0.8/Rz 6.3（-取样长度/幅度参数）；0.008-0.5/16/Rz 6.3 （传输带波长-取样长度/评定长度/幅度参数）。

表面粗糙度幅度参数是基本参数，Ra 和 Rz 用数值表示时，需要在参数值前标注出相应的参数代号 Ra 或 Rz，幅度参数的单位是微米（μm）。

国家标准 GB/T 10610－2009 中规定，表面粗糙度极限值的判断规则有两种，分别是 16%规则和最大规则。

（1）16%规则。当参数的规定值为上限值时，如果所选参数在同一评定长度上的全部实测值中，大于图样或技术产品文件中规定值的个数不超过实测值总数的 16%，那么该表面合格；当参数的规定值为下限值时，如果所选参数在同一评定长度上的全部实测值中，小于图样或技术文件中规定值的个数不超过实测值总数的 16%，那么该表面合格。

（2）最大规则。检验时，若参数的规定值为最大值，则在被检表面的全部区域内测得的参数值一个也不应超过图样或技术产品文件中的规定值。若规定了参数的最大值，则应在参数符号后面增加一个"max"（英文"最大值"的缩写）标记。

16%规则是默认规则。如果标注的表面粗糙度参数代号后加注"max"，那么表明应采用最大规则解释其给定极限。

极限值判断规则的标注方法如图 4-14 所示，图 4-14（a）采用"16%规则"（默认），图 4-14（b）因为加注了"max"，所以采用"最大规则"。

标注单向或双向极限以表示对表面粗糙度的明确要求，偏差与参数代号应一起标注。图 4-15 为单向极限值的标注方法。如图 4-15（a）所示；只标注参数代号、参数值时，默认为参数的上限值。如图 4-15（b）所示，参数代号、参数值作为参数的单向下限值标注时，参数代号前应该加注 L。

图 4-14 极限值判断规则的标注方法　　图 4-15 单向极限值的标注方法

图 4-16 为双向极限值的标注方法。上限值在上方用 U 表示，下极限在下方用 L 表示，上下极限值为 16% 规则或最大化规则的极限值。如果同一参数具有双向极限要求，在不引起歧义的情况下，可以不加符号 U、L。上下极限值可以用不同的参数代号和传输带表达。

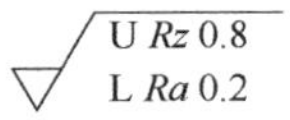

图 4-16 双向极限值的标注方法 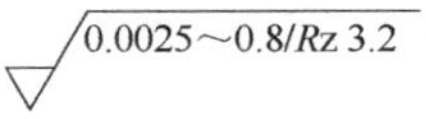　　图 4-17 传输带的完整标注方法

国家标准规定默认传输带中短波轮廓滤波器的截止波长值 λs =0.0025mm、长波轮廓滤波器的截止波长值 λc =0.8mm。当参数代号中没有标注传输带时，表面结构要求采用默认的传输带（0.0025～0.08），见表 4-1。传输带波长、取样长度和评定长度选择的是国家标准推荐的数值，在标注时可以免标。

在某些情况下，在传输带中只标注两个滤波器中的一个。如果存在第二个滤波器，那么就要使用默认的截止波长值。但是如果只标注了一个滤波器，应保留连字符 "-" 来区分是短波滤波器还是长波滤波器。传输带的省略标注方法如图 4-18 所示，图中数字表示取样长度为 0.8mm，短波滤波器截止波长默认为 0.0025mm。

当需要指定评定长度时，则应在参数符号的后面注写取样长度的个数，如图 4-19 所示，图中 "3" 表示评定长度包含 3 个取样长度。

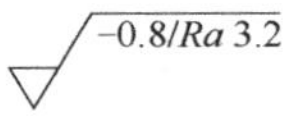

图 4-18 传输带的省略标注方法 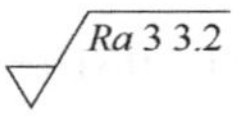　　图 4-19 指定取样长度个数的标注方法

2）表面粗糙度附加参数的标注（b 位置）

如图 4-13 所示，b 位置表示表面结构的附加要求，可以标注附加参数。如果要注写多个表面粗糙度要求时，图形符号应在垂直方向扩大，以便有足够的空间。扩大图形符号时，a 和 b 的位置随之上移。

示例：Rs_m0.05（轮廓单元的平均宽度数值，单位为 mm；需和幅度参数一起使用，不能单独使用。如果零件对喷涂镀无要求，可免标）。

3）加工方法的标注（c 位置）

如图 4-13 所示，c 位置表示加工方法、表面处理、涂层或其他加工工艺要求等，如车、磨、镀等加工表面工艺。

加工工艺在很大程度上决定了轮廓曲线的特征，轮廓曲线的特征对实际表面的表面结构参数值影响很大。图 4-20 为车削加工和镀覆工艺的标注方法，其中，图 4-20（a）和图 4-20（b）分别表示车削加工和镀覆工艺的示例，使用了 GB/T 13911 中规定的符号，Fe/Ep·Ni5Cr0.3r 的含义：钢材，电镀光亮镍 5um 以上，普通铬 0.3um 以上。

4）表面加工纹理方向的标注方法（d 位置）

如图 4-13 所示，d 位置表示表面纹理及其方向。例如，"="、"X"、"M"等（加工纹理方向符号见表 4-3）。

需要控制表面加工纹理方向时，可在符号的右边加注加工纹理方向符号，如图 4-21 所示。纹理方向是指表面纹理的主要方向，通常由加工工艺决定。表 4-3 包括了表面粗糙度所要求的与图样平面相应的纹理及其方向。

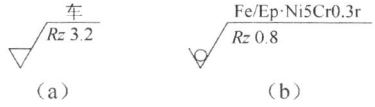

图 4-20 车削加工和镀覆工艺的标注方法

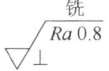

图 4-21 表面纹理方向的标注方法
（垂直于视图所在的投影面）

表 4-3 加工纹理方向符号

符号	说明	示意图	符号	说明	示意图
=	纹理平行于标注代号的视图的投影面		C	纹理呈近似同心圆	
⊥	纹理垂直于标注代号的视图的投影面		R	纹理呈近似放射形	
X	纹理呈两相交的方向		P	纹理无方向或呈凸起的细粒状	
M	纹理呈多方向				

注：若表中所列符号不能清楚地表明所要求的纹理方向，应在图样上用文字说明。

5）加工余量的标注方法（e 位置）

如图 4-13 所示，e 位置表示加工余量（单位为 mm）。在同一图样中，有多个加工工序的表面可标注加工余量。例如，在表示已完工的零件形状的铸锻件图样中给出加工余量，如图 4-22 所示。

加工余量可以是加注在完整符号上的唯一要求，也可以同表面结构要求一起标注如图 4-22 所示。

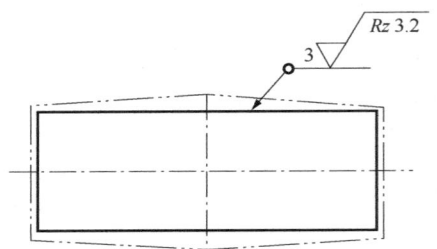

图 4-22　在表示已完工的零件图样上给出加工余量的注法（所有表面均有 3mm 加工余量）

c、d 和 e 通常在工艺文件中有说明和要求，在图纸上可以免标。

表面粗糙度代号标注示例见表 4-4。

表 4-4　表面粗糙度代号标注示例

符号	含义解释
$Rz\ 0.4$	表示不允许去除材料，单向上限值，默认传输带宽，粗糙度的最大高度 $0.4\mu m$，评定长度为 5 个取样长度（默认），"16%规则"（默认）
$Rz\ max\ 0.2$	表示去除材料，单向上限值，默认传输带宽，粗糙度最大高度的最大值 $0.2\mu m$。评定长度为 5 个取样长度（默认），"最大规则"
$0.008-0.8/Ra\ 3.2$	表示去除材料，单向上限值，传输带宽 $0.008\sim 0.8mm$，算术平均偏差 $3.2\mu m$，评定长度为 5 个取样长度（默认），"16%规则"（默认）
$-0.8/Ra\ 3\ 3.2$	表示去除材料，单向上限值，传输带：取样长度 $0.8\mu m$（λ_s 为默认的 $0.0025\mu m$），算术平均偏差 $3.2\mu m$，评定长度包含 3 个取样长度。"16%规则"（默认）
$U\ Ra\ max\ 3.2$ $L\ Ra\ 0.8$	表示不允许去除材料，双向极限值，两极限值均使用默认传输带宽。上限值：算术平均偏差 $3.2\mu m$，评定长度为 5 个取样长度（默认），"最大规则"；下限值：算术平均偏差 $0.8\mu m$，评定长度为 5 个取样长度（默认），"16%规则"（默认）

3. 表面粗糙度要求在图样中的标注方法

表面粗糙度要求对每一表面一般只标注一次，并尽可能标注在相应的尺寸及其公差的同一视图上。除了另有说明，所标注的表面粗糙度要求均是对完工零件表面的要求。

1）表面粗糙度符号、代号的标注位置与方向

总的原则是使表面粗糙度的注写和读取方向应与尺寸的注写和读取方向一致，表面结构要求的注写方向如图 4-23 所示。

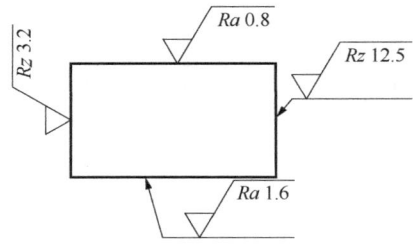

图 4-23　表面结构要求的注写方向

（1）标注在轮廓线上或指引线上。表面粗糙度要求可以标注在轮廓线上，其符号应从材料外指向并接触表面。必要时，表面粗糙度符号也可以用带箭头或黑点的指引线引出标注。表面粗糙度在轮廓线上的标注位置如图 4-24 所示，表面粗糙度在指引线上的标注位置如图 4-25 所示。

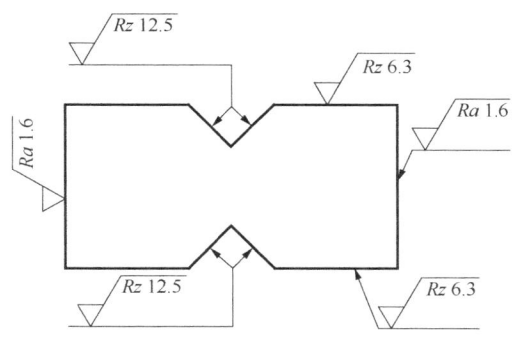

图 4-24 表面粗糙度在轮廓线上的标注位置

（2）标注在特征尺寸的尺寸线上。在不致引起误解时，表面粗糙度要求可以标注在给定的尺寸线上，如图 4-26 所示。

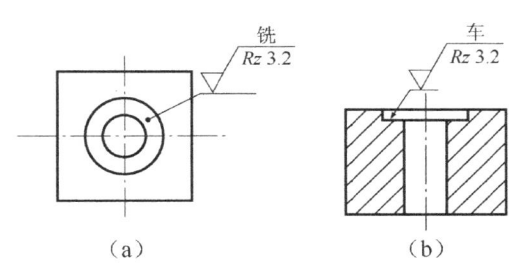

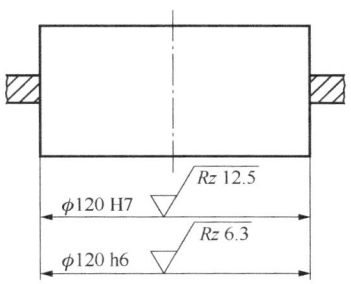

图 4-25 表面粗糙度在指引线上的标注位置　　图 4-26 表面粗糙度标注在给定的尺寸线上

（3）标注在形位公差的框格上。表面粗糙度要求可以标注在形位公差框格的上方，如图 4-27 所示。

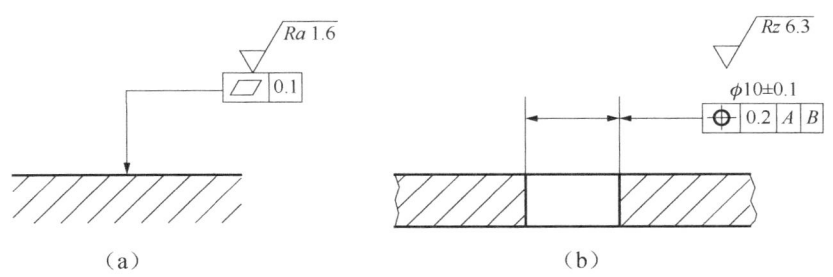

图 4-27 表面粗糙度标注在形位公差框格的上方

（4）标注在延长线上。表面粗糙度要求可以直接标注在延长线上，或用带箭头的指引线引出标注。图 4-28 所示为表面粗糙度标注在圆柱特征的延长线上。

（5）标注在圆柱或棱柱表面上。圆柱和棱柱表面的表面粗糙度要求只标注一次。如果每个圆柱和棱柱表面有不同的表面结构要求，那么就应该分别单独标注，如图 4-29 所示。

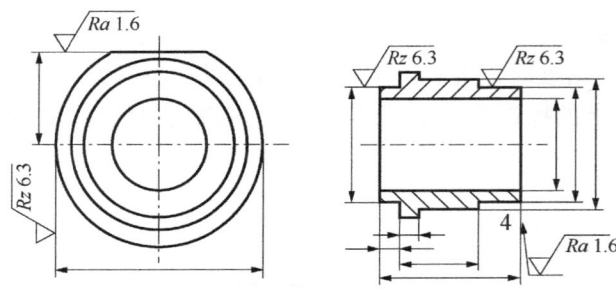

图 4-28　表面粗糙度标注在圆柱特征的延长线上

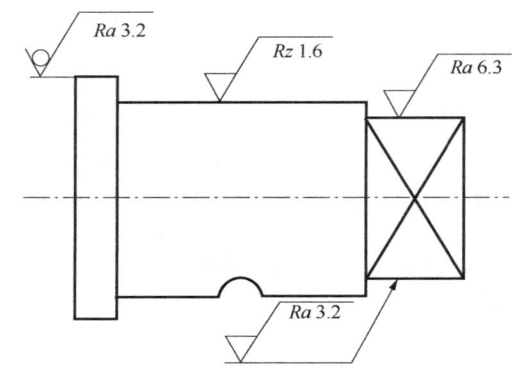

图 4-29　圆柱和棱柱表面有不同表面结构要求的标注方法

2）表面粗糙度要求的简化标注方法

（1）有相同表面粗糙度要求的简化标注法（见图 4-30）。如果在工件的大多数（包括全部）表面有相同的表面粗糙度要求时，那么其表面粗糙度要求可统一标注在图样的标题栏附近。此时（除全部表面有相同要求的情况外），表面粗糙度要求的符号后面还有以下两种情形。

① 在圆括号内给出无任何其他标注的基本符号，如图 4-30（a）所示。
② 在圆括号内给出不同的表面粗糙度要求，如图 4-30（b）所示。

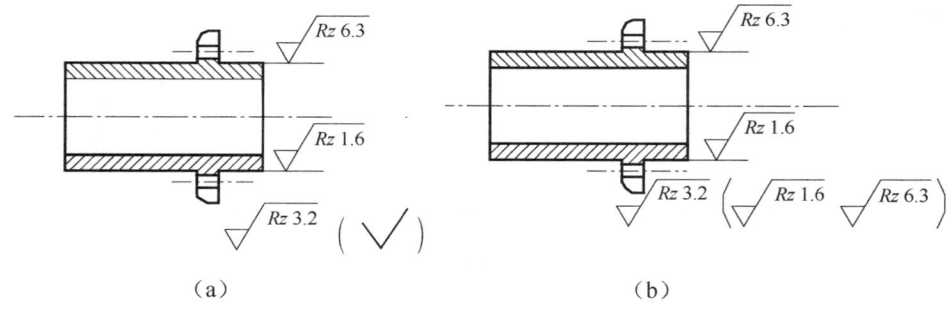

图 4-30　大多数表面有相同表面粗糙度要求的简化注法

（2）多个表面有共同的表面粗糙度要求的简化注法。当多个表面具有相同的表面粗糙度要求或图纸空间有限时，可以采用简化注法。

可用带字母的完整符号，以等式的形式，在图形或标题栏附近，对有相同表面粗糙度的表面进行简化标注。图 4-31 为在图纸空间有限时的表面粗糙度的简化标注法。

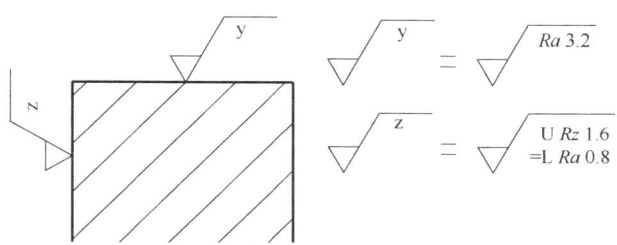

图 4-31　在图纸空间有限时的表面粗糙度的简化标注法

也可用表 4-2 中的前三种表面粗糙度符号，以等式的形式给出对多个表面共同的表面粗糙度要求，如图 4-32 所示。

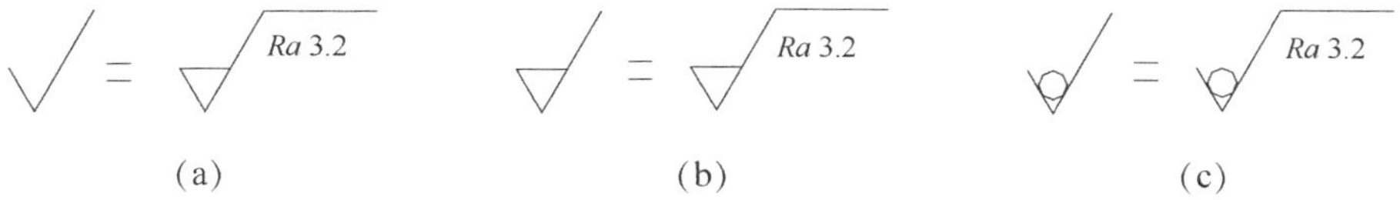

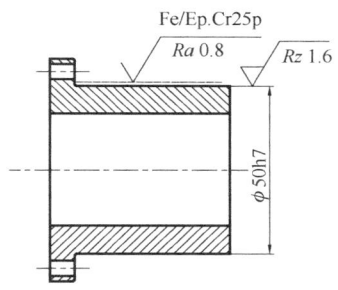

图 4-32　多个表面共同的表面粗糙度要求的简化标注法

3）采用不同工艺获得同一表面的注法

由几种不同的工艺方法得到的同一表面，当需要明确每种工艺方法的表面粗糙度要求时，可按图 4-33 所示进行标注。

图 4-33　同时给出镀覆前后的表面结构要求的标注方法

4.4　表面粗糙度的选用

表面粗糙度是一项重要的技术经济指标，它的合理选用不仅影响产品的使用性能和寿命，而且直接关系到产品的质量和经济效益等。因此，在选择表面粗糙度时，既要满足零件表面的使用要求，又要考虑其工艺的可行性和经济性的合理性。

表面粗糙度的选择包括参数项目和参数数值。

4.4.1　表面粗糙度评定参数的选用

对于评定参数的选用，首先应考虑对零件使用功能的要求，其次应考虑检测的方便性及仪器设备条件等因素。

1. 幅度参数的选择

幅度参数（Ra 和 Rz）是国家标准规定的基本参数，可以独立选用。

（1）凡是有表面粗糙度要求的表面，必须选用一个幅度参数，一般情况下可以从 Ra 和 Rz 中任选一个。

（2）如无特殊要求，一般仅选用幅度参数，如 Ra、Rz 等。

（3）在常用值范围内（Ra 为 0.025～6.3 μm）优先选用参数 Ra，因为一般情况下都是采用电动轮廓仪测量零件表面的 Ra 值，而这种仪器的测量范围为 0.02～8 μm。

（4）当表面过于粗糙或太光滑时，即表面粗糙度要求特别低或特别高（100 μm > Ra > 6.3 μm 或 0.008 μm < Ra < 0.025 μm）的时候，多选用参数 Rz。

（5）当零件表面的测量部位小、峰谷小或有疲劳强度要求时，则需选用参数 Rz。

2. 附加参数的选择

附加参数 Rs_m 或 $Rm_r(c)$ 一般不可单独使用。

（1）只有少数零件的重要表面并且有特殊使用要求的时候才附加选用。

（2）对有特殊要求的少数零件的重要表面中某些关键的主要表面有更多的功能要求时，例如，光泽表面、涂镀性、抗腐蚀性、减小流体流动摩擦阻力（如车身迎风面）、密封性等，就需要控制 Rs_m（轮廓单元平均宽度）数值。

（3）对表面的支撑刚度和耐磨性有较高要求时（如轴瓦、轴承、量具等），则需要规定 $Rm_r(c)$ 来进一步控制加工表面的特征质量。

4.4.2 表面粗糙度评定参数值的选用

表面粗糙度评定参数值的选择，不但与零件的使用性能有关，还与零件的制造及经济性有关。在满足零件表面功能的前提下，应尽可能选用较大的粗糙度参数值（参数 $Rm_r(c)$ 除外），以减小加工困难，降低生产成本。

在国家标准 GB/T 1031—2009 规定了常用评定参数可用的数值系列，轮廓算术平均偏差 Ra、轮廓最大高度 Rz、轮廓单元的平均宽度 Rs_m 和轮廓支承长度率 $Rm_r(c)$ 的数值规定详见表 4-5～表 4-8。

表 4-5 轮廓的算术平均偏差 Ra 的数值（摘自 GB/T 1031—2009） 单位：μm

Ra 基本系列	0.012 0.025 0.05 0.1	0.2 0.4 0.8 1.6	3.2 6.3 12.5 25	50 100
Ra 补充系列	0.008 0.010 0.016 0.020 0.032 0.040 0.063	0.080 0.125 0.160 0.25 0.32 0.50 0.63	1.00 1.25 2.0 2.5 4.0 5.0 8.0	10.0 16.0 20 32 40 63 80

选用轮廓支承长度率参数时，应同时给出轮廓截面高度 c 值，它可用微米 Rz 的百分数表示。Rz 的百分数系列如下：5%、10%、15%、20%、25%、30%、40%、50%、60%、70%、80%、90%。

表 4-6　轮廓的最大高度 Rz 的数值（摘自 GB/T 1031—2009）　　　　单位：μm

Rz 基本系列	0.025	0.4	100	1600
	0.05	0.8	200	
	0.1	1.6	400	
	0.2	3.2	800	
Rz 补充系列	0.032	0.50	8.0	125
	0.040	0.63	10.0	160
	0.063	1.00	16.0	250
	0.80	1.23	20	320
	0.125	2.0	32	500
	0.160	2.5	40	630
	0.25	4.0	63	1000
	0.32	5.0	80	1250

表 4-7　轮廓单元的平均宽度 Rs_m 的数值（摘自 GB/T 1031—2009）　　　　单位：mm

Rs_m	0.006	0.1	1.6
	0.0125	0.2	3.2
	0.025	0.4	6.3
	0.05	0.8	12.5
Rs_m 补充系列	0.002	0.040	1.00
	0.003	0.063	1.25
	0.004	0.080	2.0
	0.005	0.125	2.5
	0.008	0.160	4.0
	0.010	0.25	5.0
	0.016	0.32	8.0
	0.020	0.5	10.0
	0.023	0.63	

表 4-8　轮廓支承长度率 $Rm_r(c)$ 的数值（摘自 GB/T 1031—2009）　　　　单位：%

$Rm_r(c)$/%	10	15	20	25	30	40	50	60	70	80	90

另外，取样长度 lr 的数值从表 4-1 给出的系列中选取。

在工程实际中，由于表面粗糙度和功能之间的关系十分复杂，因而很难准确地确定评定参数的允许值。在具体设计时，除有特殊要求外，取样长度 lr 的数值应从表 4-10 给出的系列中选取。

除有特殊要求的表面外，一般多借助于经验统计资料采用类比法加以选取。表 4-9 列出了常见的表面粗糙度的表面微观特征、经济加工方法和相关应用实例，表 4-10 列出了各类配合要求的孔、轴表面粗糙度参数（Ra）的推荐值，表 4-11 列出了各种常用加工方法可能达到的表面粗糙度参数值（Ra），供采用类比法进行选取表面粗糙度的评定参数的允许值时作为参考。

表 4-9　常见的表面粗糙度的表面微观特征、经济加工方法相关应用实例

表面微观特征		$Ra/\mu m$	加工方法	应用举例
粗糙度面	微见刀痕	≤20	粗车、粗刨、粗铣、钻、毛锉、锯断	半成品粗加工过的表面,非配合的加工表面,如轴断面、倒角、钻孔、齿轮和皮带轮侧面、键槽底面、垫圈接触面
半光表面	微见加工痕迹方向	≤10	车、刨、铣、镗、钻、粗铰	轴上不安装轴承、齿轮处的非配合表面,紧固件的自由装配表面,轴和孔的退刀槽
半光表面	微见加工痕迹方向	≤5	车、刨、铣、镗、磨、粗刮、滚压	半精加工表面,箱体、支架、盖面、套筒等和其他零件结合而无配合要求的表面,需要发蓝的表面等
半光表面	看不清加工痕迹方向	≤2.5	车、刨、铣、镗、磨、拉、刮、压、铣齿	接近于精加工表面,箱体上安装轴承的镗孔表面,齿轮的工作面
光表面	可辨加工痕迹方向	≤1.25	车、镗、磨、拉、刮、精铰、磨齿、滚压	圆柱销、圆锥销,与滚动轴承配合的表面,普通车床导轨面,内、外花键定心表面
光表面	微可辨加工痕迹方向	≤0.63	精铰、精镗、磨、刮、滚压	要求配合性质稳定的配合表面,工作时受交变应力的重要零件,较高精度车床的导轨面
光表面	不可辨加工痕迹方向	≤0.32	精磨、珩磨、研磨、超精加工	精密机床主轴锥孔、顶尖圆锥面、发动机曲轴、凸轮轴工作表面、高精度齿轮表面
极光表面	暗光泽面	≤0.16	精磨、研磨、普通抛光	精密机床主轴轴颈表面,一般量规工作表面,汽缸套内表面,活塞销表面
极光表面	亮光泽面	≤0.08	超精磨、精抛光、镜面磨削	精密机床主轴轴颈表面,滚动轴承的滚珠,高压油泵中柱塞和柱塞套配合表面
极光表面	镜状光泽面	≤0.04	超精磨、精抛光、镜面磨削	精密机床主轴轴颈表面,滚动轴承的滚珠,高压油泵中柱塞和柱塞套配合表面
极光表面	镜面	≤0.01	镜面磨削、超精研磨	高精度量仪、量块的工作表面,光学仪器中的金属表面

表 4-10　各类配合要求的孔、轴表面粗糙度参数（Ra）的推荐值

配合要求		轴				孔			
经常拆装零件的配合表面	基本尺寸/mm	公差等级							
		5	6	7	8	5	6	7	8
		$Ra/\mu m$ 不大于							
	≤50	0.2	0.4	0.4~0.8	0.8	0.4	0.4~0.8	0.8	0.8~1.6
	>50~500	0.4	0.8	0.8~1.6	1.6	0.8	0.8~1.6	1.6	1.6~3.2
过盈配合的配合表面	基本尺寸/mm	公差等级							
		5	6	7	8	5	6	7	8
		$Ra/\mu m$ 不大于							
	≤50	0.1~0.2	0.4	0.4	0.8	0.2~0.4	0.8	0.8	1.6
	>50~120	0.4	0.8	0.8	1.6	0.8	1.6	1.6	1.6~3.2
	>120~500	0.4	1.6	1.6	1.6~3.2	0.8	1.6	1.6	1.6~3.2
精密定心零件的配合表面		径向跳动公差/μm								
		2.5	4	6	10	16	25	2.5	4	6	10	16	25
		$Ra/\mu m$ 不大于										
		0.05	0.1	0.1	0.2	0.4	0.8	0.1	0.2	0.2	0.4	0.8	1.6
滑动轴承的配合表面		公差等级						
		6~9		10~12		6~9		10~12	
		$Ra/\mu m$ 不大于						
		0.4~0.8		0.8~3.2		0.8~1.6		1.6~3.2	
		流体润滑							
		$Ra/\mu m$ 不大于							
		0.4				0.8			

表 4-11　各种常用加工方法可能达到的表面粗糙度参数值（Ra）

加工方法		Ra/μm
砂模铸造		6.30～100
壳型铸造		6.30～100
金属模铸造		1.60～50
离心铸造		1.60～25
精密铸造		0.80～12.5
蜡模铸造		0.40～12.5
压力铸造		0.40～6.30
热轧		6.30～100
模锻		1.60～100
冷轧		0.20～12.5
挤压		0.40～12.5
冷拉		0.20～6.30
锉		0.40～25
刮削		0.40～12.5
刨削	粗	6.30～25
	半精	1.60～6.30
	精	0.40～1.60
插削		1.60～25
钻孔		0.80～25
扩孔	粗	6.30～25
	精	1.60～6.30
金刚镗孔		0.05～0.40
镗孔	粗	6.30～50
	半精	0.40～6.30
	精	0.40～1.60
铰孔	粗	1.60～12.5
	半精	0.40～3.20
	精	0.100～1.60
拉削	半精	0.40～3.20
	精	0.100～0.40
滚铣	粗	3.20～25
	半精	0.80～6.30
	精	0.40～1.60
端面铣	粗	3.20～12.5
	半精	0.40～6.30
	精	0.20～1.60
车外圆	粗	6.30～25
	半精	1.60～12.5
	精	0.20～1.60
金刚车		0.025～0.20
车端面	粗	6.30～25
	半精	1.60～12.5
	精	0.40～1.60

续表

加工方法		Ra/μm
磨外圆	粗	0.80～6.30
	半精	0.100～1.60
	精	0.025～0.40
磨平面	粗	1.60～3.20
	半精	0.40～1.60
	精	0.025～0.40
衍磨	平面	0.025～1.60
	圆柱	0.012～0.40
研磨	半精	0.05～0.40
	精	0.012～0.100
抛光	一般	0.100～1.60
	精	0.012～0.100
滚压抛光		0.05～3.20
超精加工	平面	0.012～0.040
	柱面	0.012～0.040
化学磨		0.80～25
电解磨		0.012～1.60
电火花加工		0.80～25
切割	气割	6.30～100
	锯	1.60～100
	车	3.20～25
	铣	12.5～50
	磨	1.60～6.30
螺纹加工	丝锥板牙	0.80～6.30
	梳铣	0.80～6.30
	滚	0.20～0.80
	车	0.80～12.5
	搓丝	0.80～6.30
	滚压	0.40～3.20
	磨	0.20～1.60
	研磨	0.05～1.60
齿轮及花键加工	刨	0.80～6.30
	滚	0.80～6.30
	插	0.80～6.30
	磨	0.100～0.80
	剃	0.20～1.60

根据类比法初步确定表面粗糙度后，再对比工作条件做适当调整。这时应注意以下一些原则：

（1）同一零件上，工作表面的粗糙度参数值应小于非工作表面的粗糙度参数值。

（2）摩擦表面的粗糙度值应比非摩擦表面的粗糙度参数值小；滚动摩擦表面的粗糙度值应比滑动摩擦表面的粗糙度参数值小；运动速度高、单位压力大的摩擦表面的粗糙度值应比运动速度低、单位压力小的摩擦表面的粗糙度参数值小。

（3）运动速度高、单位面积压力大、受交变载荷的零件表面，以及最易产生应力集中的部位（如圆角、沟槽、台肩等）的表面粗糙度参数值均应小些。

（4）配合性质要求高的结合表面、配合间隙小的配合表面以及要求连接可靠并承受重载荷的过盈配合表面等，都应选取较小的粗糙度参数值。

（5）配合性质相同，零件尺寸越小则表面粗糙度参数值应越小；对于同一精度等级，小尺寸表面比大尺寸表面、轴比孔的表面粗糙度参数值要小。

（6）要求防腐蚀、密封性能好，或者要求外表美观的表面粗糙度数值应较小。

（7）凡有关标准已对表面粗糙度要求作出规定（例如与滚动轴承配合的轴颈和外壳孔的表面粗糙度、与键配合的轴槽和轮毂槽的工作面的表面粗糙度等），则应按该标准确定表面粗糙度参数值。

（8）在确定表面粗糙度参数值时，应注意它与尺寸公差和形位公差相协调，通常尺寸公差、表面形状公差小时，表面粗糙度参数值也小，并且一般应符合：尺寸公差值＞形位公差值＞表面粗糙度值。但是要注意它们之间不存在绝对的确定函数关系，例如，手轮、手柄的尺寸公差较大，但表面粗糙度参数值却较小。

表 4-12 给出了在正常的工艺条件下形状公差 T、尺寸公差 IT 及表面粗糙度之间的关系，这三者之间有一定的对应关系，可以作为产品零件精度设计时的大致参考。

表 4-12　正常工艺条件下形状公差、尺寸公差及表面粗糙度之间关系

精度等级 \ 对比项目	T 和 IT 的关系	Ra	Rz
普通精度	T≈0.60 IT	≤0.05 IT	≤0.2 IT
较高精度	T≈0.40 IT	≤0.025 IT	≤0.1 IT
中高精度	T≈0.25 IT	≤0.012 IT	≤0.05 IT
高精度	T＜0.25 IT	≤0.15 T	≤0.6 T

4.5　表面粗糙度的检测

关于表面粗糙度的检测，有定量和定性两种方法。定性法是主要借助于表面粗糙度样块或者放大镜、显微镜等，通过检测者的目测或者感触，再通过比较的方法来判断被测零件的表面粗糙度；而定量法则是借助于各种检测仪器，准确地测出被测表面粗糙度参数的具体数值。

对于表面粗糙度，若未指定测量截面的方向，则应该在幅度参数最大值的方向上进行测量。一般来说，也就是在垂直于表面加工纹理的方向上测量。

表面粗糙度的检测方法主要有比较法、光切法、针描法、干涉法、激光反射法、激光全息法、印模法和三维几何表面测量法等，下面选择几种常用的检测方法加以介绍。

1. 比较法

比较法是将被测表面与已知其评定参数值的粗糙度样板进行比较，从而估计出被测表面粗糙度的一种方法。如果被测表面精度较高，可借助于放大镜、比较显微镜进行比较，那也

可以采用手摸、用指甲轻划的感觉,以提高检测精度。比较样板的选择应使其材料、形状和加工方法与被测工件尽量相同。比较法只能检测轮廓算术平均偏差 Ra。

比较法简单实用,适合于车间条件下判断比较粗糙的表面。比较法的判断准确程度与检验人员的技术熟练程度有关。

2. 光切法

利用光切原理测量表面粗糙度的方法,称为光切法。光切显微镜是应用光切原理测量表面粗糙度的仪器,又称为双管显微镜,主要适宜于测量车、铣、刨及其他类似加工方法所得到的金属表面,也可用于测量木板、纸张、塑料、电镀层等表面的微观不平度,但是不便于用来检验采用磨削或是抛光的方法加工的零件表面。

光切显微镜的工作原理是,将一束平行光带以一定角度投射在被测表面上,光带与表面轮廓相交的曲线影像反映了被测表面的微观几何形状。这种方法解决了工件表面微小峰谷深度的测量问题,同时避免了与被测表面的接触。

由于可被检测的表面轮廓的峰高和谷底受物镜的景深和分辨率的限制,当峰高或谷深超出一定的范围,就不能在目镜视场中形成清晰的真实图像,从而导致无法测量或者测量误差很大。但是由于光切显微镜具有不破坏表面状况、方法成本低、易于操作的特点,仍然被广泛应用。

光切法主要用于测量零件表面的轮廓最大高度 Rz 值,由于受到分辨率的限制,Rz 的一般测量范围为 $0.8 \sim 80 \mu m$。

3. 针描法

针描法又称为感触法,是一种接触式测量表面粗糙度的方法,常用的测量仪器是电动轮廓仪,它能够对加工表面粗糙度进行精确测量。利用金刚石触针与被测表面相接触(接触力很小),并使触针沿着被测表面移动。当触针在被测表面上轻轻划过时,由于被测表面的微观不平度,迫使触针在垂直于表面轮廓的方向产生上下移动,把被测表面的微观不平度转换为垂直信号,再通过传感器将位移量转换成电信号,经放大器将此变化量进行放大后送入计算机,经积分运算后就可以得到各种表面粗糙度评定参数值,在显示器上直接显示出来。也可以直接在记录仪上记录,得到被测截面的轮廓放大图,其测量原理示意如图 4-2 所示。

电动轮廓仪是在现代计算机技术的基础上发展起来的,可以准确测量 Ra、Rz、Rs_m 及 $Rm_r(c)$ 等多个参数。因其测量准确性高、便于操作、评定参数丰富的特点,现已被普遍采用。

4. 干涉法

干涉法是利用光波干涉原理测量表面粗糙度的方法。根据干涉原理设计制造的仪器称为干涉显微镜。

在干涉显微镜的目镜焦平面上,由于两束光之间有光程差,相遇叠加便产生光程干涉,形成明暗交错的干涉条纹。若被测表面为理想表面,则干涉条纹是一组等距平行的直条纹线,若被测表面高低不平,则干涉条纹为弯曲状。因此采用通过样品内和样品外的相干光束产生干涉的方法,把相位差(或光程差)转换为振幅(光强度)变化,根据干涉图形就可以分辨出样品中的结构,并可测定样品中一定区域内的相位差或光程差。

干涉法主要用于测量表面粗糙度的评定参数中的轮廓的最大高度 Rz(当然也可以测量

旧标准中的"微观不平度十点高度"），所得到的测量值精度较高，可以测到较小的参数值，通常测量范围是 0.025～0.8 μm。它不仅适用于测量高反射率的金属加工表面，也能测量低反射率的玻璃表面，但是主要还是用于测量表面粗糙度参数值较小的表面。

5. 印模法

印模法是利用一些无流动性和弹性的塑料材料，贴合在被测表面上，将被测表面的轮廓复制成模，然后再对这个印模进行测量，从而评定被测表面的粗糙度。

常用的印模材料有川蜡、石蜡、赛璐珞、低熔点合金等。由于印模材料不可能完全填满被测表面的谷底，取下印模时又会使波峰被破坏，因此印模的幅度参数值通常比被测表面的幅度参数实际值小些，应根据实验结果进行修正。印模法主要适用于某些既不能用仪器直接测量，又不便于用样板相对比的内表面的粗糙度的检测，例如，深孔、盲孔、凹槽、内螺纹等；也可以用于某些笨重零部件粗糙度的测量，例如，横梁等。

本章小结

本章主要介绍了表面粗糙度的概念、表面粗糙度的评定参数、表面粗糙度的相关国家标准、以及表面粗糙度的标注方法和参数选择的方法等。要求理解与表面粗糙度评定参数有关的几个基本术语：滤波器、传输带宽、轮廓，以及取样长度、评定长度、轮廓中线等评定基准含义，这是后续学习的基础。掌握表面粗糙度的评定参数——轮廓的算术平均偏差 Ra、轮廓的最大高度 Rz。了解表面粗糙度的检测方法，主要有比较法、光切法、针描法、干涉法及印模法等。

习 题

4-1 表面粗糙度的含义是什么？它与形状误差和表面波纹度有何区别？

4-2 简要描述表面粗糙度对零件使用性能和寿命的影响。

4-3 为什么要规定取样长度和评定长度？什么是轮廓中线？

4-4 对零件对同一表面检测表面粗糙度 Ra 和 Rz 的值，一定是 $Ra \leqslant Rz$ 吗？

4-5 表面粗糙度的评定参数可以分为几类？并说明它们各自的适用场合。

4-6 选择表面粗糙度的评定参数值的原则是什么？

4-7 表面粗糙度的检测有哪几种方法？

4-8 在一般情况下，$\phi 40H7$ 和 $\phi 8H7$ 相比较，如 $\phi 50H6/f5$ 和知 $\phi 40H6/r5$ 中的两根轴相比较，何者应选用较小的表面粗糙度 Ra 和 Rz 的值？

4-9 现要求零件某表面不允许去除材料，双向极限值，两极限值均使用默认传输带。上限值：轮廓算术平均偏差 3.2mm，评定长度为 5 个取样长度，"最大规则"。下限值：轮廓算术平均偏差 0.8mm，评定长度为 3 个取样长度，采用"16%规则"。请写出该表面粗糙度参数的标注方法。

4-10 请将表面粗糙度要求标注在图 4-34 上。ϕd 圆柱表面的表面粗糙度轮廓参数 Ra 的上限值为 3.2 μm，ϕd_1 圆锥表面的表面粗糙度轮廓参数 Ra 的最大值为 1.6 μm，其余表面 Rz 的上限值为 6.3 μm。

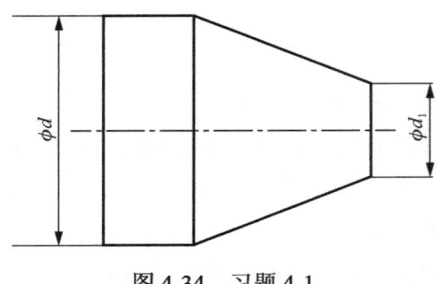

图 4-34　习题 4-1

第5章 测量技术基础

> **教学重点**
>
> 了解测量的概念与方法，了解测量数据的处理，掌握光滑工件尺寸的检测。

> **教学难点**
>
> 验收极限与计量器具的选择，光滑极限量规的设计。

> **教学方法**
>
> 讲授法，实物法，演示法，例题讲解法。该章节中的测量方面的知识可以和实验课结合起来。

> **引例**

零件加工完成后，精度能否满足要求只有通过检测才能知道，所以机械制造业的发展离不开测量技术的发展，测量技术的发展促进了现代制造技术的发展。在"设计、制造、检测"这三大环节中，检测占有极其重要的地位。

检测采用何种测量工具和仪器？采取何种测量方法？测量后如何评价零件精度指标？这都是该章节所要讨论的内容。随着计算机技术的发展，测量技术也有了快速的发展。近年来 LabVIEW 图形化编程语言在测量方面的应用，使检测更加快速、准确和方便。图 5-1 为基于 LabVIEW 的几何误差的检测。在长度测量方面，三坐标测量技术也有了很大的发展，从接触测量到非接触测量，仪器的测量精度更高，解析功能更强，操作更为方便。图 5-2 所示为三坐标测量仪。

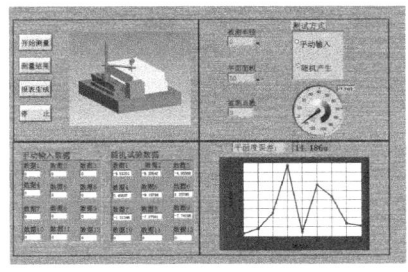
图 5-1 基于 LabVIEW 的测试平台

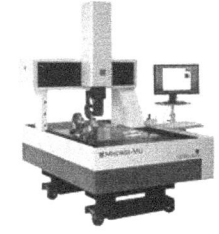
图 5-2 三坐标测量机

5.1 测量的基本概念

有关检测方面的国家标准有 GB/T 3177—2009《产品几何技术规范（GPS）光滑工件尺寸的检验》、GB/T 1957—2006《光滑极限量规 技术条件》、GB/T 6093—2001《几何量技术规范（GPS）长度标准 量块》、JJG 146-2011《量块》、JJF 1001-2011《通用计量术语及定义》等。

5.1.1 测量的定义

判断一件产品是否满足设计的几何精度要求，通常有以下几种判断方式：

（1）测量。测量是指通过实验获得并可合理赋予某一几何量一个或多个量值的过程。在这一过程中，将被测对象与体现计量单位的标准量进行比较。设被测几何量为 L，所采用的计量单位为 E。则它们的比值为

$$q = \frac{L}{E} \tag{5-1}$$

被测几何量的量值 L 为测量所得的量值 q 与计量单位 E 的乘积：

$$L = q \times E \tag{5-2}$$

式（5-2）表明，任何几何量的量值都由两部分组成，表征几何量的数值和该几何量的计量单位，例如，5.34m 或 5340mm。

显然，进行任何测量时，首先要明确被测对象和确定计量单位，其次要有与被测对象相适应的测量方法，并且测量结果还要达到所要求的测量精度。

（2）测试。测试是指具有试验研究性质的测量，也可理解为试验和测量的全过程。

（3）检验。检验是判断被测物理量（参数）是否合格（在极限范围内）的过程。通常不能测出被测对象的具体数值，例如，用光滑极限量规检验孔和轴，用螺纹量规检验螺纹工件。

（4）计量。计量是实现单位统一、量值准确可靠的活动。测量有时也称为计量。

5.1.2 测量过程的四个要素

任何测量过程都包含测量对象、测量单位、测量方法和测量误差四个要素。

（1）测量对象。在机械制造中，测量对象主要是几何量，包括长度、角度、表面粗糙度、几何误差以及螺纹、齿轮的几何参数等。

（2）测量单位。测量单位也称计量单位，是根据约定定义和采用的标量，任何其他同类量可与其比较使两个量之比用一个数表示，简称单位。计量单位是涉及长度基准的确定、建立、保存、传递和使用，以保证量值的准确和统一。我国的计量单位一律采用《中华人民共和国法定计量单位》，几何量中长度的基本单位为米（m），几何量中平面角的角度单位为弧度（rad），立体角为球面度（sr）。

（3）测量方法。测量方法是对测量过程中使用的操作所给出的逻辑性安排的一般性描述。如替代测量法、微差测量法、零位测量法、直接测量法、间接测量法等。根据被测对象的特点，如精度、大小、轻重、材质、数量等来确定测量方法，从而确定所用的计量器具，分析研究被测参数的特点和与其他参数的关系，确定最合适的测量条件（如环境、温度）等。

（4）测量误差。测量误差是测得的量值减去参考量值，简称误差。由于测量过程总不可避免地会出现测量误差，测量结果只是在一定范围内近似真值，绝对等于真值是不可能的。测量误差大说明测量精度低，所以误差和精度是两个相对的概念。

5.1.3 计量基准

在生产和科学实验中测量需要标准量，而标准量所体现的量值需要由基准提供。因此，

为了保证测量的准确性，就必须建立统一、可靠的计量单位基准。

1. 计量基准

计量基准是为了定义、实现、保存和复现计量单位的一个或多个量值，用作参考的实物量具、测量仪器、参考物质和测量系统。在几何量计量领域内，测量基准可分为长度基准和角度基准两类。

2. 长度基准

米是国际上通用的长度计量单位，即"米是光在真空中在 1/299792458 s 时间间隔内的行程长度"。

从 1790 年到现在，米作为长度基准的定义已经过了两次重大修改，从最初的实物基准到自然基准，从自然基准到建立在光速值这个基本物理常数的基础上的新的定义。无论如何修改，对长度计量工作者来说影响不大，因为他们关注的是如何进行长度量值的统一和传递的问题。在生产中都是通过一些高精度的计量器具将基准的量值传递。直接可用这些测量器具对零件进行测量。图 5-3 是国家标准所规定的长度基准传递系统，通过线纹尺和量块这两

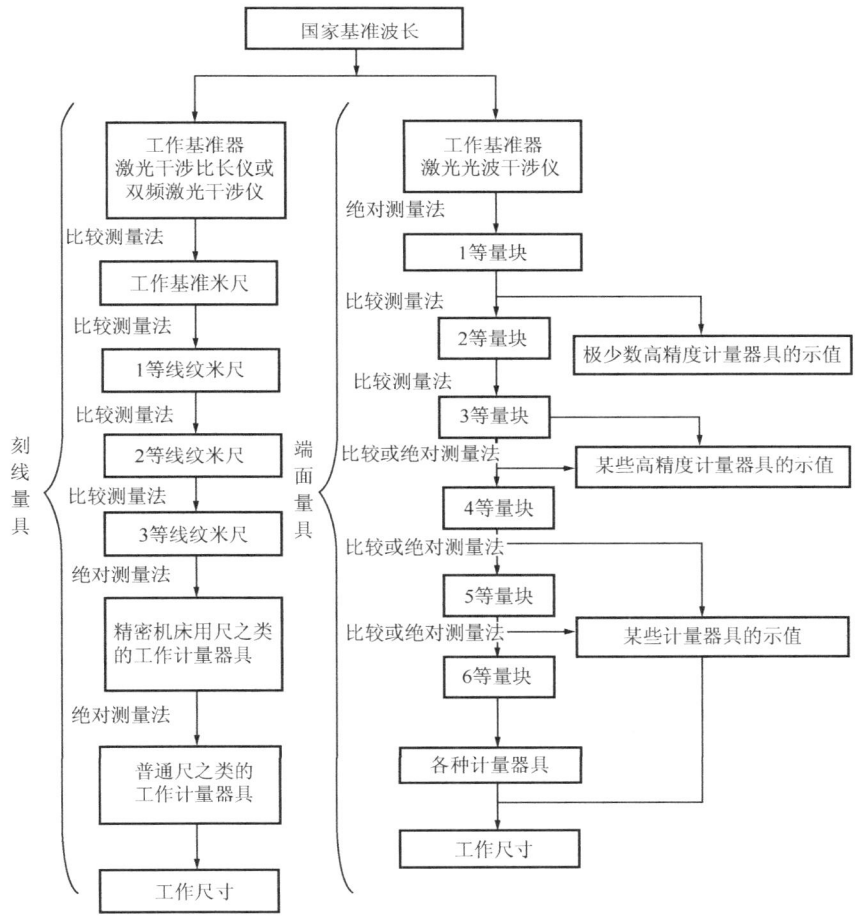

图 5-3 长度基准传递系统

个主要媒介把国家基准波长向下传递，由于传递的媒介不同，精度要求也不同，实际应用中可根据具体的要求选择不同精度的测量基准。例如，生产中常用的游标卡尺的制造是以 3 等线纹米尺为基准的，而立式光学计是以量块为测量基准的。

3. 角度基准

角度也是机械制造中重要的几何参数。常用的角度单位（度）是由圆周角 360°来定义的，而弧度与度、分、秒又有确定的换算关系。因此，角度度量与长度度量不同，角度度量不需要再建立一个自然基准。但在实际应用中，为了测量方便，角度基准的实物基准常用特殊合金钢或石英玻璃制成的多面棱体，并建立了角度量值的传递系统。

多面棱体的工作面数有 4、6、8、12、24、36、72 等几种。图 5-4 所示的多面棱体为正八面棱体，它所有相邻两工作面法线间的夹角均为 45°。因此，用它作为角度基准可以测量任意 $n×45°$ 的角度（n 为正整数）。图 5-5 是以多面棱体为角度基准的量值传递系统。

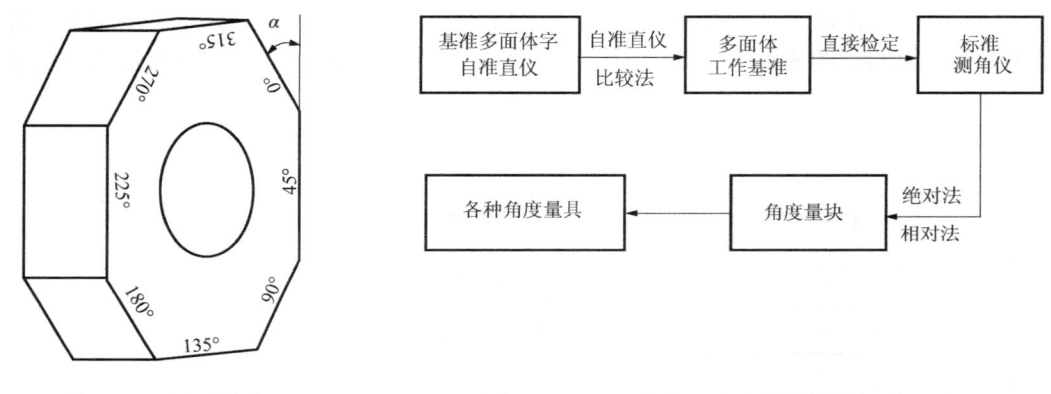

图 5-4　正八面棱体　　　　图 5-5　以多面棱体为角度基准的量值传递系统

5.1.4　量块

量块是用耐磨材料制造的、横截面为矩形并具有一对相互平行测量面的实物量具。它是保证长度量值统一的一种端面长度标准。除了作为工作基准之外，量块还可以用来调整仪器、机床或直接测量零件。

量块的外形如图 5-6 所示，量块的研合如图 5-7 所示。绝大多数量块都被制成直角平行六面体，即由两个测量面和四个侧面构成。量块的测量面是经过研磨加工的，所以其表面比侧面光滑得多，很容易区分。

量块长度是指一个测量面上的任意点到与其相对的另一测量面相研合的辅助体表面之间的垂直距离，用符号 l 表示。辅助体的材料表面质量应与量块相同。

量块中心长度是指量块未研合测量面中心点的量块长度，用符号 l_c 表示，如图 5-6 所示。

量块标称长度是指标记在量块上，用以表明其与主单位（mm）之间关系的量值，也称为量块长度的示值，用符号 l_n 表示，图 5-7 中的两块量块分别标有 30 和 5。

标称长度不大于 5.5mm 的量块，可标记在上测量面上，与其相背的为下测量面，参见图 5-7 中数值为 5mm 的量块。标称长度大于 5.5mm 的量块，在左侧面上（即面积较大的一个侧面上）刻印上述标记，参见图 5-7 中数值为 30mm 的量块，箭头表示组合时的用力方向。

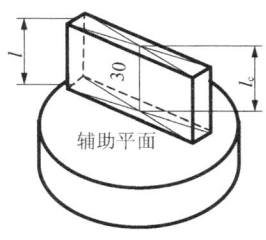

图 5-6 量块的外形

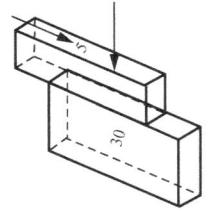

图 5-7 量块的研合

按 JJG 146—2011《量块》标准中的规定，各级量块测量面上任意点长度相对于标称长度的极限偏差 t_e 和长度变动量最大允许值 t_v 的精度分为五级，即 K、0、1、2、3 级，其中 K 级的精度最高，精度依次降低，3 级的精度最低，具体数值参见表 5-1。

表 5-1 量块测量面上任意点的长度极限偏差 t_e 和长度变动量最大允许值 t_v（摘自 JJG 146—2011）

标称长度 l_n/mm	K 级		0 级		1 级		2 级		3 级	
	$\pm t_e$	t_v	$\pm t_e$	t_v	$\pm t_e$	t_v	$\pm t_e$	t_v	$\pm t_e$	t_v
	最大允许值/μm									
$l_n \leq 10$	0.20	0.05	0.12	0.10	0.20	0.16	0.45	0.30	1.0	0.50
$10 < l_n \leq 25$	0.30	0.05	0.14	0.10	0.30	0.16	0.60	0.30	1.2	0.50
$25 < l_n \leq 50$	0.40	0.06	0.20	0.10	0.40	0.18	0.80	0.30	1.6	0.55
$50 < l_n \leq 75$	0.50	0.06	0.25	0.12	0.50	0.18	1.00	0.35	2.0	0.55
$75 < l_n \leq 100$	0.60	0.07	0.30	0.12	0.60	0.20	1.20	0.35	2.5	0.60
$100 < l_n \leq 150$	0.80	0.08	0.40	0.14	0.80	0.20	1.6	0.40	3.0	0.65
$150 < l_n \leq 200$	1.00	0.09	0.50	0.16	1.00	0.25	2.0	0.40	4.0	0.70
$200 < l_n \leq 250$	1.20	0.10	0.60	0.16	1.20	0.25	2.4	0.45	5.0	0.75

注：距离测量面边缘 0.8mm 范围内不计。

根据 JJG 146—2011《量块》标准中的规定，量块长度测量不确定度允许值和长度变动量精度分为五等，即 1、2、3、4、5 等，其中 1 等的精度最高，精度依次降低，5 等的精度最低，具体数值参见表 5-2。

表 5-2 各等量块长度测量不确定度和长度变动量的最大允许值（摘自 JJG 146—2011）

标称长度 l_n/mm	1 等		2 等		3 等		4 等		5 等	
	测量不确定度	长度变动量	测量不确定度	长度变动量	测量不确定度	长度变动量	测量不确定度	长度变动量	测量不确定度	长度变动量
	最大允许值/μm									
$l_n \leq 10$	0.022	0.05	0.06	0.10	0.11	0.16	0.22	0.30	0.6	0.50
$10 < l_n \leq 25$	0.025	0.05	0.07	0.10	0.12	0.16	0.25	0.30	0.6	0.50
$25 < l_n \leq 50$	0.03	0.06	0.08	0.10	0.15	0.18	0.3	0.30	0.8	0.55
$50 < l_n \leq 75$	0.035	0.06	0.09	0.12	0.18	0.18	0.35	0.35	0.9	0.55
$75 < l_n \leq 100$	0.04	0.07	0.1	0.12	0.20	0.20	0.40	0.35	1.0	0.60
$100 < l_n \leq 150$	0.05	0.08	0.12	0.14	0.25	0.20	0.5	0.40	1.2	0.65
$150 < l_n \leq 200$	0.06	0.09	0.15	0.16	0.30	0.25	0.6	0.40	1.5	0.70
$200 < l_n \leq 250$	0.07	0.1	0.18	0.16	0.35	0.25	0.7	0.45	1.8	0.75

注：(1) 距离测量面边缘 0.8mm 范围内不计。
(2) 表内测量不确定度置信概率为 0.99。

量块按"级"使用时，应以量块长度的标称值作为工作尺寸，该尺寸包含了量块的制造误差。量块生产企业通常按"级"向市场销售量块。量块按"等"使用时，应以经检定后所给出的量块中心长度的实测值作为工作尺寸，该尺寸排除了量块制造误差的影响，仅包含检定时较小的测量误差。但是各种不同精度的检定方法可以得到具有不同测量不确定度的量块。因此，量块按"等"使用的测量精度比量块按"级"使用的高。但由于按"等"使用比较麻烦，且检定成本高，所以在生产现场仍按"级"使用。

量块长度的实测值是指用一定的方法，对量块长度进行测量所得到的量值。量块具有研合性。所谓的研合性是指量块的一个测量面与另一量块测量面或另一经精加工的类似量块测量面的表面，通过分子力的作用而相互黏合的性能。利用量块的研合性，可以在一定的尺寸范围内，将不同尺寸的量块进行组合而形成所需的工作尺寸，参考图5-7中的量块组合，箭头表示用力的方向。

按 GB/T 6093－2001《量块》的规定，我国生产的成套量块有 91 块、83 块、46 块、38 块等几种规格。表 5-3 列出了国产 83 块一套量块的尺寸构成系列。

表 5-3 成套量块（83 块）的尺寸构成系列（摘自 GB/T 6093－2001）

尺寸范围/mm	间隔/mm	块数	尺寸范围/mm	间隔/mm	块数
0.5	—	1	1.5,1.6, …, 1.9	0.1	5
1	—	1	2.0,2.5, …, 9.5	0.5	16
1.005	—	1	10,20, …, 100	10	10
1.01,1.02, …, 1.49	0.01	49			

量块组合时，为了减少量块组合的累积误差，应力求使用最少的块数，一般不超过四块。组成量块组时，可从消去所需工作尺寸的最小尾数开始，逐一选取。例如，为了得到工作尺寸为 38.785mm 的量块组，从以 83 块为一套的量块中可分别选取 1.005mm、1.28mm、6.5mm 和 30mm 等四块量块。如果要得到 25mm 量块组，那可从表 5-3 中选 5mm 和 20mm 两块组成，也可选 10mm、7mm 和 8mm 三块组成。

5.2 测量仪器和测量方法

测量仪器也称为计量器具，它是单独或与一个或多个辅助设备组合，用于进行测量的装置。测量仪器的发展很快，许多高精度、自动化的仪器的开发使测量精度也大大提高。

5.2.1 测量技术性能指标

测量仪器的基本技术性能指标是合理选择和使用计量器具的重要依据。国家计量技术规范标准 JJF 1001－2011《通用计量术语及定义》中给出了这些指标的定义。

（1）标尺间距。标尺间距是指计量器具沿着标尺长度的同一条线测得的两相邻标尺标记之间的距离。标尺间距用长度单位表示，而与被测量的单位和标在标尺上的单位无关。例如，立式光学计的目镜视场所能见到的标尺间距为 0.96mm，如图 5-8 所示，但它代表的是 0.001mm（分度值）。通常，为了目测方便，标尺间距为 1～2.5mm。

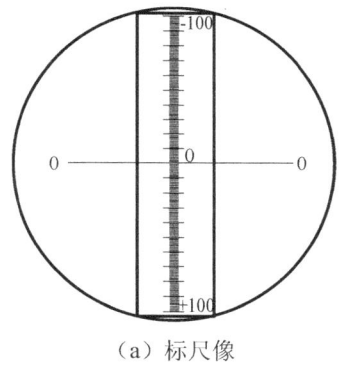 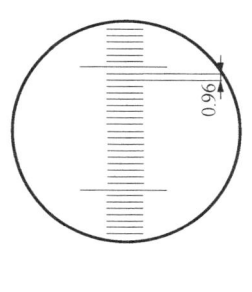

（a）标尺像　　　　（b）标尺像的局部放大图

图 5-8　立式光学计的目镜视场标尺像

（2）标尺间隔（分度值）。标尺间隔也称为分度值，是指计量器具标尺对应两相邻标记的两个值之差。标尺间隔用标在标尺上的单位表示，即标尺上所能读出的最小单位。一般长度计量器具的标尺的间隔（分度值）有 0.1mm、0.05mm、0.02mm、0.01mm、0.005mm、0.002mm、0.001mm 等几种。例如，图 5-8 所示立式光学计的目镜视场所能见到的标尺间隔或分度值为 0.001mm（1μm）。通常，分度值越小，计量器具的精度越高，分度值为 0.001mm 比分度值为 0.01mm 的精度高。

（3）分辨力。分辨力是指计量器具所能有效辨别的最小的示值。分辨力由于在一些量仪（如数字式量仪）中，其读数采用非标尺或非分度盘显示。因此就不能使用分度值这一概念，而将其称为分辨力，即当变化一个有效数字时示值的变化。例如，国产 JC19 型数显万能工具显微镜的分辨力为 0.5μm。

（4）示值区间。示值区间是极限示值界限内的一组量值，也称示值范围。对模拟显示而言，它可以称为标尺范围。例如，立式光学计的目镜视场所能见到标尺的示值范围是 ±100μm，如图 5-8（a）所示。

（5）测量区间。测量区间又称工作区间，是指在规定条件下，由具有一定的仪器不确定度的测量仪器或测量系统能够测量出的一组同类量的量值，也称测量范围或工作范围。测量范围的上限值与下限值之差称为量程。例如，立式光学计的测量范围为 0～180mm，量程为 180mm。

（6）灵敏度。灵敏度是指测量系统的示值变化除以相应的被测量值变化所得的商，即量仪对被测量变化的反应能力。若被测几何量的激励变化为 Δx，该几何量引起计量器具的响应变化为 ΔL，则灵敏度 S 为

$$S=\frac{\Delta L}{\Delta x} \tag{5-3}$$

当式（5-3）中分子和分母为同一种变量时，灵敏度也称为放大比或放大倍数。对于具有等分刻度的标尺或分度盘的量仪，放大倍数等于标尺间距与分度值之比。例如，立式光学计的标尺间距为 0.96mm，分度值为 0.001mm，那么其放大倍数就是 960。一般来说，分度值越小，计量器具的灵敏度就越高。

（7）示值误差。示值是测量仪器或测量系统给出的量值。示值误差是指测量仪器示值与对应输入量的参考量值之差。通常示值误差越小，测量仪器的精度就越高。

（8）修正值。修正值是用代数法与未修正测量结果相加，以补偿其系统误差的值。修正

值等于负的系统误差。其大小与示值误差的绝对值相等，而符号相反。例如，示值误差为-0.002mm，修正值为+0.002mm。

（9）测量结果的重复性。测量结果的重复性是指在相同的测量条件下，对同一个被测几何量进行连续多次测量所得结果之间的一致性。通常重复性可用测量结果的分散性定量地表示。

（10）测量不确定度。测量不确定度是根据所用到的信息，表征赋予被测量量值分散性的非负参数，是与测量结果相联系的参数。此参数可以是诸如标准偏差或其倍数或说明了置信水平的区间的半宽度。

5.2.2 测量仪器

测量仪器又称为计量器具，它是由单独一个仪器与多个辅助设备组合，进行测量的装置。常见的测量仪器有实物量具、测量系统和测量设备。

（1）实物量具。实物量具是指具有所赋量值，使用时以固定形态复现或提供一个或多个量值的测量仪器。该种器具结构往往比较简单。它可分为单值量具和多值量具两种。单值量具是指复现单一量值的量具，例如，量块、直角尺和标准砝码等，通常是成套使用。多值量具是指能复现同一物理量一系列不同量值的量具，如线纹尺、千分尺、游标卡尺等。

（2）测量系统。测量系统是指一套组装的并适用于特定量在规定区间内给出测得值信息的一台或多台测量仪器，通常还包括其他装置，诸如试剂盒电源。

（3）测量设备。测量设备是指为实现测量过程所必需的测量仪器、软件、测量标准、标准物质、辅助设备或其组合。它能够测量同一工件较多的几何量和形状比较复杂的工件，有助于实现检测自动化或半自动化。

5.2.3 测量方法

测量方法的分类很多，下面根据获得测量结果的方式从不同的角度来分类。

1. 直接测量和间接测量

按实测几何量是否为欲测几何量，可分为直接测量和间接测量。

（1）直接测量。直接测量是指被测的量值直接由计量器具读出。例如，用游标卡尺或千分尺测量零件直径。

（2）间接测量。间接测量是指欲测量的量值由几个实测的量值按一定的函数关系式运算后获得。如图5-9所示，用弓高弦长法间接测量圆弧样板的半径R。为了得到R的量值，只要测得弓高h和弦长b的量值，然后按下式进行计算即可，它们的关系式为

$$R = \frac{b^2}{8h} + \frac{h}{2} \qquad (5-4)$$

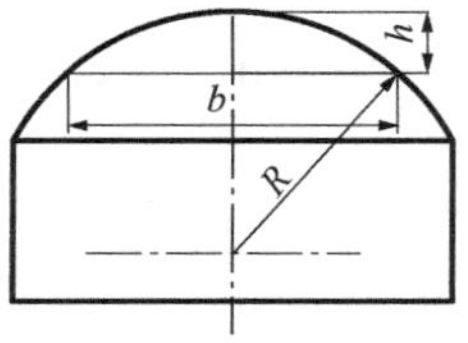

图5-9 用弓高弦长法间接测量圆弧样板半径

直接测量过程简单,其测量精度只与这一测量过程有关,而间接测量的精度不仅取决于几个实测几何量的测量精度,还与所依据的计算公式和计算的精度有关(见 5.3 节)。因此,间接测量只用于受条件所限而无法进行直接测量的场合,例如测量角度、锥度、孔心距等。

2. 绝对测量和相对测量

按示值是否为被测量的量值,测量方法可分为绝对测量和相对测量。

(1)绝对测量。绝对测量是指计量器具显示或指示的示值就是被测几何量的量值。例如,用游标卡尺、千分尺测量零件直径和长度尺寸。

(2)相对测量。相对测量也称为比较测量,是指计量器具显示或指示出被测几何量相对于已知标准量的偏差,测量结果为已知标准量与该偏差值的代数和。例如,利用内径百分表和立式光学计测量孔径和轴径。用立式光学计测量轴径时,先根据轴的公称尺寸用量块调整量仪示值零位,然后换上被测轴进行测量。该比较仪指示出的示值为被测轴径相对于量块尺寸的偏差值,即实际偏差。一般来说,相对测量的测量精度比绝对测量的高。

3. 接触测量和非接触测量

按测量时被测表面与计量器具的测头是否接触,测量方法可分为接触测量和非接触测量。

(1)接触测量。接触测量是指测量时计量器具的测头与被测表面直接接触。例如,用游标卡尺、千分尺、立式光学计测量轴径和长度尺寸,用触针式轮廓仪测量表面轮廓精度。

(2)非接触测量。非接触测量是指测量时计量器具的测头不与被测表面接触。例如,用光切显微镜测量表面轮廓精度,用工具显微镜测量孔径和螺纹参数。

在接触测量中,由于接触时有机械作用的测量力,使接触可靠,但测头与被测表面的接触会引起弹性形变,产生测量误差。非接触测量则无此影响,故适宜于软质表面或薄壁易变形工件的测量,但不适合测量表面有油污和切削液的零件。

4. 单项测量和综合测量

按零件上同时被测几何量的多少,测量方法可分为单项测量和综合测量。

(1)单项测量。单项测量是指分别对工件上的各被测几何量进行独立测量。例如,用工具显微镜分别测量外螺纹的螺距、牙侧角和中径。

(2)综合测量。综合测量是指同时测量零件上几个相关参数的综合效应或综合指标,以判断综合结果是否合格。例如,用螺纹量规通规综合检验螺纹的螺距、牙侧角和中径是否合格。

就零件整体来说,单项测量的效率比综合测量的低,但单项测量便于进行工艺分析,综合测量适用于大批量生产,且只要求判断合格与否,而不需要得到具体的误差值。

5. 被动测量和主动测量

按测量结果对工艺过程所起的作用,测量方法可分为被动测量和主动测量。

(1)被动测量。被动测量是指在零件加工后进行测量,测量结果只能判断零件是否合格。

(2)主动测量。主动测量是指在零件加工过程中进行测量,测量结果可及时显示加工是否正常,并可根据测量结果随时控制加工过程,及时防止废品的产生,缩短零件生产周期。

主动测量常用于生产线上，因此也称为在线测量。它使检测与加工过程紧密结合，充分发挥检测的作用，是检测技术发展的方向。

6. 动态测量和静态测量

按被测零件在测量过程所处的状态，测量方法可分为动态测量和静态测量。

（1）动态测量。动态测量是指在测量过程中被测表面与测头处于相对运动状态。例如，用圆度仪测量圆度误差，用触针式轮廓仪测量表面粗糙度轮廓。

（2）静态测量。静态测量是指在测量过程中，量值不随时间变化的测量，即被测表面与测头处于相对静止状态。例如，用游标卡尺、千分尺、立式光学计测量轴径和长度尺寸。

动态测量效率高并能测出工件上几何参数连续变化时的情况。但对计量器具要求高，否则会影响检测结果。

5.3 测量误差及数据处理

5.3.1 基本概念

零件的制造误差包括加工误差和测量误差。所谓的测量误差是指测得的量值减去参考量值。

由于计量器具和测量条件的限制，测量误差是始终存在的，所以测得的实际尺寸就不可能为真值，即使是对同一零件同一部位进行多次测量，其结果也会产生变动，这就是测量误差的表现形式。

测量误差可用绝对误差（测量误差）或相对误差来表示。

1. 绝对误差

绝对误差是测量结果减去被测量的真值，常称为测量误差或误差。测量结果是由测量所得到的赋予被测量的值。

$$\delta = L - L_0 \tag{5-5}$$

式中，δ——绝对误差；L——测量结果；L_0——被测量的真值。

用绝对误差表示测量精度，只能用于评比大小相同的被测值的测量精度。而对于大小不相同的被测值，则需要用相对误差来评价其测量精度。

2. 相对误差

相对误差是指用测量误差（取绝对值）除以被测量的真值。由于被测量的真值不能确定，因此在实际应用中常以被测量的约定真值或实际测得值代替真值进行估算，即等于绝对误差与被测值之比。

$$\varepsilon = \frac{|\delta|}{L_0} \approx \frac{|\delta|}{L} \tag{5-6}$$

式中，ε——误差。

例如，测得两个轴径大小分别为 50mm 和 30mm，它们的绝对误差都是为 0.01mm，则它们的相对误差分别为 ε_1=0.01/50=0.0002，ε_2=0.01/30=0.00033，因此前者的精度比后者高。

相对误差通常用百分比来表示，即 ε_1=0.02%，ε_2=0.033%。

5.3.2 测量误差的来源

在实际测量中，产生测量误差的因素很多，归结起来主要有以下三类。

1. 测量方法误差

测量方法误差指测量方法的不完善引起的误差。例如，在测量中，工件安装、定位不准确或测头偏离、测量基准面本身的误差和计算不准确等所造成的误差。

2. 计量器具的误差

计量器具的误差是指计量器具本身所具有的误差以及各种辅助测量工具、附件等的误差。

1) 原理误差

原理误差是指计量器具的测量原理、结构设计和计算不严格等所造成的误差。例如，设计计量器具时，为了简化结构而采用近似设计的方法，结构设计违背了阿贝原则。所谓阿贝原则是指测量长度时，应使被测量的测量线与量仪中作为标准量的测量线重合或在同一条直线上。

图 5.10 是用游标卡尺测量轴的直径，游标卡尺的读数刻度尺（标准量）与被测轴的直径不在同一条直线上，两者相距 S，违背了阿贝原则。在测量过程中，卡尺活动量爪倾斜一个角度 ϕ，此时产生的测量误差 δ 按下式计算：

$$\delta = L - L_1 = S \times \tan\phi \approx S \times \phi$$

设 S=30mm，$\phi = 1' \approx 0.0003\text{rad}$。

那么由于卡尺结构不符合阿贝原则而产生的测量误差为

$$\delta = 30 \times 0.0003 = 0.009\text{mm} = 9\mu\text{m}$$

由此可见，游标卡尺之所以精度较低，就是因为不符合阿贝原则造成的测量误差的影响。

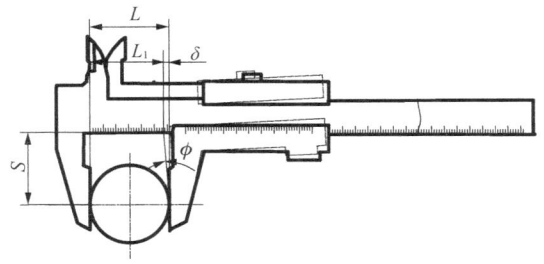

图 5-10 用游标卡尺测量轴的直径

2) 制造和调整误差

制造和调整误差是指由计量器具零件的制造和装配误差引起的测量误差。例如，读数装置中分划板、标尺、刻度盘的刻度不准确和装配的偏心、倾斜，仪器传动装置中的杠杆、齿轮副、螺旋副的制造和装配误差，光学系统的制造和调整误差，传动元件之间的间隙、摩擦和磨损，电子元件的质量误差等。

3）测量力引起的测量误差

在接触测量时，为了保证接触可靠，必须有一定的测量力。而这测量力会引起被测零件表面和量仪的测量系统产生弹性变形，产生测量误差。但是这类误差值很小，一般可以忽略不计。

另外，相对测量时使用的标准量（如量块）的制造误差也会产生测量误差。

3. 测量环境误差

测量环境误差是指测量时由环境条件不符合标准的测量条件所引起的误差。例如，环境温度、湿度、气压、照明（引起视差）等不符合标准，以及振动、电磁场等的影响都会产生测量误差。在长度测量中温度的影响是主要的，其余各因素只在高精度测量或有要求时才考虑。

在测量长度时，当温度偏离标准温度（20℃）时，引起的测量误差为

$$\Delta L = L[\alpha_1(t_1-20℃) - \alpha_2(t_2-20℃)] \tag{5-7}$$

式中，L——被测长度；α_1、α_2——被测零件及计量器具的线膨胀系数；
t_1、t_2——测量时被测零件及计量器具的温度（℃）。

因此，测量时应根据测量精度的要求合理控制环境温度，以减小温度对测量精度的影响。

4. 主观误差

主观误差是指由测量人员的主观因素造成的人为差错而产生的测量误差。例如，测量人员使用计量器具不正确、眼睛的视差或分辨能力造成的瞄准不准确、读数或估读错误等，都会产生测量误差。

5.3.3 测量误差的分类

测量误差可分为系统误差、随机误差和粗大误差三类。

1. 系统误差

系统误差是指在相同的条件下，多次测取同一量值时，绝对值和符号均保持不变，或者绝对值和符号按某一规律变化的测量误差。前者称为定值系统误差，后者称为变值系统误差。

（1）定值系统误差对测量引起的误差大小是不变的。例如，在比较仪上用相对法测量零件尺寸时，调整量仪所用量块的误差，对每一次测量引起的误差大小是不变的。

（2）变值系统误差对测量的影响是按一定的规律变化的。例如，测量仪分度盘的偏心引起仪器的示值按正弦规律周期变化，刀具正常磨损引起的加工误差，温度均匀变化引起的测量误差等。

根据系统误差的性质和变化规律，系统误差可以用计算或实验对比的方法确定，用修正值（校正值）从测量结果中予以消除。但在某些情况下，系统误差由于变化规律比较复杂，不易确定，因而难以消除。

2. 随机误差

随机误差是指在相同的条件下，多次测取同一量值时，绝对值和符号以不可确定的方式

变化着的测量误差。

随机误差主要是由测量过程中一些偶然性因素或不稳定因素引起的。例如，测量仪传动机构的间隙、摩擦、测量力的不稳定以及温度波动等引起的测量误差，都属于随机误差。

对单次测量而言，随机误差的绝对值和符号无法预先知道。但对于连续多次重复测量来说，随机误差还是符合一定的概率统计规律，因此，可以应用概率论和数理统计的方法来对它进行分析与计算，从而判断其误差范围。

3．粗大误差

粗大误差是指超出在规定测量条件下预计的测量误差。这种误差是由于测量者粗心大意造成不正确的测量、读数、记录及计算上的错误，以及外界条件的突然变化等原因造成的误差。正确的测量过程应该避免粗大误差。

5.3.4 测量精度的分类

测量精度是指被测几何量的测得值与其真值的接近程度。它和测量误差是从两个不同的角度来说明同一概念的术语。测量误差越大，则测量精度就越低。测量精度有以下几种分类。

（1）正确度：是指无穷多次重复测量所得量值的平均值与一个参考量值间的一致程度，反映测量结果中系统误差的影响程度。若系统误差小，则正确度就高。

（2）精密度：是指在规定条件下，对同一或类似被测对象重复测量所得示值或测得值间的一致程度，反映测量结果中随机误差的影响程度。若随机误差小，则精密度就高。

（3）准确度：是指被测量的测得值与其真值间的一致程度，反映测量结果中系统误差和随机误差的综合影响程度。若系统误差和随机误差都小，则准确度就高。

精密度、正确度和准确度示例如图 5-11 所示，在图 5-11（a）中系统误差大，正确度差，随机误差小，精密度高，因此弹着点距靶心较远，弹着点却密集。在图 5-11（b）中系统误差小，正确度高，随机误差大，精密度差，所以弹着点虽围绕靶心，弹着点却较散。在图 5-11（c）中系统误差小，正确度高，随机误差小，精密度高，因此弹着点距靶心较近，弹着点密集，准确度高。图在 5-11（d）中系统误差大，正确度差，随机误差大，精密度低，因此弹着点距靶心较远，弹着点也很散，准确度低。

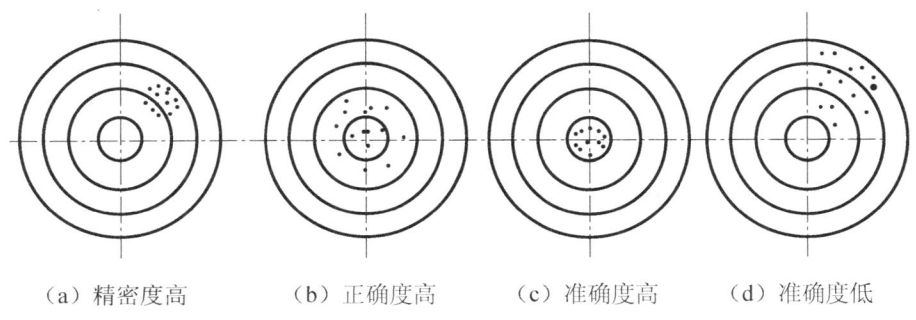

（a）精密度高　　（b）正确度高　　（c）准确度高　　（d）准确度低

图 5-11　精密度、正确度和准确度示例

5.3.5 测量数据的处理

通过对某一被测几何量进行连续多次的重复测量，得到一系列的测量数据（测得值）即测量列，可以对该测量列进行数据处理，以消除或减小测量误差的影响，提高测量精度。

由于测得值 L 可能大于或小于真值 L_0，因而绝对误差可能为正值或负值，这样，被测量的真值可以写为

$$L_0 = L \pm |\delta| \tag{5-8}$$

在实际应用中，由于测量误差的存在，真值是不能确定的，往往要求通过分析或估算来获得真值的近似值。利用式（5-8），可以得知真值必落在测得值 L 附近。即 δ 绝对值越小，则测量结果 L 就越接近于真值 L_0，因此测量精度就越高；反之，测量精度就越低。

1. 随机误差的处理

1）随机误差的特性及分布规律

通过对大量的测试实验数据进行统计后发现，随机误差通常服从正态分布规律，其正态分布曲线如图 5-12 所示，正态分布曲线的数学表达式为

$$y = \frac{1}{\sigma\sqrt{2\pi}} e^{-\frac{\delta^2}{2\sigma^2}} \tag{5-9}$$

式中，y——概率密度；σ——标准偏差；δ——随机误差；
e——自然对数的底，e=2.71828…

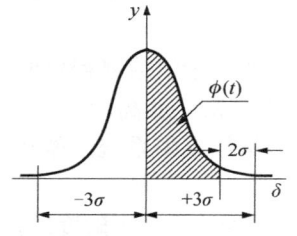

图 5-12　正态分布曲线

该曲线具有如下四个基本特性。

（1）单峰性。绝对值越小的随机误差出现的概率越大，反之则越小。即 δ 越大，y 值越小；$\delta=0$ 时，概率密度 y 值最大为 $y_{\max} = \dfrac{1}{\sigma\sqrt{2\pi}}$。

（2）对称性。绝对值相等的正、负随机误差出现的概率相等，即曲线以 y 轴为对称轴。

（3）有界性。在一定测量条件下，随机误差的绝对值不会超过一定的界限。即随着 δ 值的增大，y 值趋向于零，迅速向 δ 轴收敛。

（4）抵偿性。随着测量次数的增加，各次随机误差的算术平均值趋于零，即各次随机误差的代数和趋于零。该特性是由对称性推导而来的，它是对称性的必然反映。

概率密度 y 的大小与随机误差 δ、标准偏差 σ 有关。概率密度最大值随标准偏差大小的不同而异。当 $\sigma_1 < \sigma_2 < \sigma_3$ 时，则有 $y_{1\max} > y_{2\max} > y_{3\max}$。即 σ 越小，曲线就越陡，随机误差的分布就越集中，测量精度就越高；反之，σ 越大，则曲线就越平坦，随机误差的分布就越分散，测量精度就越低。

随机误差的标准偏差 σ 可用下列计算得到：

$$\sigma = \sqrt{\frac{\delta_1^2 + \delta_2^2 + \cdots + \delta_N^2}{N}} \tag{5-10}$$

式中：δ_1、δ_2、δ_3、…、δ_N——测量列中各测得值相应的随机误差；N——测量次数。

标准偏差 σ 是反映测量列中测得值分散程度的一项指标，它是测量列中单次测量值（任意测得值）的标准偏差。

由于随机误差具有有界性，因此它的大小不会超过一定的范围。随机误差的极限值就是测量极限误差。

由概率论可知，正态分布曲线和横坐标轴间所包含的面积等于 1 减去所有随机误差出现的概率总和。若随机误差区间为（$-\infty \sim +\infty$）时，则其概率为

$$P = \int_{-\infty}^{+\infty} y\, d\delta = \int_{-\infty}^{+\infty} \frac{1}{\sigma\sqrt{2\pi}} e^{-\frac{\delta^2}{2\sigma^2}} d\delta = 1 \tag{5-11}$$

若随机误差区间落在（$-\delta \sim +\delta$）之间时，则其概率为

$$P = \int_{-\delta}^{+\delta} y\, d\delta = \int_{-\delta}^{+\delta} \frac{1}{\sigma\sqrt{2\pi}} e^{-\frac{\delta^2}{2\sigma^2}} d\delta \tag{5-12}$$

为了化成标准正态分布，将上式进行变量置换，设 $t = \dfrac{\delta}{\sigma}$，$dt = \dfrac{d\delta}{\sigma}$，

则上式化为

$$P = \frac{1}{\sqrt{2\pi}} \int_{-t}^{+t} e^{-\frac{t^2}{2}} dt = \frac{2}{\sqrt{2\pi}} \int_{0}^{t} e^{-\frac{t^2}{2}} dt = 2\Phi(t) \tag{5-13}$$

函数 $\Phi(t)$ 称为拉普拉斯函数，也称为正态分布概率积分。表 5-4 列出了不同 t 值对应的 $\Phi(t)$ 值。

表 5-4　正态概率积分值 $\Phi(t)$

t	$\Phi(t)$	t	$\Phi(t)$	t	$\Phi(t)$	t	$\Phi(t)$	t	$\Phi(t)$
0.00	0.0000	0.55	0.2088	1.10	0.3643	1.65	0.4505	2.40	0.4918
0.05	0.0199	0.60	0.2257	1.15	0.3749	1.70	0.4554	2.50	0.4938
0.10	0.0398	0.65	0.2422	1.20	0.3849	1.75	0.4599	2.60	0.4953
0.15	0.0596	0.70	0.2580	1.25	0.3944	1.80	0.4641	2.70	0.4965
0.20	0.0793	0.75	0.2734	1.30	0.4032	1.85	0.4678	2.80	0.4574
0.25	0.0987	0.80	0.2881	1.35	0.4115	1.90	0.4713	2.90	0.4981
0.30	0.1179	0.85	0.3023	1.40	0.4192	1.95	0.4744	3.00	0.49865
0.35	0.1368	0.90	0.3159	1.45	0.4265	2.00	0.4772	3.20	0.49931
0.40	0.1554	0.95	0.3289	1.50	0.4332	2.10	0.4821	3.42	0.49966
0.45	0.1736	1.00	0.3413	1.55	0.4394	2.20	0.4861	3.60	0.499841
0.50	0.1915	1.05	0.3531	1.60	0.4452	2.30	0.4893	3.80	0.499928

表 5-5 给出 $t=1$、2、3、4 这四个特殊值所对应的 $2\Phi(t)$ 值和 [$1-2\Phi(t)$] 值。由此表可见，当 $t=3$ 时，在 $\delta=\pm3\sigma$ 范围内的概率为 99.73%，δ 超出该范围的概率仅为 0.27%，即连续进行 370 次的测量，随机误差超出 $\pm3\sigma$ 的只有 1 次。

表 5-5　四个特殊 t 值对应的概率

T	$\delta = \pm t\sigma$	不超出 δ 的概率 $p = 2\Phi(t)$	超出 $|\delta|$ 的概率 $\alpha = 1-2\Phi(t)$
1	1σ	0.6826	0.3174
2	2σ	0.9544	0.0456
3	3σ	0.9973	0.0027
4	4σ	0.99936	0.00064

在实际测量时，测量次数一般不会太多。随机误差超出 $\pm3\sigma$ 的情况实际上很难出现。因此，可取 $\delta=\pm3\sigma$ 作为随机误差的极限值，记作：

$$\delta_{\lim} = \pm3\sigma \tag{5-14}$$

显然，δ_{lim} 也是测量列中单次测量值的测量极限误差。选择不同的 t 值，就对应有不同的概率，测量极限误差的可信程度也就不一样。随机误差在 $\pm t\sigma$ 范围内出现的概率称为置信概率，t 称为置信因子或置信系数。在几何测量中，通常取置信因子 $t=3$，则置信概率为 99.73%。

例如，某次测量的测得值为 40.002mm。若已知标准偏差 $\sigma=0.0003$mm，置信概率取 99.73%，则测量结果为

$$40.002\pm3\times0.0003=(40.002\pm0.0009)\text{mm}$$

即被测几何量的真值有 99.73%的可能性为 40.0011～40.0029mm。

2）随机误差的处理步骤

对某一被测几何量在一定测量条件下重复测量 N 次，得到测量列的测得值为 L_1、L_2、L_3、$\cdots$、L_N。设测量列的测得值中不包含系统误差和粗大误差，被测几何量的真值为 L_0，则可得出相应各次测得值的随机误差分别为

$$\delta_1=L_1-L_0 \ ; \quad \delta_2=L_2-L_0 \ ; \quad \cdots ; \quad \delta_N=L_N-L_0$$

对随机误差的处理首先应按式（5-10）计算单次测量值的标准偏差，然后再由式（5-14）计算得到随机误差的极限值 δ_{1lim}。则测量结果为

$$L=L_0\pm\delta_{1lim}=L_0\pm3\sigma$$

但是，由于被测量的真值 L_0 未知，所以不能按式（5-10）计算并求得标准偏差 σ 的数值。在实际测量时，当测量次数 N 充分大时，随机误差的算术平均值趋于零，因此可以用测量列中各个测得值的算术平均值代替真值，并用一定的方法估算出标准偏差，进而确定测量结果。具体处理过程如下：

（1）计算测量列中各个测得值的算术平均值。

设测量列的各个测得值分别为 L_1，L_2，$\cdots$，L_N，则其算术平均值 $\bar{L}$ 为

$$\bar{L}=\frac{\sum_{i=1}^{N}L_i}{N} \tag{5-15}$$

式中，N——测量次数。

（2）计算残差。

用算术平均值代替真值后，计算各个测得值 L_i 与算术平均值 $\bar{L}$ 之差，它称为残余误差（简称残差），记为 v_i，即

$$v_i=L_i-\bar{L} \tag{5-16}$$

残差具有如下两个特性：

① 残差的代数和等于零，即 $\sum_{i=1}^{N}v_i=0$。这一特性可用来校核算术平均值及残差计算的准确性。

② 残差的平方和为最小，即 $\sum_{i=1}^{N}v_i^2=\min$。由此可以说明，用算术平均值作为测量结果是最可靠且最合理的。

（3）估算测量列中单次测量值的标准偏差。

用测量列中各个测得值的算术平均值代替真值计算得到各个测得值的残差后，可按贝塞

尔（Bessel）公式计算出单次测量值的标准偏差的估计值。贝赛尔公式为

$$\sigma = \sqrt{\frac{\sum_{i=1}^{N} v_i^2}{N-1}} \tag{5-17}$$

该式根号内的分母为（$N-1$），而不是 N，这是因为受 N 个测得的残差代数和等于零这个条件约束，所以 N 个残差只能等效于（$N-1$）个独立的随机变量。

这时，单次测量值的测量结果 L 可表示为

$$L = L_0 \pm \delta_{\lim} = L_0 \pm 3\sigma \tag{5-18}$$

（4）计算测量列算术平均值的标准偏差。

若在相同的测量条件下，对同一被测几何量进行多组测量（每组都测量 N 次），则对应每组 N 次测量都有一个算术平均值，各组的算术平均值不相同。不过，它们的分散程度要比单次测量值的分散程度小得多。根据误差理论，测量列算术平均值的标准偏差 $\sigma_{\bar{L}}$ 与测量列单次测量值的标准偏差 σ 存在如下关系：

$$\sigma_{\bar{L}} \frac{\sigma}{\sqrt{N}} \tag{5-19}$$

式中，N——每组的测量次数。

由式（5-19）可知，多组测量的算术平均值的标准偏差 $\sigma_{\bar{L}}$ 为单次测量值的标准偏差的 $\sqrt{N}$ 分之一。这说明测量次数越多，$\sigma_{\bar{L}}$ 就越小，测量精密度就越高。但由函数 $\sigma_{\bar{L}}/\sigma = 1/\sqrt{N}$ 画得的图形（见图 5-13）可知，当 $\sigma_{\bar{L}}$ 一定时，$N>10$ 以后，$\sigma_{\bar{L}}$ 减小已很缓慢，故测量次数不必过多，一般情况下，取 N 为 10～15 次。

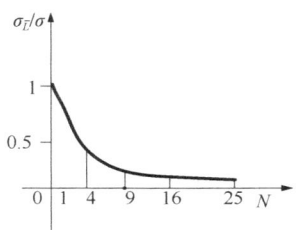

图 5-13　$\sigma_{\bar{L}}/\sigma$ 与 N 的关系

多次（组）测量所得算术平均值的测量结果 L 可表示为

$$L = \bar{L} \pm \delta_{\lim(\bar{L})} = \bar{L} \pm 3\sigma_{\bar{L}} \tag{5-20}$$

2. 系统误差的处理

因为系统误差的数值往往比较大，对测量精度造成一定的影响。为了消除和减小系统误差，首先碰到的问题是如何发现系统误差，在实际测量中，系统误差很难完全发现和消除，这里只介绍几种适用于发现某些系统误差常用的方法。

1）发现系统误差的方法

系统误差分为定值系统误差和变值系统误差。在测量过程中，当随机误差和系统误差同时存在时，定值系统误差仅改变随机误差的分布中心位置，不改变误差曲线的形状。而变值系统误差不仅改变随机误差的分布中心位置，也改变误差曲线的形状。

（1）实验对比法。实验对比法是指改变产生系统误差的条件而进行不同条件下的测量，以发现系统误差。例如，量块按标称尺寸使用时，在测量结果中就存在由于量块的尺寸偏差而产生的定值系统误差，重复测量也不能发现这一误差，只有用另一块等级更高的量块进行测量对比时才能发现它。

（2）残差观察法。残差观察法是指根据测量列的各个残差大小和符号的变化规律，直接由残差数据或残差曲线图形来判断有无系统误差，这种方法主要适用于发现大小和符号按一定规律变化的变值系统误差。系统误差的发现如图 5-14 所示，根据测量先后次序，将测量

列的残差作图，观察残差的变化规律。若各残差按近似大体上正、负相间，又没有显著变化，如图5-14（a）所示，则不存在变值系统误差。若各残差按近似的线性规律递增或递减，如图5-14（b）所示，则可判断存在线性系统差。若各残差的大小和符号有规律地周期变化，如图5-14（c）所示，则可判断存在周期性系统误差。若各残差分布如图5-14（d）所示，则可判断存在线性系统误差和周期性系统误差。

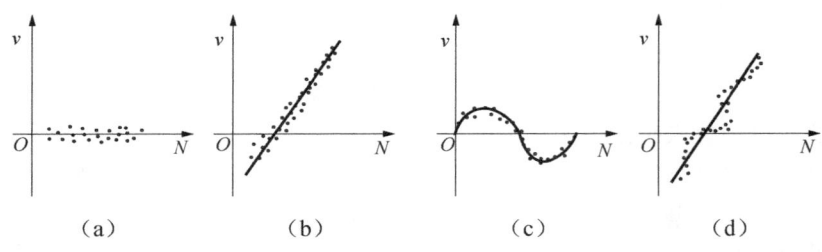

图5-14 系统误差的发现

2）消除系统误差的方法

系统误差的消除方法和具体的测量对象、测量方法、测量人员的经验有关，下面介绍的是最基本的几种方法。

（1）从产生误差根源上消除系统误差。这要求测量人员对测量过程中可能产生系统误差的各个环节进行仔细的分析，并在测量前就将系统误差从产生根源上加以消除。例如，为了防止测量过程中仪器示值零位的变动，测量开始和结束时都须检查示值零位。

（2）用修正法消除系统误差。这种方法是预先将计量器具的系统误差检定或计算出来，作出误差表或误差曲线，然后取与系统误差数值相同而符号相反的值作为修正值。将测得值加上相应的修正值，即可得到不包含系统误差的测量结果。

（3）用抵消法消除定值系统误差。这种方法要求在对称位置上分别测量一次，以使这两次测量中测得的数据出现的系统误差大小相等，符号相反，取这两次测量中数据的平均值作为测得值，即可消除定值系统误差。例如，在工具显微镜上测量螺纹螺距时，为了消除螺纹轴线与量仪工作台移动方向倾斜而引起的系统误差，可分别测取螺纹左、右牙侧的螺距，然后取它们的平均值作为螺距测得值。

（4）用半周期法消除周期性系统误差。对周期性系统误差，可以每相隔半个周期进行一次测量，以相邻两次测量的数据的平均值作为一个测得值，即可有效消除周期性系统误差。例如仪器刻度盘安装偏心，测量表指针回转中心与刻度盘中心有偏心等引起的周期性误差，皆可用半周期法予以消除。

消除和减小系统误差的关键是找出误差产生的根源和规律。实际上，系统误差不可能完全消除，但一般来说，系统误差若能减小到使其影响相当于随机误差的程度，则可认为已被消除。

3．粗大误差的处理

粗大误差的数值（绝对值）相当大，明显歪曲了测量结果，在测量中应尽可能避免。如果粗大误差已经产生，那么应根据判断粗大误差的准则予以剔除。粗大误差的判定准则有 3σ 准则、狄克松准则、罗曼诺夫斯基准则和格罗布斯准则，这里介绍常用的 3σ 准则和罗曼诺夫斯基准则。

1) 3σ准则（莱以特准则）

3σ准则认为，当测量列服从正态分布时，残余误差落在±3σ外的概率仅有0.27%，即在连续370次测量中只有1次测量的残差超出±3σ，而实际上连续测量的次数绝不会超过370次，测量列中超出±3σ的残差概率非常小。因此，当测量列中出现绝对值大于3σ的残差时，即

$$|v_j| > 3\sigma \tag{5-21}$$

如果式（5-21）成立，则认为该残差对应的测得值含有粗大误差，应予以剔除。该准则是以测量次数多为前提的，如果测量次数小于或等于10，就不能使用3σ准则，而可以使用罗曼诺夫斯基准则。

2) 罗曼诺夫斯基准则（t检验准则）

罗曼诺夫斯基准则应用于测量次数较少的情况下，当对某量进行多次等精度测量后，获得系列测量值，L_1、L_2、…、L_j、…、L_n，首先将其中的一个测得值L_j（该值往往是偏离平均值的）作为可疑值剔除，然后计算剔除了L_j后的测量列的平均值$\bar{L}$和标准差σ。

$$|v_j| > K\sigma \tag{5-22}$$

其中，$v_j = L_j - \bar{L}$；K为t分布检验系数，可根据测量次数N和所选取的显著度α查表5-6获得。若计算的v_j满足式（5-22），则认为剔除的测得值L_j含有粗大误差，剔除也是正确的。否则，认为L_j不含有粗大误差，剔除是不正确的，应该将该值保留。

表 5-6　K值的选取

n \ α	0.05	0.01	n \ α	0.05	0.01	n \ α	0.05	0.01
4	4.97	11.46	13	2.29	3.23	22	2.14	2.91
5	3.56	6.53	14	2.26	3.17	23	2.13	2.9
6	3.04	5.04	15	2.24	3.12	24	2.12	2.88
7	2.78	4.36	16	2.22	3.08	25	2.11	2.86
8	2.62	3.96	17	2.2	3.04	26	2.1	2.85
9	2.51	3.71	18	2.18	3.01	27	2.1	2.84
10	2.43	3.54	19	2.17	3	28	2.09	2.83
11	2.37	3.41	20	2.16	2.95	29	2.09	2.82
12	2.33	3.31	21	2.15	2.93	30	2.08	2.81

4. 等精度测量结果的数据处理

等精度测量是指在测量条件（包括量仪、测量人员、测量方法及环境条件等）不变的情况下，对某一被测几何量进行的连续多次测量。虽然在此条件下得到的各个测得值不相同，但影响各个测得值精度的因素和条件相同，故测量精度视为相等。相反，若在测量过程中全部或部分因素和条件发生改变，例如在不同的测量条件下，用不同的仪器，不同的测量方法，不同的测量次数，不同的测量者进行测量对比，这种测量则称为不等精度测量。在一般情况下，为了简化对测量数据的处理，大多采用等精度测量。本章节仅介绍等精度测量结果的数据处理。

1）直接测量列的数据处理

对某量值进行直接测量时，为了得到正确的测量结果，应按前述误差理论对随机误差系统误差和粗大误差进行分析处理。现以实例说明测量数据的处理方法和步骤。

【例 5-1】 在立式光学计上对某一个轴径 d 等精度测量 15 次，按测量顺序将各测得值依次列于表 5-7 中，试求测量结果。

解：假设计量器具已经检定、测量环境得到有效控制，可认为测量列中不存在定值系统误差。

（1）求测量列算术平均值，参见式（5-15）。

$$\bar{L} = \frac{\sum_{i=1}^{N} L_i}{N} = 24.990\text{mm}$$

（2）判断系统误差，参见式（5-16）。

按残差观察法，根据残差的计算结果（见表 5-7），误差的符号大体上正负相同，且无显著变化规律，因此可以认为测量列中不存在变值系统误差。

表 5-7 数据处理计算表

测量序号	测得值 x_i/mm	残差 $v_i = x_i - \bar{x}$/μm	残差的平方 v_i^2/μm²
1	24.99	0	0
2	24.987	−3	9
3	24.989	−1	1
4	24.99	0	0
5	24.992	2	4
6	24.994	4	16
7	24.99	0	0
8	24.993	3	9
9	24.99	0	0
10	24.988	−2	4
11	24.989	−1	1
12	24.986	−4	16
13	24.987	−3	9
14	24.997	7	49
15	24.988	−2	4
算术平均值	$\bar{L} = 24.99$	$\sum_{i=1}^{N} v_i = 0$	$\sum_{i=1}^{N} v_i^2 = 122\text{μm}^2$

（3）计算测量列单次测量值的标准偏差，参见式（5-17）。

$$\sigma = \sqrt{\frac{\sum_{i=1}^{v} v_i^2}{N-1}} = \sqrt{\frac{122}{15-1}} \approx 2.95\text{μm}$$

（4）判断粗大误差，参见式（5-21）。

按照 3σ 准则，测量列中没有出现绝对值大于 3σ（$3 \times 2.95 = 8.85\text{μm}$）的残差，因此判断测量列中不存在粗大误差。

（5）计算测量列算术平均值的标准偏差，参见式（5-19）。

$$\sigma_{\bar{L}} = \frac{\sigma}{\sqrt{N}} = \frac{2.95}{\sqrt{15}} \approx 0.762 \mu m$$

（6）计算测量列算术平均值的测量极限误差。
$$\delta_{\lim(\bar{L})} = \pm 3\sigma_{\bar{L}} = \pm 3 \times 0.762 = \pm 2.286 \mu m$$

（7）确定测量结果，参见式（5-20）。
$$L = \bar{L} \pm \delta_{\lim(\bar{L})} = 24.99 \pm 0.002 mm$$

这时的置信概率为 99.73%。

2）间接测量列的数据处理

间接测量是指直接测量的量与被测量之间有一定的函数关系，因此直接测量的测得值误差也按一定的函数关系传递到被测量的测量结果中，其数据处理的方法和步骤如下。

（1）函数误差的基本计算公式。间接测量中，被测几何量通常是实测几何量的多元函数，它表示为
$$y = F(x_1, x_2, \cdots, x_i, \cdots, x_m)$$

式中，y——被测几何量；$x_1, x_2, \cdots, x_i, \cdots, x_m$——各个实测几何量。

该函数的增量可用函数的全微分来表示，即
$$dy = \sum_{i=1}^{m} \frac{\partial F}{\partial x_i} dx_i \tag{5-23}$$

式中，dy——被测几何量的测量误差；dx_i——各个实测几何量的测量误差；

$\frac{\partial F}{\partial x_i}$——各个实测几何量的测量误差的传递系数。

式（5-23）即为函数误差的基本计算公式。例如函数为三角函数 $\sin\alpha = f(x_1, x_2, \cdots, x_n)$，则
$$\Delta\alpha = \frac{1}{\cos\alpha} \sum_{i=1}^{n} \frac{\partial f}{\partial x_i} \Delta x_i$$

（2）函数系统误差的计算。如果各个实测几何量 x_i 的测得值中存在着系统误差 Δx_i，那么被测几何量 y 也存在着系统误差 Δy。以 Δx_i 代替式（5-23）中的 dx_i，则可近似得到函数系统误差的计算式：
$$\Delta y = \sum_{i=1}^{m} \frac{\partial F}{\partial x_i} \Delta x_i \tag{5-24}$$

式（5-24）即为间接测量中系统误差的计算公式。

（3）函数随机误差的计算。由于各个实测几何量 x_i 的测量值中存在着随机误差，因此被测几何量 y 也存在着随机误差。根据误差理论，函数的标准偏差 σ_y 与各个实测几何量的标准偏差 σ_{x_i} 的关系为
$$\sigma_y = \sqrt{\sum_{i=1}^{m} \left(\frac{\partial F}{\partial x_i}\right)^2 \sigma_{x_i}^2} \tag{5-25}$$

如果各个实测几何量的随机误差均服从正态分布，则由式（5-25）可推导出函数的测量极限误差的计算公式：
$$\delta_{\lim(y)} = \pm\sqrt{\sum_{i=1}^{m} \left(\frac{\partial F}{\partial x_i}\right)^2 \delta_{\lim(x_i)}^2} \tag{5-26}$$

式中，$\delta_{\lim(y)}$——被测几何量的测量极限误差；$\delta_{\lim(x_i)}$——各个实测几何量的测量极限误差。

（4）测量结果的计算。

测量结果：
$$y' = (y - \Delta y) \pm \delta_{\lim(y)} \tag{5-27}$$

（5）间接测量列的数据实例。

【例 5-2】 参看图 5-9，在万能工具显微镜上用弓高弦长法间接测量圆弧样板的半径 R。测得弓高 $h = 4$mm，弦长 $b = 40$mm，它们的系统误差和测量极限误差分别为 $\Delta h = +0.0012$mm，$\delta_{\lim(h)} = \pm 0.0015$mm；$\Delta b = -0.002$mm，$\delta_{\lim(b)} = \pm 0.002$mm。试确定圆弧半径 R 的测量结果。

解：① 由式（5-4）计算圆弧半径 R。
$$R = \frac{b^2}{8h} + \frac{h}{2} = \frac{40^2}{8 \times 4} + \frac{4}{2} = 52 \text{ mm}$$

② 按式（5-24）计算圆弧半径 R 的系统误差 ΔR。
$$\Delta R = \frac{\partial F}{\partial b}\Delta b + \frac{\partial F}{\partial h}\Delta h = \frac{b}{4h}\Delta b - \left(\frac{b^2}{8h^2} - \frac{1}{2}\right)\Delta h$$
$$= \frac{40 \times (-0.002)}{4 \times 4} - \left(\frac{40^2}{8 \times 4^2} - \frac{1}{2}\right) \times 0.0012 = -0.0194 \text{ mm}$$

③ 按式（5-26）计算圆弧半径 R 的测量极限误差 $\delta_{\lim(R)}$。
$$\delta_{\lim(R)} = \pm\sqrt{\left(\frac{b}{4h}\right)^2 \delta_{\lim(b)}^2 + \left(\frac{b^2}{8h^2} - \frac{1}{2}\right)^2 \delta_{\lim(h)}^2}$$
$$= \pm\sqrt{\left(\frac{40}{4 \times 4}\right)^2 \times 0.002^2 + \left(\frac{40^2}{8 \times 4^2} - \frac{1}{2}\right)^2 \times 0.0015^2}$$
$$= \pm 0.0187 \text{ mm}$$

④ 按式（5-27）确定测量结果 R'：
$$R' = (R - \Delta R) \pm \delta_{\lim(R)} = [52 - (-0.0194)] \pm 0.0187$$
$$= 52.0194 \pm 0.0187 \text{ mm}$$

此时的置信概率为 99.73%。

5.4 光滑工件尺寸检测

光滑工件尺寸的检测通常采用普通计量器具和极限量规。普通计量器具又称之为有刻度的测量器具，例如测量孔、轴的长度尺寸的普通计量器具通常是按对应两点量法测量工件，测得值为局部实际尺寸。该方法常用于单件小批量生产。光滑极限量规是一种无刻度的计量器具，用它检验可以判断工件合格与否，但不能获得工件的实际尺寸和几何误差的数值。但是光滑极限量规使用方便，检验效率高，因而量规在机械产品检验中得到广泛应用，常用于大批量生产。

当孔、轴（被测要素）的尺寸公差与几何公差的关系采用独立原则时，它们的实际尺寸和几何误差分别使用普通计量器具来测量。当孔、轴采用包容要求Ⓔ时，它们的实际尺寸和几何误差的综合结果可以使用光滑极限量规检验，也可以分别使用普通计量器具来测量实际尺寸和形状误差（如圆度、直线度），并把这些形状误差的测量结果与尺寸的测量结果综合起来，以判定工件表面各部位是否超出最大实体边界。

我国已颁布的国家标准 GB/T 3177－2009《光滑工件尺寸的检验》和 GB/T 1957－2006《光滑极限量规 技术条件》，是为正确贯彻执行《极限与配合》、《几何公差》等国家标准而制定的。

5.4.1 孔、轴实际尺寸的验收极限

由于计量器具和计量系统都存在误差，这些误差必然会强加于被测工件，所以任何测量都不能测出真值。考虑到车间实际情况，通常，工件的几何误差取决于加工设备及工艺装备的精度，工件合格与否只按一次测量来判断，对于温度、压陷效应以及计量器具和标准器的系统误差均不进行修正。因此，在测量孔、轴实际尺寸时，常常存在着误判的情况，也就是所谓的误收与误废现象。

1. 误收与误废

误收：测量孔、轴实际尺寸时，由于测量误差导致将尺寸超出规定的尺寸极限的不合格品判为合格品，这种现象称为误收。

误废：如果检测时把尺寸位于规定的极限尺寸以内的合格品误判为不合格品而报废，那么这种现象就称为误废。

误收会影响产品质量，误废会造成经济损失，影响成品率。所以为了保证产品质量，需要规定合理的验收极限。

2. 验收极限

验收极限是判断所检验工件尺寸合格与否的尺寸界限。国家标准 GB/T 3177－2009《光滑工件尺寸的检验》规定了两种验收极限方式。

1）内缩方式

验收极限是从规定的最大实体尺寸（MMS）和最小实体尺寸（LMS）分别向工件公差带内移动一个安全裕度（A）来确定，如图 5-15 所示。A 值按工件公差（T）的 1/10 确定，具体数值参见表 5-8。

表 5-8 安全裕度（A）与计量器具的不确定度允许值（u_1/μm）（摘自 GB/T 3177－2009）

公差等级		6					7					8				
公称尺寸/mm		T	A	u_1			T	A	u_1			T	A	u_1		
大于	至			I	II	III			I	II	III			I	II	III
—	3	6	0.6	0.54	0.9	1.4	10	1	0.9	1.5	2.3	14	1.4	1.3	2.1	3.2
3	6	8	0.8	0.72	1.2	1.8	12	1.2	1.1	1.8	2.7	18	1.8	1.6	2.7	4.1
6	10	9	0.9	0.81	1.4	2	15	1.5	1.4	2.3	3.4	22	2.2	2.0	3.3	5.0
10	18	11	1.1	1.0	1.7	2.5	18	1.8	1.6	2.7	4.1	27	2.7	2.4	4.1	6.1
18	30	13	1.3	1.2	2.0	2.9	21	2.1	1.9	3.2	4.7	33	3.3	3.0	5.0	7.4
30	50	16	1.6	1.4	2.4	3.6	25	2.5	2.3	3.8	5.6	39	3.9	3.5	5.9	8.8
50	80	19	1.9	1.7	2.9	4.3	30	3	2.7	4.5	6.8	46	4.6	4.1	6.9	10
80	120	22	2.2	2.0	3.3	5	35	3.5	3.2	5.3	7.9	54	5.4	4.9	8.1	12
120	180	25	2.5	2.3	3.8	5.6	40	4	3.6	6.0	9.0	63	6.3	5.7	9.5	14
180	250	29	2.9	2.6	4.4	6.5	46	4.6	4.1	6.9	10	72	7.2	6.5	11	16

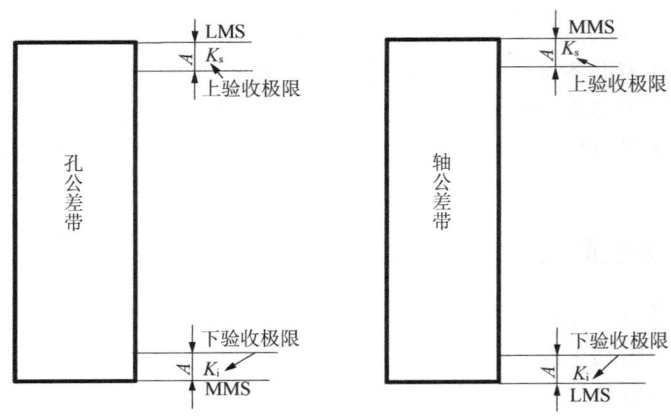

图 5-15 验收极限

设置安全裕度（A）的目的是为了补偿测量误差的影响，以减少误收率。再者是因为通用测量器具皆为两点式测量，无法控制工件的形状误差的影响，也就是不能对工件的作用尺寸判断合格与否。此时采用内缩的验收极限，就可以补偿几何误差对测量验收的影响。

孔或轴尺寸的验收极限：

$$孔\begin{cases} K_s = D_{max} - A \\ K_i = D_{min} + A \end{cases} \quad 轴\begin{cases} K_s = d_{max} - A \\ K_i = d_{min} + A \end{cases} \quad (5\text{-}28)$$

2）不内缩方式

验收极限等于最大实体尺寸（MMS）和最小实体尺寸（LMS），即安全裕度（A）值等于零。

孔或轴尺寸的验收极限：

$$孔\begin{cases} K_s = D_{max} \\ K_i = D_{min} \end{cases} \quad 轴\begin{cases} K_s = d_{max} \\ K_i = d_{min} \end{cases} \quad (5\text{-}29)$$

3. 验收极限方式的选择

选择哪种验收极限方式，应综合考虑被测工件的尺寸功能要求及其重要程度、尺寸公差等级、测量不确定度和过程能力等因素来确定。

（1）对于遵循包容要求Ⓔ的尺寸和公差等级高的尺寸，其验收极限按两边内缩方式确定。

（2）当过程能力指数 $C_P \geq 1$ 时，验收极限可以按不内缩方式确定；但对于遵循包容要求Ⓔ的孔、轴，其最大实体尺寸一边的验收极限应该按内缩方式确定。

这里的过程能力指数 C_P 是指工件尺寸公差 T 与加工工序能力 $c\sigma$ 的比值，c 为常数，σ 为工序样本的标准偏差。如果工序的尺寸遵循正态分布，则该工序的过程能力为 6σ。在这种情况下，$C_P = T/6\sigma$。

（3）对于偏态分布的尺寸，其验收极限可以仅对尺寸偏向的一边按内缩方式确定。

（4）对于非配合尺寸和一般公差的尺寸，其验收极限按不内缩方式确定。

确定工件尺寸验收极限后，还需正确选择计量器具才能进行测量。

4. 计量器具的选择

测量误差的主要来源是计量器具的误差和环境的误差。国家标准规定测量的标准温度为 20℃。如果工件与测量器具的线膨胀系数相同，测量时只要保证计量器具与工件温度相同，可以偏离 20℃。计量器具的选择主要依据是测量不确定度。

1）测量不确定度

测量不确定度是根据所用到的信息，表征赋予被测量量值分散性的非负参数。是指由于测量误差而造成对被测几何量的量值不能肯定的程度。测量不确定度 u 由计量器具的测量不确定度 u_1 和测量条件（环境误差）引起的测量不确定度 u_2 组成。u_1 与 u_2 均为独立随机变量，两者之和 u 也为随机变量。其中 u_1 对 u 的影响比 u_2 的大，一般按 $u_1/u_2=2/1$ 的关系处理。由独立随机变量合成规则，得 $u=\sqrt{u_1^2+u_2^2}$，因此，$u_1=0.9u$，$u_2=0.45u$。

计量器具的选择是根据计量器具的测量不确定度 u_1。选择时，应使所选用的计量器具的测量不确定度数值等于或小于选定的 u_1 值。

为了满足生产上对不同的误收、误废允许率的要求，GB/T 3177－2009 将测量不确定度允许值 u 与工件尺寸公差 T 的比值 τ 分成 3 个档次。分别如下。

（1）Ⅰ档：$\tau=1/10$，即 $u=A=T/10$；

（2）Ⅱ档：$\tau=1/6$，即 $u=T/6>A$；

（3）Ⅲ档：$\tau=1/4$，即 $u=T/4>A$。

相应地，计量器具的测量不确定度允许值 u_1 也按 τ 分档次。由于 $u_1=0.9u$，所以Ⅰ、Ⅱ、Ⅲ三档 u_1 与 T 的关系分别为 $u_1=0.09T$、$u_1=0.15T$、$u_1=0.225T$。对于 IT6～IT11 的工件，u_1 分为Ⅰ、Ⅱ、Ⅲ 3 个档次，对于 IT12～IT18 的工件，u_1 分为Ⅰ、Ⅱ两个档次。三个档次 u_1 的部分数值列于表 5-8。

从表 5-8 选用 u_1 时，一般情况下优先选用Ⅰ档，其次选用Ⅱ档、Ⅲ档。当验收极限采用内缩方式，且把安全裕度 A 取为工件尺寸公差 T 的 1/10 时，按表 5-9 比较仪的测量不确定度、表 5-10 千分尺（螺旋测微器）和游标卡尺的测量不确定度所列普通计量器具的测量不确定度 u_1 的数值选择合适的计量器具。所选择的计量器具的[u_1]值应不大于 u_1 值。

表 5-9 比较仪的测量不确定度（摘自 JB/Z 181－1982）

尺寸范围/mm	测量不确定度 u_1/mm			
	分度值（0.0005mm）	分度值（0.001mm）	分度值（0.002mm）	分度值（0.005mm）
≤25	0.0006	0.001	0.0017	0.003
>25～40	0.0007			
>40～65	0.0008	0.0011	0.0018	
>65～90	0.0008			
>90～115	0.0009	0.0012	0.0019	

注：本表规定的数值是指测量时，使用的标准由 4 块 1 级（或 4 等）量块组成的数值。

表 5-10 千分尺（螺旋测微器）和游标卡尺的测量不确定度（摘自 JB/Z 181－1982）

尺寸范围 /mm	测量不确定度 u_1/mm			
	分度值（0.01mm）	分度值（0.01mm）	分度值（0.02mm）	分度值（0.05mm）
	外径千分尺	内径千分尺	游标卡尺	游标卡尺
≤50	0.004	0.008	0.02	0.05
>50～100	0.005			
>100～150	0.006			
>150～200	0.007	0.013		

注：(1) 当采用比较测量时，千分尺的测量不确定度可小于本表规定的数值。

(2) 当所选用的计量器具的 $u_1' > u_1$ 时，需计算出扩大的安全裕度 $A'(A'=\dfrac{u_1'}{0.9})$；当 A' 不超过工件公差 15%时，允许选用该计量器具。此时须按 A' 数值确定上、下验收极限。

当选用Ⅰ档的 u_1 且所选择的计量器具的 $[u_1]≤u_1$ 时，$u=A=0.1T$，根据 GB/T 3177—2009 中的理论分析，误收率为零，产品质量得到保证，而误废率为 6.98%（工件实际尺寸遵循正态分布）~14.1%（工件实际尺寸遵循偏态分布）。

当选Ⅱ档、Ⅲ档的 u_1 且所选择的计量器具的 $[u_1]≤u_1$ 时，$u>A$（$A=0.1T$），误收率和误废率皆有所增大，u 对 A 的比值（大于1）越大，则误收率和误废率的增大就越多。

当验收极限采用不内缩方式，即安全裕度 A 等于零时，计量器具的测量不确定度允许值 u_1 也分成Ⅰ、Ⅱ、Ⅲ 3个档次，从表 5-8 选用，也应满足 $[u_1]≤u_1$。在这种情况下，根据 GB/T 3177—2009 中的理论分析，过程能力指数 C_P 越大，在同一工件尺寸公差的条件下，不同档次的 u_1 越小，则误收率和误废率就越小。例如，当工件实际尺寸与测量均遵循正态分布时，并且 $C_P=0.33$ 时，其Ⅰ、Ⅱ、Ⅲ 3个档次误收率分别为 1.61、2.58 和 3.68，误废率分别为 1.83、3.15 和 4.92；当 $C_P=0.67$ 时，其Ⅰ、Ⅱ、Ⅲ 3个档次误收率分别为 0.61、0.91 和 1.16，误废率分别为 0.97、1.89 和 3.41；当 $C_P=1$ 时，其Ⅰ、Ⅱ、Ⅲ 3个档次误收率分别为 0.06、0081 和 0.10，误废率分别为 0.17、0.42 和 1.07。所以只有 $C_P>1$ 时，误收率和误废率才明显下降。

如果对测量结果有争议，就可采用更精确的计量器具进行检测或按事先双方商定的方法解决。

2）验收极限方式和计量器具的选择示例

【例 5-3】 试确定测量 $\phi 60 f8\left(^{-0.030}_{-0.076}\right)$Ⓔ 轴时的验收极限，并选择相应的计量器具。分析该轴可否使用标尺分度值为 0.01mm 的外径千分尺进行比较测量。

解：（1）确定验收极限。

因为 $\phi 60f8$Ⓔ 轴采用包容要求，验收极限应按两边内缩方式确定。从表 5-8 查得该轴尺寸公差 T=0.046 mm，安全裕度 A=0.0046mm。按式（5-29）确定上、下验收极限 K_s 和 K_i，可得

$$K_s=d_{max}-A=59.970-0.0046=59.9654（mm）$$
$$K_i=d_{min}+A=59.924+0.0046=59.9286（mm）$$

$\phi 60f8$Ⓔ 轴的尺寸公差带及验收极限如图 5-16 所示。

（2）按Ⅰ档次选择计量器具。

由表 5-8 按优先选用Ⅰ档次的计量器具测量不确定度允许值 u_1 的原则，确定 $u_1=0.9×T/10=0.00414$mm。

由表 5-9 选用分度值为 0.005mm 的比较仪，其测量不确定度 $[u_1]=0.003$mm$<u_1$，能满足使用要求。

（3）用外径千分尺进行绝对测量。

由表 5-10 可知，对于分度值为 0.01mm 的外径千分尺，其测量不确定度 $[u_1]=0.005$mm$>u_1$，不能满足要求。如果用扩大安全裕度的方法，当选用Ⅰ档时，需要按公式：$u=A$；$u_1=0.9u=0.9A$；反推出 $A=u_1/0.9=0.0056$ mm；由于零件的尺寸公差 T=0.046 mm，0.046×15/100=0.0069，$A<0.0069$；所以可以用外径千分尺进行绝对测量。根据安全裕度 A 计算出上、下验收极限分别

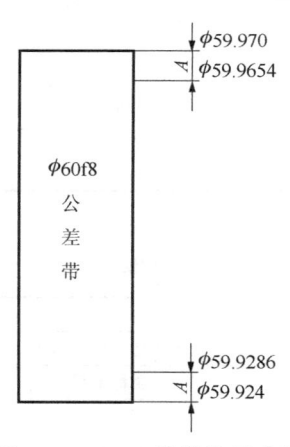

图 5-16 $\phi 60f8$Ⓔ 轴的尺寸公差带及验收极限

为 59.9644 和 59.9296。

(4) 用外径千分尺进行比较测量。

为了提高千分尺的使用精度，可以采用比较测量法。实践表明，当使用形状与工件形状

相同的标准器进行比较测量时,千分尺的测量不确定度降为原来的 40%;当使用形状与工件形状不相同的标准器进行比较测量时,千分尺的测量不确定度降为原来的 60%。

本例使用形状与轴的形状不相同的标准器(60mm 量块组)进行比较测量,因此千分尺的测量不确定度可以减小到$[u_1]=0.005\times 60\%=0.003mm<0.00414$,故能满足使用要求。

5.4.2 光滑极限量规

光滑极限量规是具有以孔或轴的最大极限尺寸和最小极限尺寸为公称尺寸的标准测量面,能反映被检孔或轴边界条件的无刻线长度测量器具。孔、轴采用包容要求Ⓔ时,它们可以使用光滑极限量规来检验。用光滑极限量规检验孔或轴时,如果通规能够自由通过,且止规不能通过,就表示被测孔或轴合格。如果通规不能通过,或者止规能够通过,就表示被测孔或轴不合格。

1. 光滑极限量规的功用及种类

1) 按工件形状不同分类

检验用的工作量规如图 5-17 所示。检验孔径的量规称为塞规,如图 5-17(a)所示,其测量面为外圆柱面。检验轴径的量规称为环规,如图 5-17(b)所示,其测量面为内圆环面。塞规和环规均有通规和止规之分。通规用来模拟体现被测孔或轴的最大实体边界,通规的公称尺寸等于孔和轴的最大实体尺寸($D_M = D_{min}$、$d_M = d_{max}$)。检验孔或轴的实际轮廓(局部尺寸和形状误差的综合结果)是否超出其最大实体边界,即检验孔或轴的体外作用尺寸是否超出其最大实体尺寸。止规用来检验被测孔或轴的局部尺寸是否超出其最小实体尺寸。止规的公称尺寸等于孔和轴的最小实体尺寸($D_L = D_{max}$、$d_L = d_{min}$)。

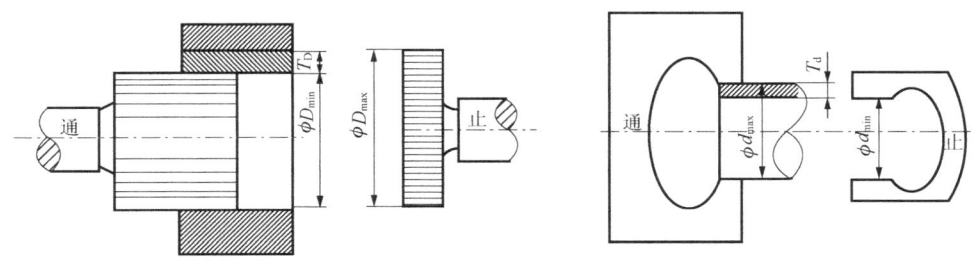

(a)用于检验孔的塞规　　　　　　(b)用于检验轴的环规

图 5-17　检验用的工作量规

2) 按量规用途的不同分类

工作量规指生产现场使用的量规,孔和轴的工作量规均有通规(T)和止规(Z)。校对量规指检验核对工作量规的量规。只有轴有校对量规,因为孔的工作量规形状为轴,故可用普通的计量器具校对。而轴正好相反,其工作量规形状为孔,用普通计量器具检测不方便。因此,轴有校对量规。

校对量规又分为以下 3 种。

(1) 校工作量规的通端或通规,称为校通-通(代号为 TT),其作用是防止轴用工作量规通端尺寸过大(制造或使用磨损等原因)。

(2) 校工作量规的止端或止规,称为校止-通(代号为 ZT),其作用是防止轴用工作量规止端尺寸过大。

(3) 校通端磨损极限的量规,称为校通－损(代号为 TS)。其作用是防止轴用工作量规通端在使用中超出磨损极限尺寸。通规在使用过程中要通过合格的被测孔、轴,因而会逐渐磨损,为了使通规具有一定的使用寿命,应留出适当的磨损储量,所以校对通规规定了磨损极限。止规通常不通过被测孔、轴,因此不留磨损储量,也没有磨损极限。

2. 量规的设计

量规的设计包括量规的结构形式的选择、量规的工作尺寸的计算及精度设计和量规设计图样的绘制等。

1) 遵守泰勒原则

使用光滑极限量规时,应遵守泰勒原则(极限尺寸判断原则)的规定。泰勒原则是指孔或轴的局部尺寸与形状误差的综合结果所形成的体外作用尺寸(D_{fe} 或 d_{fe})不允许超出最大实体尺寸(D_M 或 d_M),在孔或轴任何位置上的局部尺寸(D_a 或 d_a)不允许超出最小实体尺寸(D_L 或 d_L)。图 5-18 所示为孔与轴的体外作用尺寸 D_{fe}、d_{fe} 及其局部尺寸 D_a、d_a。

对于孔: $\qquad D_{fe} \geqslant D_{min}$ 且 $D_a \leqslant D_{max}$ (5-30)

对于轴: $\qquad d_{fe} \leqslant d_{max}$ 且 $d_a \geqslant d_{min}$ (5-31)

其中,D_{max} 与 D_{min}——孔的最大与最小极限尺寸(孔的最小与最大实体尺寸);

d_{max} 与 d_{min}——轴的最大与最小极限尺寸(轴的最大与最小实体尺寸)。

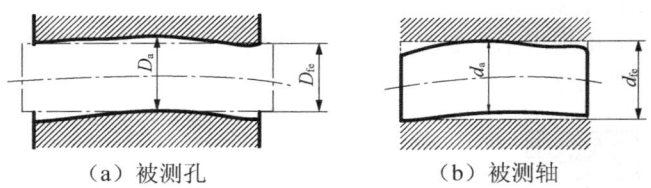

(a) 被测孔　　　　　(b) 被测轴

图 5-18　孔与轴的体外作用尺寸 D_{fe}、d_{fe} 及其局部尺寸 D_a、d_a

这里提到的泰勒原则和第 3 章里的包容要求实际的内容是一致的。包容要求是从设计的角度出发,反映对孔、轴的设计要求;而泰勒原则是从验收的角度出发,反映对孔、轴的验收要求。从保证孔与轴的配合性质的要求来看,两者是一致的。

2) 光滑极限量规的定形尺寸公差带和各项公差

光滑极限量规的精度比被测孔、轴的精度高得多,因此,GB/T 1957—2006 规定了量规工作部分的定形尺寸公差带和各项公差。

(1) 工作量规的定形尺寸公差带和各项公差。

为了确保产品质量,GB/T 1957—2006 规定量规定形尺寸公差不得超出被测孔、轴公差带,具体的孔、轴量规尺寸公差带的位置如图 5-19 所示,工作量规的公差带宽度为公差数值 T_1,通规应接近工件的最大实体尺寸,其尺寸公差带的中心距离最大实体尺寸为 Z_1,Z_1 也称为位置要素。止规应接近工件的最小实体尺寸,其公差带宽度与通规相同,也是用 T_1 表示。表 5-11 为工作量规的尺寸公差(T_1)及其通端位置要素(Z_1),位置要素 Z_1 和工作量规的尺寸公差 T_1 可通过表 5-11 查得。当用量规检验工件有争议时,应使用的量规尺寸条件:通规应等于或接近工件的最大实体尺寸,止规应等于或接近工件的最小实体尺寸。

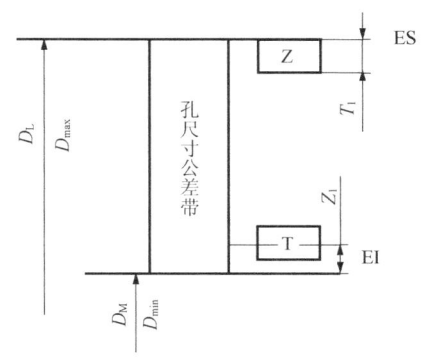 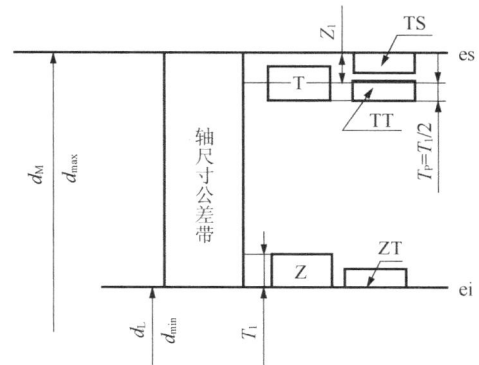

（a）检验孔所用的工作量规公差带　　（b）检验轴所用的工作量规公差带和校对量规公差带

图 5-19　具体的孔、轴量规尺寸公差带的位置

表 5-11　工作量规的尺寸公差（T_1）及其通端位置要素（Z_1）（摘自 GB/T 1957—2006）

工件孔或轴的公称尺寸 /mm		工件孔或轴的公差等级										
		IT6			IT7			IT8			IT9		
大于	至	孔或轴的公差数值	T_1	Z_1	孔或轴的公差数值	T_1	Z_1	孔或轴的公差数值	T_1	Z_1	孔或轴的公差数值	T_1	Z_1
		μm											
—	3	6	1.0	1.0	10	1.2	1.6	14	1.6	2.0	25	2.0	3
3	6	8	1.2	1.4	12	1.4	2.0	18	2.0	2.6	30	2.4	4
6	10	9	1.4	1.6	15	1.8	2.4	22	2.4	3.2	36	2.8	5
10	18	11	1.6	2.0	18	2.0	2.8	27	2.8	4.0	43	3.4	6
18	30	13	2.0	2.4	21	2.4	3.4	33	3.4	5.0	52	4.0	7
30	50	16	2.4	2.8	25	3.0	4.0	39	4.0	6.0	62	5.0	8
50	80	19	2.8	3.4	30	3.6	4.6	46	4.6	7.0	74	6.0	9
80	120	22	3.4	3.8	35	4.2	5.4	54	5.4	8.0	87	7.0	10
120	180	25	3.8	4.4	40	4.8	6.0	63	6.0	9.0	100	8.0	12
180	250	29	4.4	5.0	46	5.4	7.0	72	7.0	10.0	115	9.0	14

工作量规的几何误差应在其尺寸公差带内，其几何公差为量规尺寸公差的 50%。当量规尺寸公差小于或等于 0.002mm 时，其几何公差为 0.001mm。工作量规的工作面的表面粗糙度轮廓幅度参数 Ra 的上限值为 0.05～0.8μm。

（2）校对量规的定形尺寸公差带和各项公差。

校对量规的尺寸公差 T_p 为校对轴用量规尺寸公差 T_1 的 50%（$T_p=T_1/2$），其位置如图 5-19（b）所示，校对量规的校通-通（代号为 TT）的最小极限尺寸等于工作量规的通规的最小极限尺寸；校对量规的校通-损（代号为 TS）的最大极限尺寸等于轴的最大极限尺寸；校对量规的校止-通（代号为 ZT）的最小极限尺寸等于工作量规的止规的最小极限尺寸。

校对量规的几何误差应在其尺寸公差带内，校对量规的工作面的表面粗糙度轮廓幅度参数 Ra 值比工作量规小，常取 0.05～0.4μm。

（3）量规的型式和应用尺寸范围。

量规型式分为全形塞规、不全形塞规、片状塞规、球端杆规、环规及卡规。

型式的选择首先应根据测量工件是轴还是孔来决定，其次是根据工件的公称尺寸来决定。

按泰勒原则的要求设计的光滑极限量规,其通规的测量面应是与孔或轴形状相对应的完整表面(通常称为全形量规),其公称尺寸等于工件最大实体尺寸,且长度等于配合长度,这样才能控制作用尺寸。止规的测量面应是点状的(不全形),两测量面之间的公称尺寸等于工件的最小实体尺寸,且长度远小于配合长度,因为它只需控制局部实际尺寸。

但实际应用中,由于生产制造及实际使用的原因,对于符合泰勒原则的量规,如在某些场合下应用不方便或有困难时,可在保证被检验工件的形状误差不至于影响配合性质的条件下,允许使用偏离泰勒原则量规。为此国家标准对光滑极限量规的设计偏离作了规定,参见表 5-12 推荐的量规型式应用尺寸范围。当检验大孔时,通端允许采用不全形量规,甚至用球端杆规,以保证制造和使用方便。

表 5-12 推荐的量规型号应用尺寸范围(摘自 GB/T 1957—2006)

用途	推荐顺序	量规的工作尺寸/mm			
		～18	大于 18～100	大于 100～315	大于 315～500
工件孔用的通端量规型号	1	全形塞规	全形塞规		球端杆规
	2	—	不全形塞规或片形塞规	片形塞规	—
工件孔用的止端量规型号	1	全形塞规	全形塞规或片形塞规		球端杆规
	2		不全形塞规		
工件轴用的通端量规型号	1	环规		卡规	
	2	卡规		—	
工件轴用的止端量规型号	1	卡规			
	2	环规			

当使用偏离泰勒原则的量规检验时,国家标准规定必须首先保证被检测工件的形状误差不至于影响配合性质。同时需要多测几个方向,以保证检验时不出现误判。

3. 量规设计例题

【例 5-4】 计算检验 $\phi 30H7/p6$Ⓔ的各种量规的工作尺寸,并绘制工作量规图样。

解: 孔 $\phi 30H7$ 的下偏差为 0,即 EI=0;由表 5-11 或表 2-3 查出其公差 T=0.021mm,所以上偏差 ES=+0.021mm;由表 5-11 查得孔 $\phi 30H7$ 的工作量规尺寸公差 T_1=0.0024mm,位置要素 Z_1=0.0034mm。

由表 2-5 查出轴 $\phi 30p6$ 的下偏差 ei=+0.022mm;由表 5-11 或表 2-3 查出其公差 T=0.013mm,所以上偏差 es=+0.035mm。由表 5-11 查得轴 $\phi 30p6$ 的工作量规尺寸公差 T_1=0.002mm,位置要素 Z_1=0.0024mm,校对量规的尺寸公差 $T_P=T_1/2$=0.001mm。

(1) 计算孔 $\phi 30H7$ 的工作量规尺寸。

在计算各种量规尺寸时,先把各种量规的尺寸公差带图画出,参见图 5-19 所示,这样能使解题方便且不会出错。

止规最大极限尺寸=$D_L=D_{max}$=30.021mm;止规上偏差=ES=+0.021mm

止规最小极限尺寸=$D_{max}-T_1$;止规下偏差=ES-T_1=+0.021-0.0024=+0.0186mm

通规最大极限尺寸=$D_{min}+Z_1+(T_1/2)$=30.0046 mm;

通规上偏差=EI+Z_1+(T_1/2)=0+0.0034+0.0012=+0.0046mm

通规最小极限尺寸=$D_{min}+Z_1-(T_1/2)$;

通规下偏差=EI+Z_1-(T_1/2)=0+0.0034-0.0012=+0.0022mm

（2）计算轴ϕ30p6 的工作量规尺寸。

止规最小极限尺寸=d_L=d_{min}=30.022 mm；止规下偏差=ei=+0.022mm

止规最大极限尺寸=d_{min}+T_1；止规上偏差=ei+T_1=+0.022+0.002=+0.024mm

通规最大极限尺寸=d_{max}-Z_1+(T_1/2)；

通规上偏差=es-Z_1+(T_1/2)=+0.035-0.0024+0.001=+0.0336mm

通规最小极限尺寸=d_{max}-Z_1-(T_1/2) =30.0316 mm；

通规下偏差=es-Z_1-(T_1/2)=+0.035-0.0024-0.001=+0.0316mm

试绘制工作量规的公差图、如图 5-20 和图 5-21 所示的ϕ30H7 的工作量规公差带图、ϕ30p6 的工作量规和校对量规公差带图。

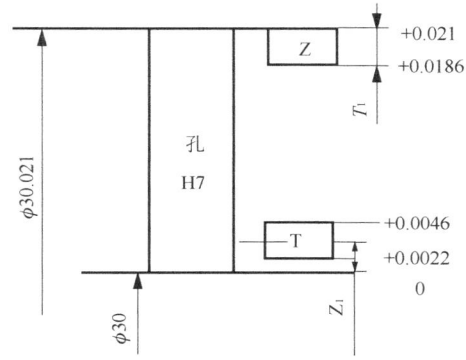

图 5-20 ϕ30H7 的工作量规公差带图　　图 5-21 ϕ30p6 的工作量规和校对量规公差带图

（3）计算轴ϕ30p6 的校对量规尺寸。

校通损（磨损极限）TS：上偏差=es=+0.035mm；下偏差=es-T_P=+0.034（mm）

校通端（通规）TT：下偏差=工作通规的下偏差=+0.0316（mm）；

上偏差=下偏差+T_P=+0.0326（mm）

校止端（止规）ZT：下偏差=ei=+0.022mm；上偏差=ei+T_P=+0.023（mm）

（4）绘制工作量规图样，确定技术要求，如图 5-22 所示，图样标注时，检验孔的工作量规（塞规）的公称尺寸为量规的最大极限尺寸，检验轴的工作量规（卡规）的公称尺寸为量规的最小极限尺寸。

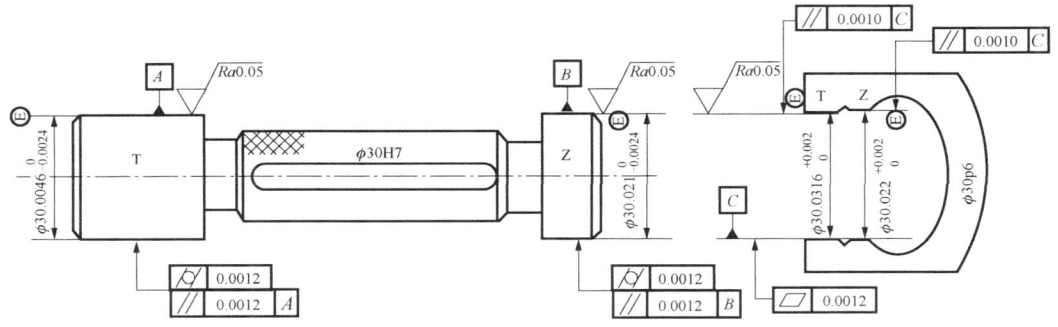

图 5-22 工作量规图样

本章小结

本章主要介绍了有关测量方面的基本概念和数据处理的方法,并针对长度尺寸的检验方法和检验要求进行了阐述;要求掌握光滑工件尺寸的检测所采用普通计量器具和极限量规的不同之处;要求掌握常用的计量器具的使用方法。

习 题

一、问答题

5-1 测量的实质是什么?测量和检验有何区别?

5-2 "刻度值"、"刻度间距"与"放大比"三者有何关系?"放大比"与"灵敏度"有何关系?标尺的"示值范围"与测量器具的"测量范围"有何区别?

5-3 量块分"等"和"级"的依据是什么?按"等"和按"级"使用量块有什么不同?

5-4 测量误差分为几类?各有何特征?

5-5 如何减少测量误差对测量结果的影响?

二、计算题

5-6 在相同的测量条件下,对某一个尺寸重复测量 15 次,测得的值分别为(单位 mm):
20.6348,20.6337,20.6344,20.6338,20.6341,20.6346,20.6339,20.6339,20.6345,20.6345,20.6338,20.6345,20.6341,20.6342,20.6344。请判断有无粗大误差,并删去它;判断有无显著的系统误差;求单次测得值的标准偏差 σ 及测量极限误差;求算术平均值的标准偏差 $\sigma_{\bar{x}}$ 及测量极限误差。

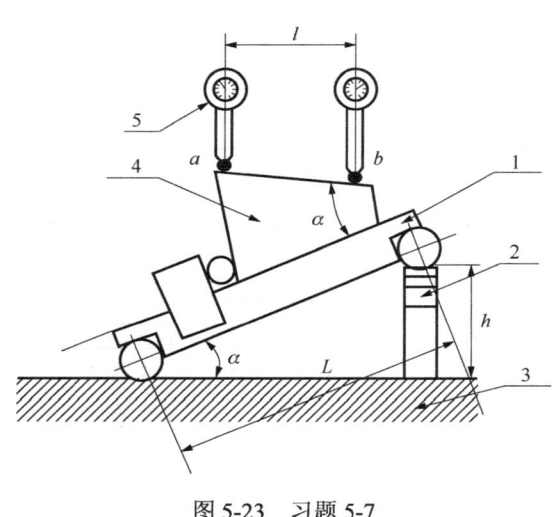

图 5-23 习题 5-7

1—正弦尺;2—量块;3—平板;4—样板;5—指示表

5-7 用如图 5-23 所示的方法测量样板的角度 α,已知实测的几何量为量块尺寸 $h=40$mm 和正弦尺的两个圆柱的中心距 $L=100$mm,且两者的函数关系是 $\sin\alpha=h/L$,系统误差和测量极限误差分别为 $\Delta h=-2\mu m$; $\Delta L=+4\mu m$; $\delta_{\lim(h)}=\pm 0.8\mu m$; $\delta_{\lim(L)}=\pm 0.7\mu m$。若指示表在图示位置测量值相等,且不考虑平板和指示表,试求角度 α 及其测量极限误差。

5-8 用普通计量器具测量 $\phi 80^{+0.018}_{-0.012}$ Ⓔ,安全裕度为 0.003mm,则该孔的上验收极限是以下哪一项?

① 80.021   ② 80.015
③ 79.988   ④ 79.991

5-9 试计算检验 $\phi 50H8/m7$ Ⓔ工作量规通规和止规的尺寸及轴的校对量规的尺寸。

第6章 滚动轴承精度设计

> **教学重点**
>
> 滚动轴承内圈、外圈公差带及其特点，滚动轴承与轴和轴承座孔配合的选择方法。

> **教学难点**
>
> 滚动轴承与轴和轴承座孔配合的选择方法。

> **教学方法**
>
> 可和第7章合并教学，以提问方式给出问题（参见习题），学生回答，教师总结。

引例

轴承是机械设备中常见的、重要的零部件，它的主要功能是支撑机械旋转体，用于降低设备在传动过程中的摩擦系数。按运动元件摩擦性质的不同，轴承可分为滚动轴承和滑动轴承两类。

滚动轴承是用来支承轴的标准部件，可用于承受径向、轴向或径向与轴向的联合载荷。滚动轴承的形式很多，按滚动体的形状，可分为球轴承、滚子轴承、滚针轴承；按承受载荷的方向分为向心轴承、推力轴承、向心推力轴承，如图6-1所示。本章重点介绍向心轴承。

（a）深沟球轴承　（b）滚子轴承　（c）滚针轴承　（d）向心推力球轴承　（e）推力球轴承

图6-1　滚动轴承的类型

6.1 概　　述

由于滚动轴承为高精度部件，若按照完全互换性原则生产，成本高、制造困难，故其制造时各组成零件采用不完全互换性方式。对于和其他轴、孔的配合，则采用完全互换性。

滚动轴承一般由内圈、外圈、滚动体（钢球或滚子）和保持架（又称为隔离圈）等组成，如图6-2所示。

滚动轴承是由专业工厂生产，机械设计中只需选择滚动轴承的型号；确定滚动轴承的精度等级、滚动轴承与轴和轴承座孔的配合、轴和轴承座孔的形位公差及表面粗糙度参数。

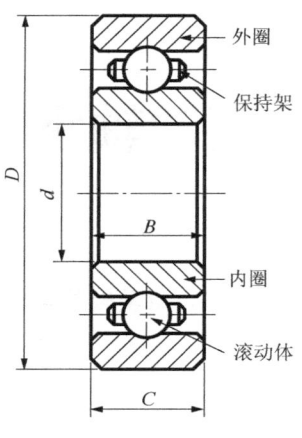

图 6-2 滚动轴承

本章涉及的标准主要有 GB/T307.3－2005《滚动轴承 通用技术规则》，GB/T4199－2003《滚动轴承 公差 定义》，GB/T307.1－2005《滚动轴承 向心轴承 公差》，GB/T275－2015《滚动轴承与轴和轴承座的配合》，GB/T 4604.1－2012《滚动轴承 游隙 第 1 部分：向心轴承的径向游隙》等。

6.2　滚动轴承内径和外径的公差带及其特点

6.2.1　滚动轴承的公差带

根据国家标准 GB/T307.3－2005《滚动轴承 通用技术规则》规定，滚动轴承的公差等级按尺寸精度和旋转精度分级。精度等级由低到高分为 0、6（6x）、5、4、2。其中 0 级精度最低，2 级精度最高。不同种类的滚动轴承公差等级稍有不同，向心轴承（圆锥滚子轴承除外）分为 0、6、5、4 和 2 共 5 个精度等级。圆锥滚子轴承分为 0、6x、5 和 4 共 4 个精度等级。推力轴承分为 0、6、5、4 共 4 个精度等级。

轴承是一种标准化部件。为了使轴承便于互换，轴承内圈与轴的配合采用基孔制，外圈与轴承座孔的配合采用基轴制，公差带均位于零线以下，如图 6-3 所示。

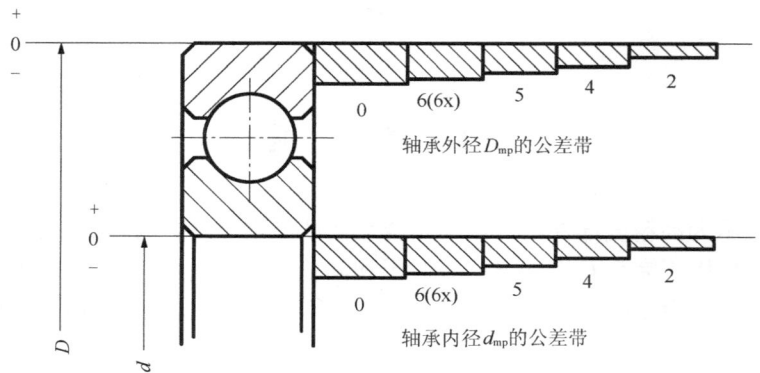

图 6-3　轴承内径、外径公差带图

滚动轴承各级精度的应用情况如下：

0级（普通精度级）轴承应用在中等载荷、中等转速和旋转精度要求不高的一般机构中，如普通机床进给机构的轴承，汽车和拖拉机变速机构的轴承，普通电动机、水泵、压缩机等一般通用机械旋转机构的轴承。

6级（中等精度级）轴承应用于旋转精度和转速较高的旋转机构中，如普通机床的主轴轴承，精密机床传动轴使用的轴承。

5、4级（高精度级）轴承应用于旋转精度高和转速高的旋转机构中，如精密机床的主轴轴承，精密仪器和机械使用的轴承。

2级（精密级）轴承应用于旋转精度和转速很高的旋转机构中，如精密坐标镗床的主轴轴承、高精度仪器和高转速机构中使用的轴承。

6.2.2 滚动轴承的尺寸精度和旋转精度

轴承的配合是指内圈与轴颈及外圈与轴承座孔的配合。滚动轴承的内圈、外圈都是薄壁件，精度要求很高。在其制造、保管过程中容易变形（如变成椭圆形），但在装入轴和轴承座孔上之后，这种变形又容易得到矫正。因此，国家标准 GB/T 4199—2003《滚动轴承 公差 定义》要求轴承的精度设计不仅控制轴承与轴和轴承座孔配合的尺寸精度，而且控制轴承内圈、外圈的变形程度。

1. 滚动轴承的尺寸精度

对滚动轴承内圈内径 d、外圈外径 D、内圈宽度 B、外圈宽度 C 等尺寸提出精度要求，对装配高度 T 的尺寸提出制造精度要求。

d 和 D 是轴承内径、外径的公称尺寸。d_s 和 D_s 是轴承的单一内径和外径。Δ_{ds} 和 Δ_{Ds} 是轴承单一内径、外径偏差，它控制同一轴承单一内径、外径偏差。V_{dsp} 和 V_{Dsp} 是轴承单一平面内径、外径的变动量，它用于控制轴承单一平面内径、外径圆度误差。

d_{mp} 和 D_{mp} 是指同一轴承单一平面平均内径和外径。Δ_{dmp} 和 Δ_{Dmp} 是指同一轴承单一平面平均内径、外径偏差，它用于控制轴承与轴和轴承座孔装配后的配合尺寸偏差。V_{dmp} 和 V_{Dmp} 是指同一轴承平均内径、外径的变动量，它用于控制轴承与轴和轴承座孔装配后，在配合面上的圆柱度误差。

B 和 C 是滚动轴承内圈、外圈宽度的公称尺寸。Δ_{Bs} 和 Δ_{Cs} 是指轴承内圈、外圈单一宽度偏差，它用于控制内圈、外圈宽度的实际偏差。V_{Bs} 和 V_{Cs} 是指轴承内圈、外圈宽度的变动量，它用于控制内圈、外圈宽度方向的形位误差。Δ_{Cs} 和 V_{Cs} 是指轴承外圈凸缘宽度的偏差和变动量。

2. 滚动轴承的旋转精度

用于滚动轴承旋转精度的评定参数有：成套轴承内圈、外圈的径向跳动 K_{ia} 和 K_{ea}；成套轴承内圈、外圈的轴向跳动 S_{ia} 和 S_{ea}；内圈端面对内孔的垂直度 S_d；外圈外表面对端面的垂直度 S_D；成套轴承外圈凸缘背面轴向跳动 S_{ea1}；外圈外表面对凸缘背面的垂直度 S_{D1}。

对不同公差等级、不同结构形式的滚动轴承，其尺寸精度和旋转精度的评定参数有不同要求。表 6-1、表 6-2 按 GB/T 307.1—2005《滚动轴承 向心轴承 公差》分别摘录了各级向心轴承内圈、外圈评定参数的公差值，供参考使用。

表 6-1　向心轴承内圈（摘自 GB/T 307.1－2005）　　　　　　　　　　单位：μm

d/mm	公差等级	Δ_{dmp} 上极限偏差	Δ_{dmp} 下极限偏差	① Δ_{ds} 上极限偏差	① Δ_{ds} 下极限偏差	V_{dsp} 直径系列 9 最大	V_{dsp} 直径系列 0,1 最大	V_{dsp} 直径系列 2,3,4 最大	V_{dmp} 最大	K_{ia} 最大	S_d 最大	② S_{ia} 最大	Δ_{Bs} 全部 上极限偏差	Δ_{Bs} 正常 下极限偏差	③ 修正 下极限偏差	V_{Bs} 最大
>30~50	0	0	-12	—	—	15	12	9	9	15	—	—	0	-120	-250	20
	6	0	-10	—	—	13	10	8	8	10	—	—	0	-120	-250	20
	5	0	-8	—	—	8	6	6	4	5	8	8	0	-120	-250	5
	4	0	-6	0	-6	6	5	5	3	4	4	4	0	-120	-250	3
	2	0	-2.5	0	-2.5		2.5		1.5	2.5	1.5	2.5	0	-120	-250	1.5
>50~80	0	0	-15	—	—	19	19	11	11	20	—	—	0	-150	-380	25
	6	0	-12	—	—	15	15	9	9	10	—	—	0	-150	-380	25
	5	0	-9	—	—	9	7	7	5	5	8	8	0	-150	-250	6
	4	0	-7	0	-7	7	5	5	3.5	4	5	5	0	-150	-250	4
	2	0	-4	0	-4		4		2	2.5	1.5	2.5	0	-150	-250	1.5
>80~120	0	0	-20	—	—	25	25	15	15	25	—	—	0	-200	-380	25
	6	0	-15	—	—	19	19	11	11	13	—	—	0	-200	-380	25
	5	0	-10	—	—	10	8	7	5	6	9	9	0	-200	-380	7
	4	0	-8	0	-8	8	6	6	4	5	5	5	0	-200	-380	4
	2	0	-5	0	-5	5	5	5	2.5	2.5	2.5	2.5	0	-200	-380	2.5

注：① 4、2 级轴承仅适用于直径系列 0、1、2、3、4。
② 5、4、2 级轴承仅适用于沟型球轴承。
③ 用于各级轴承的成对和成组安装时单个轴承的内圈，其中 0、6、5 级轴承也适用于 $d \geqslant 50$mm 锥孔轴承的内圈。

表 6-2　向心轴承外圈公差（摘自 GB/T 307.1－2005）（摘录）　　　　　单位：μm

D/mm	公差等级	Δ_{Dmp} 上极限偏差	Δ_{Dmp} 下极限偏差	④ Δ_{Ds} 上极限偏差	④ Δ_{Ds} 下极限偏差	V_{Dsp}①⑤ 开型轴承 直径系列 9 最大	V_{Dsp}①⑤ 开型轴承 直径系列 0,1 最大	V_{Dsp}①⑤ 开型轴承 直径系列 2~4 最大	V_{Dsp}①⑤ 闭型轴承 2~4 最大	V_{Dmp}① 最大	K_{ea} 最大	S_{D}③ S_{D1}② 最大	S_{ea}②③ 最大	S_{ea1}② 最大	Δ_{Cs} Δ_{C1s}② 上极限偏差	Δ_{Cs} Δ_{C1s}② 下极限偏差	V_{Cs} V_{C1s}② 最大
>50~80	0	0	-13	—	—	16	13	10	20	10	25	—	—	—	与同一轴承内圈的 Δ_{Bs} 及 V_{Bs} 相同		
	6	0	-11	—	—	14	11	8	16	8	13	—	—	—			
	5	0	-9	—	—	9	7	7	—	5	8	10	14		与同一轴承内的 Δ_{Bs} 相同		6
	4	0	-7	0	-7	7	5	5	—	3.5	5	4	5	7			3
	2	0	-4	0	-4		4		—	2	4	1.5	4	6			1.5
>80~120	0	0	-15	—	—	19	19	11	26	11	35	—	—	—	与同一轴承内圈的 Δ_{Bs} 及 V_{Bs} 相同		
	6	0	-13	—	—	16	16	10	20	10	18	—	—	—			
	5	0	-10	—	—	10	8	8	—	5	10	9	11	16	与同一轴承内的 Δ_{Bs} 相同		8
	4	0	-8	0	-8	8	6	6	—	4	6	5	6	8			4
	2	0	-5	0	-5	5	5	5	—	2.5	5	2.5	5	7			2.5

注：① 0、6 级轴承仅适用于内、外止动环安装前或拆卸后。② 仅适用于沟型球轴承。③ 5、4、2 级轴承不适用于凸缘外圈轴承。④ 4 级轴承仅适用于直径系列 1、2、3 和 4。⑤ 2 级轴承仅适用于直径系列 1、2、3 和 4 的开型和闭型轴承。

第6章 滚动轴承精度设计

【例 6-1】 有两个 4 级精度的中系列向心轴承，公称内径 d = 40 mm，从表 6-1 查得内径的尺寸公差及形位公差为

$$d_{s\,max}=40\text{ mm} \qquad d_{s\,min}= 40-0.006 =39.994 \text{ mm}$$
$$d_{mp\,max}=40 \text{ mm} \qquad d_{mp\,min}=40-0.006=39.994 \text{ mm}$$
$$V_{d_{sp}}=0.005 \text{ mm} \qquad V_{d_{mp}}=0.003 \text{ mm}$$

假设两个轴承量得的内径尺寸如表 6-3 所示，则其合格与否要按表中计算结果确定：

表 6-3 计算结果　　　　　　　　　　　　　　　　　　　　单位：mm

测量平面	第一个轴承			第二个轴承		
	I	II		I	II	
量得的单一内径尺寸 d_s	d_{smax}=40.000 d_{smin}=39.998	d_{smax}=39.997 d_{smin}=39.995	合格	d_{smax}=40.000 d_{smin}=39.994	d_{smax}=39.997 d_{smin}=39.995	合格
计算结果 d_{mp}	$d_{mpI}=\dfrac{40+39.998}{2}=39.999$	$d_{mpII}=\dfrac{39.997+39.995}{2}=39.996$	合格	$d_{mpI}=\dfrac{40+39.994}{2}=39.997$	$d_{mpII}=\dfrac{39.997+39.995}{2}=39.996$	合格
计算结果 V_{dsp}	V_{dspI}=40-39.998 =0.002	V_{dspII}=39.997-39.995 =0.002	合格	V_{dspI}=40-39.994 =0.006	V_{dspII}=39.997-39.995 =0.002	不合格
V_{dmp}	$V_{dmp}=d_{mpI}-d_{mpII}$=39.999-39.996=0.003		合格	$V_{dmp}=d_{mpI}-d_{mpII}$=39.997-39.996=0.001		合格
结论	内径尺寸合格			内径尺寸不合格		

6.2.3 轴颈和轴承座孔的尺寸公差带

国家标准 GB/T 275—2015《滚动轴承 配合》给出了 0 级公差轴承与轴和轴承座孔的常用公差带，如图 6-4 所示。轴与轴承座孔的精度要求执行国标 GB/T 1800.1—2009 中的规定。轴承座孔采用的基本偏差符号有 G、H、J、JS、K、M、N 和 P；公差等级为 IT6、IT7、IT8 级。轴采用的基本偏差符号有 g、h、j、js、k、m、n、P 和 r；公差等级为 IT5、IT6、IT7、IT8 级。

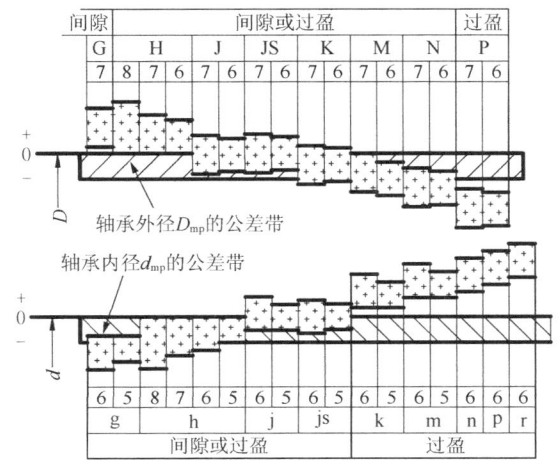

图 6-4 滚动轴承与轴和轴承座孔配合的常用公差带关系图

6.2.4 滚动轴承内径、外径公差带的特点

滚动轴承为标准件，轴承内圈与轴配合采用基孔制；轴承外圈与轴承座孔配合采用

基轴制。

国家标准 GB/T 307.1－2005《滚动轴承 向心轴承 公差》规定0、6、5、4、2各公差等级轴承的单一平面平均内径 d_{mp} 和单一平面平均外径 D_{mp} 的公差带均为单向制，即公差带位于以公称直径为零线的下方，即上极限偏差为零，下极限偏差为负值，如图 6-3 和图 6-4 所示。

滚动轴承外圈与轴承座孔的配合采用基轴制，其平均外径（D_{mp}）的公差带位置与一般基轴制相同，所以基本保持了与 GB/T 1801－2009 中配合性质相同。但 D_{mp} 的公差值是特殊规定的，其数值相对略小，因此轴承外圈与轴承座孔配合的松紧程度同极限与配合国家标准的同名配合相比也不完全相同。

轴承内圈基准孔的公差带位置与一般基准孔相反。如图 6-3 中公差带都位于零线的下方，即上极限偏差为零，下极限偏差为负值，因此轴承内圈与轴配合比与 GB/T 1801－2009 中配合性质发生了变化，与同名配合要紧得多。极限与配合国家标准中的一些过渡配合在这里实际上变成过盈配合的性质。

通常，滚动轴承内圈装在传动轴的轴颈上，随轴一起旋转，以传递扭矩，不允许轴孔之间有相对运动。因此，两者的配合要求具有一定的过盈。

6.3 滚动轴承与轴和轴承座孔的配合及其选择

6.3.1 轴承配合的选择

正确地选用轴和轴承座孔的公差带，对于充分发挥轴承的技术性能和保证机构的运转质量、使用寿命有着重要的意义。

影响公差带选用的因素较多，如轴承的工作条件（载荷类型、载荷大小、工作温度、旋转精度、轴向游隙），配合零件的结构、材料及安装与拆卸的要求等。一般根据轴承所承受的载荷类型和大小来决定。

1. 载荷的类型

作用在轴承上的合成径向载荷，是由定向载荷和旋转载荷合成的。若载荷的作用方向是固定不变的，称为定向载荷（如皮带的拉力、齿轮的传递力）；若载荷的作用方向是随套圈（内圈或外圈）一起旋转的，则称为旋转载荷（如镗孔时的切削力）。根据套圈工作时相对于合成径向载荷的方向，可将载荷分为三种类型：局部载荷、循环载荷和摆动载荷。

（1）局部载荷（静止载荷）。作用在轴承上的合成径向载荷与套圈相对静止，即作用方向始终不变地作用在套圈滚道的局部区域上，该套圈所承受的这种载荷称为局部载荷（静止载荷）。

（2）循环载荷（旋转载荷）。作用于轴承上的合成径向载荷与套圈相对旋转，即合成径向载荷顺次作用在套圈滚道的整个圆周上，该套圈所承受的这种载荷称为循环载荷（旋转载荷）。

（3）摆动载荷（方向不定载荷）。作用于轴承上的合成径向载荷与所承受的套圈在一定区域内相对摆动，例如，轴承承受一个方向不变的径向载荷 F_r，同时又受到一个方向随套圈旋转的力 F_c 的作用，但两者合成径向载荷作用在套圈滚道的局部圆周上，该套圈所承受的载荷称为摆动载荷。

如图 6-5（a）所示，内圈受循环载荷；外圈受局部载荷，主要用于皮带轮驱动轴如图 6-5（b）所示，内圈受局部载荷；外圈受循环载荷，主要用于汽车轮毂轴承和传送带托辊。如图 6-5（c）所示，内圈受循环载荷；外圈受摆动载荷，主要用于振动机械轴承。如图 6-5（d）所示，内圈受摆动载荷；外圈受循环载荷，主要用于回转式破碎机轴承。

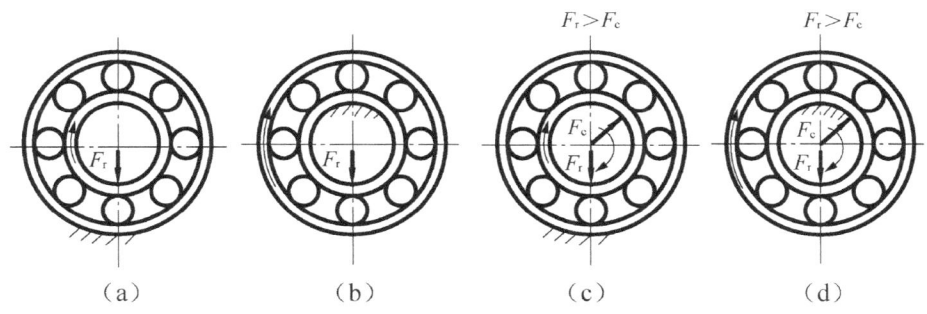

图 6-5　轴承承受的载荷类型

承受局部载荷的套圈局部滚道始终受力，磨损集中，其配合应选间隙配合。承受循环载荷的套圈，滚道各点循环受力，磨损均匀，其配合应选过盈配合。承受摆动载荷的套圈，即承受载荷方向难于确定的套圈，其配合松紧介于循环载荷与局部载荷之间，通常选择过盈配合。

2. 载荷的大小

滚动轴承套圈与轴颈或壳体孔配合的最小过盈取决于载荷的大小。国家标准规定向心轴承的载荷用径向当量动载荷 P_r 与径向额定动载荷 C_r 的比值区分为三类：$P_r/C_r \leqslant 0.06$ 的称为轻载荷，$0.06 < P_r/C_r \leqslant 0.12$ 称为正常载荷，$P_r/C_r > 0.12$ 称为重载荷。P_r 与 C_r 的数值分别由计算公式求出及通过轴承产品样本查出。

载荷越大，选择的配合过盈量越大。承受较重的载荷或冲击载荷时，将引起轴承较大的变形，使结合面间实际过盈减小和轴承内部的实际间隙增大，这时为了使轴承运转正常，应选较大的过盈配合。同理，承受较轻的载荷，可选较小的过盈配合。

3. 径向游隙

GB/T 4604.1—2012《滚动轴承　游隙　第 1 部分：向心轴承的径向游隙》规定，滚动轴承的径向游隙分为 5 组，即 2 组、0 组、3 组、4 组、5 组，游隙的大小依次由小到大，其中 0 组为基本组游隙，应优先选用。

游隙的大小要适度。当游隙过大时，不仅使转轴发生径向跳动和轴向窜动，还会使轴承工作时产生较大的振动和噪声；当游隙过小时，若选择过盈配合时，使轴承滚动体与套圈产生较大的接触应力，轴承摩擦发热，进而降低轴承的使用寿命。

在常温状态下工作的具有基本组径向游隙的轴承（供应时无游隙标记，即指基本组游隙），按表 6-4 向心轴承和轴承座孔的配合、表 6-5 选取的轴与轴承座孔公差带，一般都能保证适度的游隙，但如因载荷较重，轴承内径选取过盈较大配合，为了补偿变形而引起的游隙过小，应选用大于基本组游隙的轴承；载荷较轻，且要求振动和噪声小，旋转精度高时，配合的过盈量应减小，应选小于基本组游隙的轴承。

表 6-4　向心轴承和轴承座孔的配合——孔公差带　（摘自 GB/T 275—2015）

载荷情况		举例	其他状况	公差带[①]	
				球轴承	滚子轴承
外圈承受固定载荷	轻、正常、重	一般机械、铁路机车车辆轴箱	轴向易移动，可采用剖分式轴承座	H7、G7[②]	
	冲击		轴向能移动，可采用整体或剖分式轴承座	J7、JS7	
方向不定载荷	轻、正常	电机、泵、曲轴主轴承			
	正常、重			K7	
	重、冲击	牵引电机	轴向不移动，采用整体式轴承座	M7	
外圈承受旋转载荷	轻	皮带张紧轮		J7	K7
	正常	轮毂轴承		M7	N7
	重			—	N7、P7

注：① 并列公差带随尺寸的增大从左至右选择，对旋转精度有较高要求时，可相应提高一个公差等级。
② 不适用于剖分式轴承座。

表 6-5　向心轴承和轴的配合——轴公差带（摘自 GB/T 275—2015）

载荷情况			举例	圆柱孔轴承			公差带
				深沟球轴承、调心球轴承和角接触球轴承	圆柱滚子轴承和圆锥滚子轴承	调心滚子轴承	
				轴承公称内径/mm			
内圈承受旋转载荷和方向不定载荷		轻载荷	输送机、轻载齿轮箱	≤18	—	—	h5
				>18～100	≤40	≤40	j6[①]
				>100～200	>40～140	>40～100	k6[①]
				—	>140～200	>100～200	m6[①]
		正常载荷	一般通用机械、电动机、泵、内燃机、正齿轮传动装置	≤18	—	—	j5、js5
				>18～100	≤40	≤40	k5[②]
				>100～140	>40～100	>40～65	m5[②]
				>140～200	>100～140	>65～100	m6
				>200～280	>140～200	>100～140	n6
				—	>200～400	>140～280	p6
				—	—	>280～500	r6
		重载荷	铁路机车车辆轴箱、牵引电机、破碎机等	—	>50～140	>50～100	n6[③]
				—	>140～200	>100～140	p6[③]
				—	>200	>140～200	r6[③]
				—	—	>200	r7[③]
内圈承受固定载荷	所有载荷	内圈需在轴上易移动	非旋转轴上的各种轮子	所有尺寸			f6
							g6
		内圈不需在轴上移动	张紧轮、绳轮				h6
							j6
仅有轴向载荷				所有尺寸			j6、js6
圆锥孔轴承							
所有载荷		铁路机车车辆轴箱	装在退卸套上	所有尺寸			h8（IT6）[⑤][④]
		一般机械传动	装在紧定套上	所有尺寸			h9（IT7）[⑤][④]

注：① 对精度要求较高的场合，应用 j5、k5、m5 代替 j6、k6、m6。
② 圆锥滚子轴承、角接触球轴承配合对游隙影响不大，可用 k6、m6 代替 k5、m5。
③ 重载荷下轴承游隙应选大于 N 组。
④ 凡精度要求较高或转速要求较高的场合，应选用 h7（IT5）代替 h8（IT6）。
⑤ IT6、IT7 表示圆柱度公差数值。

4. 工作温度

轴承旋转时，套圈温度往往高于相邻零件的温度。因此，轴承内圈可能因热胀而使配合变松，而外圈可能因热胀而使配合变紧，因此，在选择配合时应考虑温度的影响。特别是当轴承工作温度高于100℃时，应对所选择当配合作适当的修正。

由于与轴承配合的轴和机架多在不同的温度下工作，为了防止热变形使间隙减小（或过盈减小），受局部载荷的套圈配合应选松一些，而受循环载荷的套圈配合应选紧一些。

5. 其他因素

（1）壳体孔（或轴）的结构和材料。开式轴承座与轴承外圈配合时，宜采用较松的配合，但也不应使外圈在轴承座孔内转动，以防止由于轴承座孔或轴的形状误差引起的轴承内圈、外圈的不正常变形。当轴承装于薄壁轴承座，轻合金轴承座或空心轴上时，应采用比厚壁轴承座、铸体轴承座或实心轴更紧的配合，以保证轴承有足够的连接强度。

（2）安装与拆卸方便。为了便于安装和拆卸，特别是对重型机械，宜采用较松的配合。如果要求拆卸方便而又要用较紧配合时，可采用分离型轴承或内圈为圆锥孔并带紧定套或退卸套的轴承。

（3）轴承工作时的微量轴向移动。当要求轴承的一个套圈（外圈和内圈）在运转中能沿轴向游动时，该套圈与轴或壳体孔的配合应较松。

（4）旋转精度。轴承的载荷较大，且为消除弹性变形和振动的影响，不宜采用间隙配合，但也不宜采用过盈量较大的配合。若轴承的载荷较小，旋转精度要求很高时，为避免轴颈和轴承座孔的形位误差影响轴承的旋转精度，旋转套圈的配合和非旋转套圈的配合都应有较小的间隙。例如，内圆磨床磨头处的轴承其内圈间隙为1～4μm，外圈间隙为4～10μm。

（5）旋转速度。当轴承在旋转速度较高，又有冲击振动载荷的条件下工作时，轴承套圈与轴和轴承座孔的配合都应选择过盈配合，旋转速度越高，配合应越紧。

滚动轴承与轴和轴承座孔的配合要综合考虑上述因素，采用类比的方法选取公差带。表6-4和表6-5列出了GB/T 275—2015《滚动轴承 配合》推荐的与轴承相配的轴承座孔和轴的公差带，供选择时参考。

6.3.2 轴颈和轴承座孔的形位公差与表面粗糙度参数值的选择

为了保证轴承的工作质量及使用寿命，除选定轴和轴承座孔的公差带之外，还应规定相应的形位公差及表面粗糙度值，国家标准推荐的形位公差及表面粗糙度值列于表6-6和表6-7，供设计时选取。

表6-6 轴和轴承座孔配合表面的粗糙度　　　　　　　　　　单位：μm

轴或轴承座孔直径/mm		轴和轴承座孔配合表面直径公差等级					
		IT7		IT6		IT5	
		表面粗糙度 Ra					
>	≤	磨	车	磨	车	磨	车
—	80	1.6	3.2	0.8	1.6	0.4	0.8
80	500	1.6	3.2	1.6	3.2	0.8	1.6
500	1250	3.2	6.3	3.2	6.3	1.6	3.2
端面		3.2	6.3	6.3	6.3	6.3	3.2

表 6-7 轴和轴承座孔的几何公差　　　　　　　　　　　　　　　单位：μm

公称尺寸 /mm	圆柱度 t				端面圆跳动 t_1			
	轴颈		轴承座孔		轴肩		轴承座孔肩	
	轴承精度等级							
	0	6（6x）	0	6（6x）	0	6（6x）	0	6（6x）
	公差值							
≤6	2.5	1.5	4	2.5	5	3	8	5
>6～10	2.5	1.5	4	2.5	6	4	10	6
>10～18	3.0	2.0	5	3.0	8	5	12	8
>18～30	4.0	2.5	6	4.0	10	6	15	10
>30～50	4.0	2.5	7	4.0	12	8	20	12
>50～80	5.0	3.0	8	5.0	15	10	25	15
>80～120	6.0	4.0	40	6.0	15	10	25	15
>120～180	8.0	5.0	12	8.0	20	12	30	20
>180～250	10.0	7.0	14	10.0	20	12	30	20
>250～315	12.0	8.0	16	12.0	25	15	40	25
>315～400	13.0	9.0	18	13.0	25	15	40	25
>400～500	15.0	10.0	20	15.0	25	15	40	25

6.3.3 轴颈和轴承座孔精度设计举例

在 C616 车床主轴后支承上装有两个单列向心轴承，如图 6-6 所示，其外形尺寸为 $d×D×B=50×90×20$，试选定轴承的精度等级，轴承与轴和轴承座孔的配合。

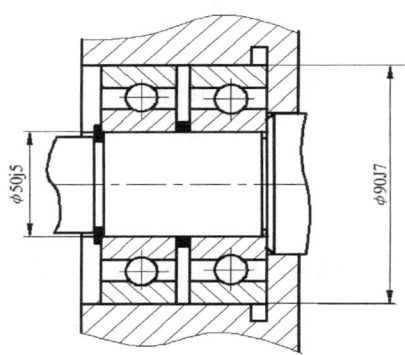

图 6-6 C616 车床主轴后轴承结构

解：

（1）分析确定轴承的精度等级：C616 车床属于轻载的普通车床，主轴承受轻载荷。C616 车床主轴的旋转精度和转速较高，选择 6 级精度的滚动轴承。

（2）分析确定轴承与轴和壳体孔的配合：轴承内圈与主轴配合一起旋转，外圈装在轴承座孔中不转。主轴后支承主要承受齿轮传递力，故内圈承受循环载荷，外圈承受局部载荷。前者配合应紧密，后者配合略松。参考表 6-4、表 6-5 选出轴公差带为 $\phi 50j6$，由于机床精度要求较高，所以最终确定轴公差带为 $\phi 50j5$；轴承座孔的公差带为 $\phi 90J7$。

按滚动轴承公差国家标准，由表 6-1 查出 6 级轴承单一平面平均内径偏差（Δd_{mp}）为 $\phi 50_{-0.01}^{0}$ mm，由表 6-2 查出 6 级轴承单一平面平均外径偏差（ΔD_{mp}）为 $\phi 90_{-0.013}^{0}$ mm。根据极限与配合国家标准（第 2 章）查得轴为 $\phi 50 j5_{-0.005}^{+0.006}$ mm，轴承座孔为 $\phi 90 J7_{-0.013}^{+0.022}$ mm。

图 6-7 为 C616 车床主轴后轴承的公差与配合图解，由此可知，轴承与轴的配合比与轴承座孔的配合要紧密。

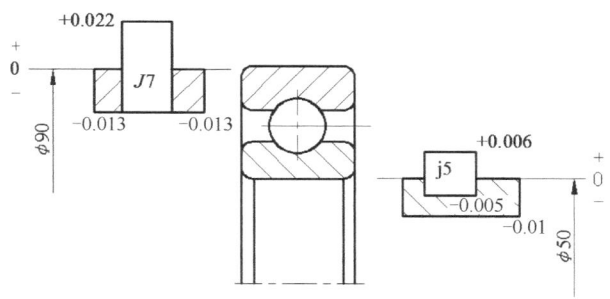

图 6-7　C616 车床主轴后轴承公差与配合图解

轴承外圈与箱体孔配合：X_{max}=+0.035mm；Y_{max}=-0.013mm；$X_{平均}$=+0.011mm

轴承内圈与轴配合：X_{max}=+0.005mm；Y_{max}=-0.016mm；$Y_{平均}$=-0.0055mm

按表 6-6、表 6-7 查出轴和壳体孔的形位公差和表面粗糙度值，标注在零件图上，如图 6-8 和图 6-9 所示。

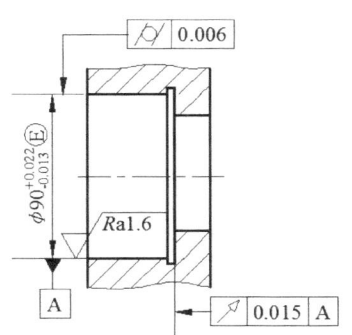

图 6-8　轴承座孔的公差标注

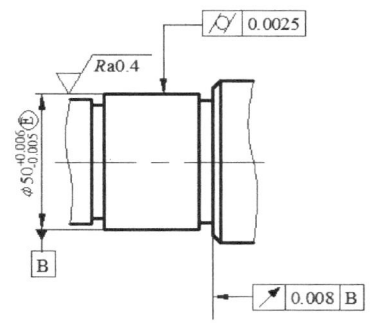

图 6-9　轴径的公差标注

本章小结

本章详细阐述了滚动轴承的精度设计，包括滚动轴承的公差带及其特点、滚动轴承与轴和轴承座孔的配合及其选择。

滚动轴承基准结合面的公差带单向布置在零线下侧，既可满足各种旋转机构不同配合性质的需要，又可以按照标准公差来制造与之相配合的零件。轴和轴承座孔的公差带就是从"极限与配合"国家标准中选取的。

影响轴和轴承座孔公差带选用的因素较多，如轴承的工作条件（载荷类型、载荷大小、工作温度、旋转精度、轴向游隙）、配合零件的结构、材料及安装与拆卸的要求等，一般根据轴承所承受的载荷类型和大小来决定。

习 题

6-1 向心轴承精度共有几个等级？如何分布？

6-2 滚动轴承内圈与轴、外圈与轴承座孔的公差带有什么特点？

6-3 滚动轴承有几种载荷形式？其各自的特点是什么？

6-4 影响滚动轴承配合的主要因素是什么？

6-5 某机床转轴上安装 6 级精度的深沟球轴承，内径为 40mm，外径为 90mm，该轴承承受着一个 4000N 的定向径向当量动载荷 P_r，轴承的径向额定载荷 C_r 为 86410N，内圈随轴一起转动，外圈静止。试确定：

（1）与轴承配合的轴颈、轴承座孔的公差带代号。

（2）画出公差带图，计算内圈与轴、外圈与轴承座孔的极限间隙或过盈。

（3）轴和轴承座孔的形位公差和表面粗糙度参数值。

（4）把所选公差标注在图样上（图样绘制参考图 6-7～图 6-9）。

第 7 章　键与花键的精度设计

> **教学重点**

了解键与花键的结构特点、使用要求；掌握平键和矩形花键连接的基准制，尺寸公差带，几何公差与表面粗糙度的要求；掌握矩形花键的几何参数与定心方式。

> **教学难点**

普通平键连接的精度设计，矩形花键连接的精度设计。

> **教学方法**

可和第 6 章合并教学，以提问方式给出问题（参见习题），学生回答，老师总结。

精讲多练，讲练结合；灵活运用多媒体教学，举例讲解，绘图讲解。

> **引例**

键连接在机械工程中应用非常广泛，通常用于轴和轴上传动件（如齿轮、皮带轮、联轴器等）之间的可拆连接，用于传递扭矩和运动。图 7-1 是通过内外花键将套和轴连接，图 7-2 通过平键将轴和齿轮连接。当轴与传动件之间有轴向相对运动时，键连接还能起导向作用，如变速箱中变速齿轮花键孔与花键轴的连接，可以使齿轮沿花键轴移动以达到变换速度的目的。图 7-3 是一个带有内花键的齿轮。

图 7-1　内外花键

图 7-2　平键连接

图 7-3　内花键

7.1　键连接概述

为了保证键连接的使用要求，并保证其互换性，我国发布了 GB/T 1095－2003《平键　键槽的剖面尺寸》、GB/T 1096－2003《普通型　平键》、GB/T 1097－2003《导向型　平键》、GB/T 1568－2008《键　技术条件》和 GB/T 1144－2001《矩形花键尺寸、公差和检验》等国家标准。

键连接分为单键连接和花键连接两大类。

1. 单键连接

键又称之为单键。采用单键连接时，在孔和轴上均铣出键槽，再通过单键连接在一起。

单键按其结构形状不同可分为平键、半圆键、楔形键和切向键等,其中平键又可分为普通平键、导向平键和薄型平键。平键连接结构简单,装拆方便,应用最为广泛。

2. 花键连接

花键连接按其键齿形状分为矩形花键、渐开线花键和三角形花键三种,其结构如图 7-4 所示。

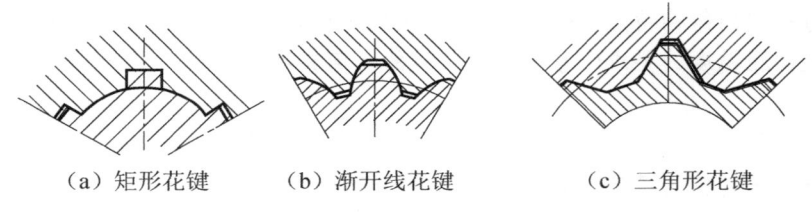

（a）矩形花键　　　（b）渐开线花键　　　（c）三角形花键

图 7-4　花键连接的种类

与单键连接比较,花键连接具有以下优点:
（1）键与轴或孔为一个整体,强度高,负荷分布均匀,可传递较大的扭矩。
（2）连接可靠,导向精度高,定心性好,易达到较高的同轴度要求。
但是,由于花键的加工制造比单键复杂,故其成本较高。
在上述键连接中,平键和矩形花键的应用比较广泛。本章只讨论普通平键和矩形花键连接的精度设计。

7.2　普通平键连接的精度设计

7.2.1　普通平键连接的结构和几何参数

普通平键连接通过键的侧面与轴键槽和轮毂键槽的侧面相互接触来传递扭矩,键（槽）宽 b（包括轴槽宽和轮毂槽宽）是键连接的主参数,也是键连接的配合尺寸。键的上表面和轮毂槽间留有一定的间隙,其结构如图 7-5 所示。在其剖面尺寸中,t_1 和 t_2 分别为轴槽深和轮毂深,L 和 h 分别为键长和键高,d 为轴和轮毂直径。

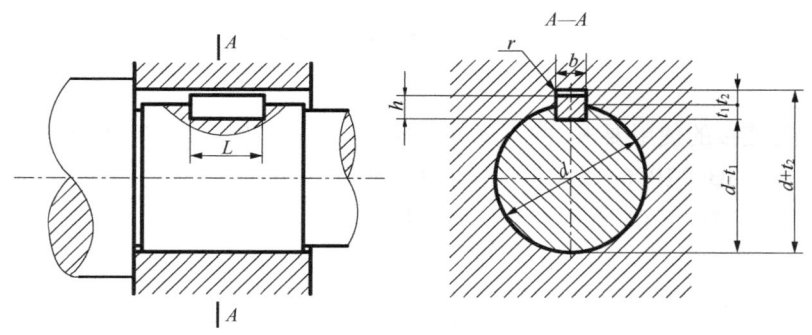

图 7-5　普通平键的连接结构

7.2.2 普通平键连接的公差与配合

1. 平键连接的极限与配合

1) 配合尺寸的公差与配合

在普通平键连接中,键宽和键槽宽是配合尺寸,应规定较严格的公差。

键是标准件。键与键槽宽的配合采用基轴制,即通过规定不同的键槽宽公差带来满足不同的配合性能要求。按照配合的松紧不同,普通平键连接分为松连接、正常连接和紧密连接。国家标准对平键的键宽只规定了 h8 这一种公差带,对轴槽宽和轮毂的槽宽各规定了三种公差带,构成三种配合,以满足不同的工作要求。普通平键的键宽与键槽宽的公差带如图 7-6 所示,三组配合的应用情况如表 7-1 所示。

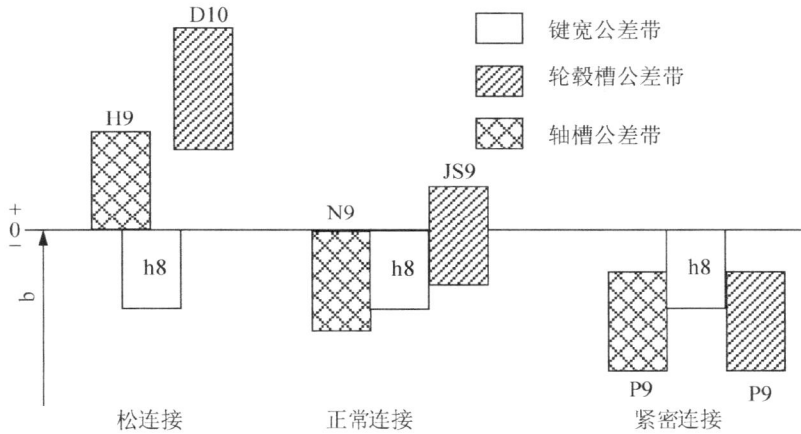

图 7-6 普通平键连接键宽和槽宽的公差带

表 7-1 普通平键连接的公差带及其应用

配合种类	宽度 b 的公差			配合性质及应用
	键	轴槽	轮毂槽	
松连接	h8	H9	D10	键在轴上及轮毂中均能滑动。主要用于导向平键,轮毂可在轴上作轴向移动
正常连接	h8	N9	JS9	键在轴上及轮毂中均固定。用于载荷不大的场合
紧密连接	h8	P9	P9	键在轴上及轮毂中均固定,且较正常连接更紧。主要用于载荷较大、载荷具有冲击性及双向传递扭矩的场合

部分普通型平键的公差如表 7-2 所示,普通平键键槽的尺寸与公差如表 7-3 所示。

表 7-2 部分普通型平键公差(摘自 GB/T1096—2003)   单位:mm

	公称尺寸	8	10	12	14	16	18	20	22	25	28
b	极限偏差 h8	0 −0.022			0 −0.027				0 −0.033		
	公称尺寸	7	8	9	10	11	12	14	16		
h	极限偏差 h11	0 −0.090				0 −0.110					

2）非配合尺寸的公差

在非配合尺寸中，键高 h 的公差一般采用 h11，键长 L 的公差采用 h14，轴槽长度的公差采用 H14，轴槽深 t_1 和轮毂深 t_2 的公差见表 7-3。为了便于测量，在图样上对轴键槽深度和轮毂槽深度分别标注"$d-t_1$"和"$d+t_2$"，其极限偏差分别按照 t_1 和 t_2 的极限偏差选取，但"$d-t_1$"的上偏差为零，下偏差为负数。

表 7-3　普通平键键槽的尺寸与公差（摘自 GB/T 1095－2003）　　单位：mm

键尺寸 $b×h$	键槽										
	宽度 b						深度				半径
	公称尺寸	极限偏差					轴 t_1		毂 t_2		
		正常连接		紧密连接	松连接						
		轴 N9	毂 JS9	轴和毂 P9	轴 H9	毂 D10	公称尺寸	极限偏差	基本尺寸	极限偏差	最小	最大
2×2	2	−0.004 −0.029	±0.0125	−0.006 −0.031	+0.025 0	+0.060 +0.020	1.2	+0.1 0	1.0	+0.1 0	0.08	0.16
3×3	3						1.8		1.4			
4×4	4	0 −0.030	±0.015	−0.012 −0.042	+0.030 0	+0.078 +0.030	2.5		1.8			
5×5	5						3.0		2.3			
6×6	6						3.5		2.8		0.16	0.25
8×7	8	0 −0.036	±0.018	−0.015 −0.051	+0.036 0	+0.098 +0.040	4.0		3.3			
10×8	10						5.0		3.3			
12×8	12	0 −0.043	±0.0215	−0.018 −0.061	+0.043 0	+0.120 +0.050	5.0	+0.2 0	3.3	+0.2 0	0.25	0.40
14×9	14						5.5		3.8			
16×10	16						6.0		4.3			
18×11	18						7.0		4.4			
20×12	20	0 −0.052	±0.026	−0.022 −0.074	+0.052 0	+0.149 +0.065	7.5		4.9		0.40	0.60
22×14	22						9.0		5.4			
25×14	25						9.0		5.4			
28×16	28						10.0		6.4			
32×18	32						11.0		7.4			
36×22	36	0 −0.062	±0.031	−0.026 −0.088	+0.062 0	+0.180 +0.080	12.0		8.4		0.70	1.00
40×22	40						13.0		9.4			
45×25	45						15.0		10.4			
50×28	50						17.0		11.4			
56×32	56	0 −0.074	±0.037	−0.032 −0.106	+0.074 0	+0.220 +0.100	20.0	+0.3 0	12.4	+0.3 0	1.20	1.60
63×32	63						20.0		12.4			
70×36	70						22.0		14.4			
80×40	80						25.0		15.4			
90×45	90	0 −0.087	±0.0435	−0.037 −0.124	+0.087 0	+0.260 +0.120	28.0		17.4		2.00	2.50
100×50	100						31.0		19.5			

2. 普通平键连接极限配合的选用

图 7-6 给出的是普通平键连接键宽和槽宽的公差带。普通平键连接主要根据使用要求和应用场合来确定配合种类。

对于导向平键选用松连接，在这种方式中，由于几何误差的影响会使键（h8）与轴槽（H9）的配合实际上为不可动连接，而键与轮毂槽（D10）的配合间隙较大，因此轮毂可以相对轴移动。

对于承受重载荷、冲击载荷或双向扭矩的情况应选用紧密连接，因为这时键（h8）与键槽（P9）的配合较紧，再加上几何误差的影响，其结合紧密、可靠。

除上述两种情况外，对于承受一般载荷，考虑拆装方便，应选用正常连接。

3. 键和键槽的几何公差与表面粗糙度的选用

为保证键侧面与键槽侧面之间有足够的接触面积，避免装配困难，应分别对轴槽和轮毂槽规定对称度公差。对称度公差按 GB/T 1184－1996《形状和位置公差 未注公差值》确定，一般取 7～9 级。对称度公差的公称尺寸是指键槽宽 b。

当平键的键长 L 与键宽 b 的比值大于等于 8 时，应对键的两个工作侧面在长度方向上规定平行度公差，平行度公差也按 GB/T1184－1996《形状和位置公差 未注公差值》选取：当 $b \leqslant 6$mm 时，平行度公差等级取 7 级；当 $b \geqslant 8 \sim 36$mm 时，平行度公差等级取 6 级；当 $b \geqslant 40$mm 时，平行度公差等级取 5 级。

国家标准推荐键槽配合面的表面粗糙度 Ra 的上限值一般取 $1.6 \sim 3.2 \mu m$，非配合表面的表面粗糙度 Ra 的上限值取 $6.3 \mu m$。

4. 键槽尺寸和公差在图样上的标注

轴槽和轮毂槽的剖面尺寸、几何公差及表面粗糙度在图样上的标注如图 7-7 所示，其中图 7-7（a）为轴槽标注示例，图 7-7（b）为轮毂槽标注示例。

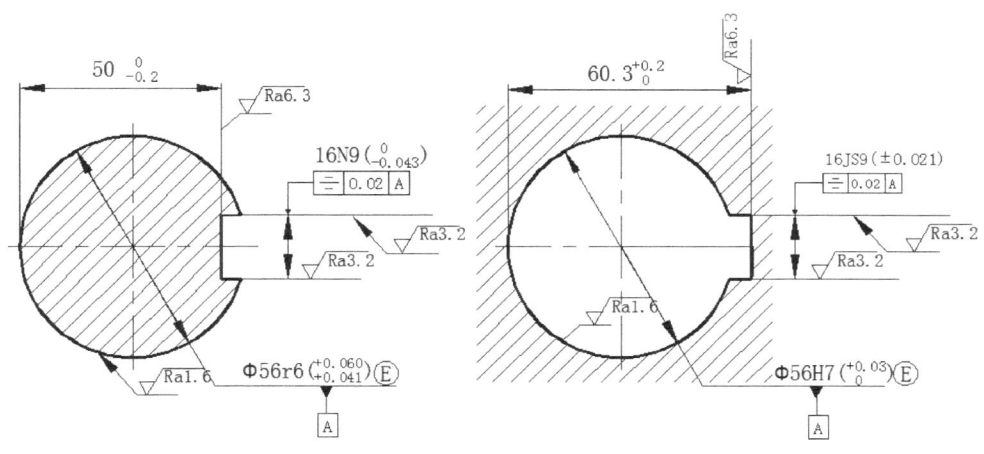

图 7-7 键槽标注示例

7.3 矩形花键连接的精度设计

7.3.1 矩形花键连接的尺寸系列

GB/T 1144－2001《矩形花键尺寸、公差和检验》规定了矩形花键连接的尺寸系列、定心方式、公差与配合、标注方法及检验规则。

为了便于加工和测量，矩形花键的键数 N 为偶数，有 6、8、10 这三种。按承载能力不同，矩形花键分为中、轻两个系列，中系列的键高尺寸较大，承载能力强，轻系列的键高尺寸较小，承载能力相对较弱。矩形花键的尺寸系列如表 7-4 所示。

表 7-4 矩形花键的公称尺寸系列（摘自 GB/T 1144－2001） 单位：mm

小径 d	轻系列				中系列			
	规格 $N×d×D×B$	键数 N	大径 D	键宽 B	规格 $N×d×D×B$	键数 N	大径 D	键宽 B
11					6×11×14×3	6	14	3
13					6×13×16×3.5		16	3.5
16	—		—	—	6×16×20×4		20	4
18					6×18×22×5		22	5
21					6×21×25×5		25	
23	6×23×26×6	6	26	6	6×23×28×6		28	6
26	6×26×30×6		30		6×26×32×6		32	
28	6×28×32×7		32	7	6×28×34×7		34	7
32	8×32×36×6	8	36	6	8×32×38×6	8	38	6
36	8×36×40×7		40	7	8×36×42×7		42	7
42	8×42×46×8		46	8	8×42×48×8		48	8
46	8×46×50×9		50	9	8×46×54×9		54	9
52	8×52×56×10		56	10	8×52×60×10		60	10
56	8×56×62×10		62		8×56×65×10		65	
62	8×62×68×12		68	12	8×62×72×12		72	12
72	10×72×78×12	10	78		10×72×82×12	10	82	
82	10×82×88×12		88		10×82×92×12		92	
92	10×92×98×14		98	14	10×92×102×14		102	14
102	10×102×108×16		108	16	10×102×112×16		112	16
112	10×112×120×18		120	18	10×112×125×18		125	18

7.3.2 矩形花键的几何参数和定心方式

1. 矩形花键的几何参数

矩形花键连接的几何参数有大径 D、小径 d、键数 N 和键槽宽 B，如图 7-8 所示，其中图 7-8（a）为内花键，图 7-8（b）为外花键。

2. 矩形花键的定心方式

花键连接的主要使用要求是保证内、外花键连接后具有较高的同轴度，以及键侧面与键槽侧面接触的均匀性，并能传递一定的扭矩，为此，必须保证配合性质。

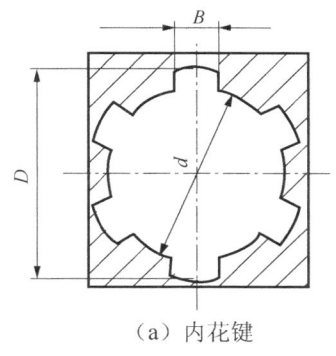
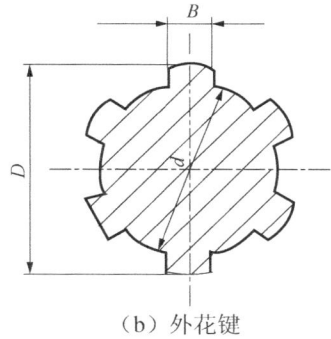

（a）内花键　　　　　　　　　　　　（b）外花键

图 7-8　矩形花键的主要尺寸

如图 7-8 所示，矩形花键有大径 D、小径 d 和键与键（槽）宽 B 这三个主要尺寸参数。矩形花键有三个结合面，即大径、小径和键侧面。确定配合性质的结合面称为定心表面。理论上每个结合面都可作为定心表面，即矩形花键连接有三种定心方式：按大径 D 定心、按小径 d 定心和按键（槽）宽 B 定心，如图 7-9 所示。若要求这三个尺寸都起定心作用很困难，而且也没有必要。定心尺寸应按较高的精度制造，以保证定心精度。非定心尺寸可按较低的精度制造。由于传递扭矩是通过键和键槽侧面进行的，因此，键和键槽宽 B 不论是否作为定心尺寸，都要求较高的尺寸精度。

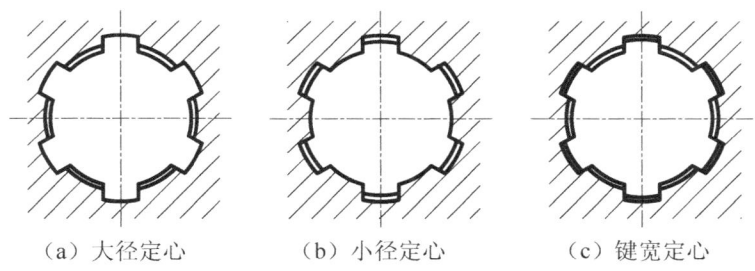

（a）大径定心　　　　　（b）小径定心　　　　　（c）键宽定心

图 7-9　花键的定心方式

GB/T 1144－2001《矩形花键尺寸、公差和检验》规定矩形花键以小径定心，因为花键连接常需要内外花键相对滑动，要求表面硬度达到 50HRC 左右；所以为保证加工精度要求，工艺要求淬火后进行磨削加工。随着科技的发展，采用小径定心可以满足精度的要求。

小径定心时，内花键淬火后的变形可用内圆磨修复，从而达到高精度要求。同时，外花键的小径精度可用成形磨削保证。因此，小径定心的定心精度高，定心稳定性好，使用寿命长，有利于产品质量的提高。

7.3.3　矩形花键连接的公差与配合

1. 矩形花键连接的极限与配合

矩形花键连接的极限与配合分为两种情况：一种为一般用途的矩形花键，另一种为精密传动用矩形花键。其内、外花键的尺寸公差带见表 7-5。

表 7-5 内、外花键的尺寸公差带（摘自 GB/T 1144—2001）

用途	内花键				外花键			装配形式
	小径 d	大径 D	键宽 B		小径 d	大径 D	键宽 B	
			拉削后不热处理	拉削后热处理				
一般用途	H7	H10	H9	H11	f7	d10	滑动
					g7		f9	紧滑动
					h7		h10	固定
精密传动用	H5	H10	H7、H9		f5	a11	d8	滑动
					g5		f7	紧滑动
					h5		h8	固定
	H6				f6		d8	滑动
					g6		f7	紧滑动
					h6		h8	固定

注：(1) 精密传动用的内花键，当需要控制键侧配合间隙时，槽宽可选用 H7，一般情况下可选用 H9。
(2) 当内花键公差带为 H6 和 H7 时，允许与提高一级的外花键配合。

为了减少加工和检验内花键所使用的花键拉刀和花键量规的规格和数量，矩形花键连接应采用基孔制配合。

一般传动用内花键拉削后再进行热处理，其键（槽）宽的变形不易修正，故公差要降低要求（由 H9 降为 H11）。对于精密传动用的内花键，当连接要求键侧配合间隙较高时，槽宽公差带选用 H7，一般情况选用 H9。

在一般情况下，定心直径 d 的公差带内、外花键取相同的公差等级。这个规定不同于普通光滑孔、轴的配合（在一般情况下，公差等级高于 8 级时，孔比轴低一级），主要是考虑到矩形花键采用小径定心，使加工难度由内花键转为外花键，其加工精度要高一些。但在有些情况下，内花键允许与提高一级的外花键配合，公差带为 H7 的内花键可以与公差带为 f6、g6、h6 的外花键配合，公差带为 H6 的内花键可以与公差带为 f5、g5、h5 的外花键配合，这主要是考虑矩形花键常用作齿轮的基准孔。在贯彻齿轮标准的过程中，有可能出现外花键的定心直径公差等级高于内花键定心直径公差等级的情况。

国标规定，矩形花键的配合按照装配形式分为滑动、紧滑动和固定三种。前两种连接方式用于工作过程中内、外花键之间要求相对移动的情况，而固定连接方式用于内、外花键之间无轴向相对移动的情况。由于几何误差的影响，矩形花键各结合面的配合均比预定的配合要紧。

2. 矩形花键连接的极限与配合的选用

矩形花键连接的公差与配合的选用主要是确定连接精度和装配形式。

连接精度的选用主要是根据定心精度要求和传递扭矩的大小。精密传动用花键连接定心精度高，传递扭矩大而且平稳，多用于精密机床主轴变速箱，以及各种减速器中轴与齿轮花键孔的连接。一般用途的花键连接适用于定心精度要求不高但传递扭矩较大的情况，如载重汽车、拖拉机的变速箱。

装配形式选用时，首先根据内、外花键之间是否有轴向移动，确定选固定连接还是滑动连接。对于内、外花键之间要求有相对移动，而且移动距离长、移动频率高的情况，应选用配合间隙较大的滑动连接，以保证运动的灵活性及配合面之间有足够的润滑油层，例如，汽车、拖拉机等变速箱中齿轮与轴的连接。对于内、外花键定心精度要求高，传递扭矩大或经常有反向转动的情况，则应选用配合间隙较小的紧滑动连接。对于内、外花键间无须在轴向移动，只用来传递扭矩的情况，则应选用固定连接。

3. 矩形花键连接的几何公差和表面粗糙度要求

1）几何公差要求

内、外花键是具有复杂表面的结合件，并且键长与键宽的比值较大，因此，还需要有几何公差要求。为保证配合性质，内、外花键的小径定心表面的形状公差和尺寸公差的关系应遵守包容要求。

为控制内、外花键的分度误差，一般应规定位置度公差（公差值见表7-5），应注意键宽的位置度公差与小径定心表面的尺寸公差关系应符合最大实体要求。检测时采用花键量规，因此适用于大批量生产。矩形花键的位置度公差要求的图样标注如图7-10所示，矩形花键位置度公差见表7-6。

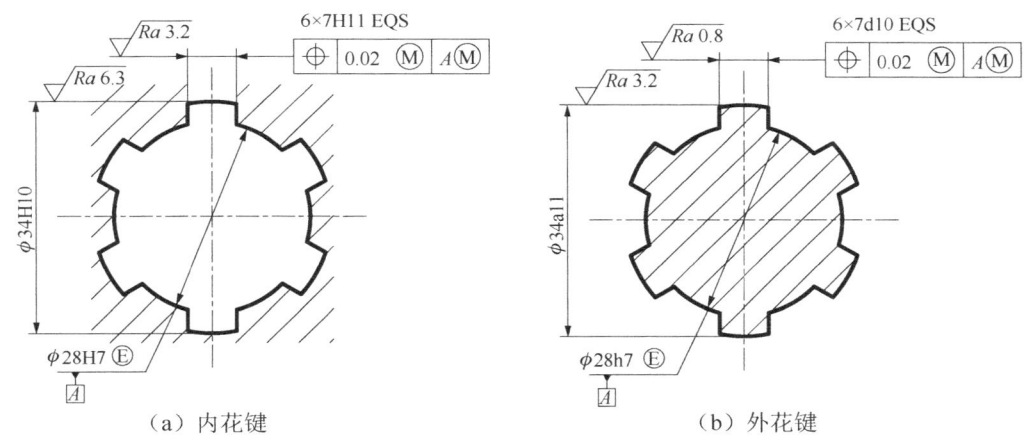

图7-10 矩形花键的位置度公差标注

表7-6 矩形花键位置度公差（摘自GB/T 1144—2001） 单位：mm

键槽宽或键宽 B		3	3.5~6	7~10	12~18
		位置度公差 t_1			
键槽宽		0.010	0.015	0.020	0.025
键宽	滑动、固定	0.010	0.015	0.020	0.025
	紧滑动	0.006	0.010	0.013	0.016

单件、小批量生产时，一般规定键或键槽的中心平面对定心表面轴线的对称度公差和花键等分度公差（对称度公差值见表7-7），应注意对称度公差、等分度公差与小径定心表面尺寸公差的关系均应遵守独立原则。国家标准规定，花键的等分度公差等于花键的对称度公差，省略不标。内、外花键的对称度公差的图样标注如图7-11所示。

表 7-7　矩形花键对称度公差（摘自 GB/T 1144－2001）　　　　　　　　　　单位：mm

键槽宽或键宽 B	3	3.5～6	7～10	12～18
	对称度公差 t_2			
一般用	0.010	0.012	0.015	0.018
精密传动用	0.006	0.008	0.009	0.011

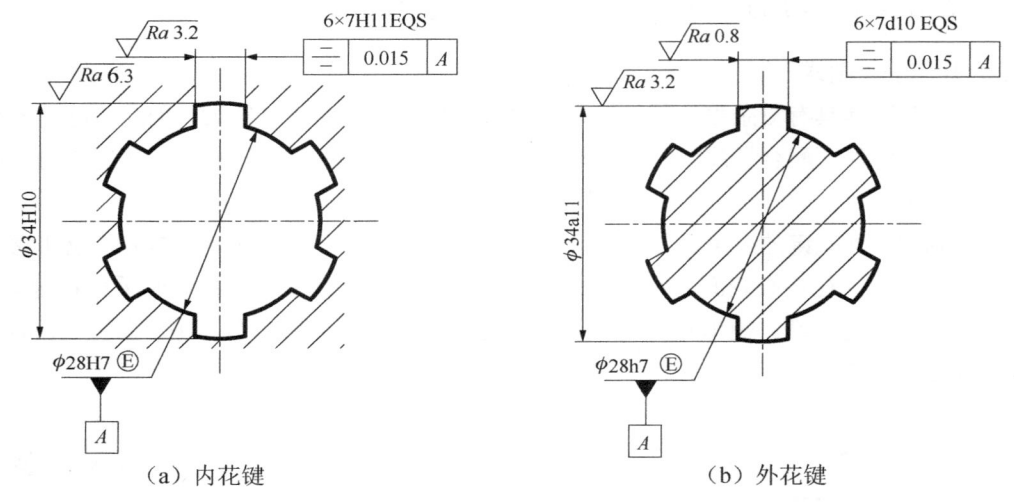

（a）内花键　　　　　　　　　　　　（b）外花键

图 7-11　矩形花键对称度公差标注

另外，对于较长的花键，可根据要求自行规定键侧面对花键轴线的平行度公差。

2）矩形花键的表面粗糙度要求

一般标注 Ra 的上限值要求，矩形花键各结合表面的表面粗糙度推荐值见表 7-8。

表 7-8　矩形花键的表面粗糙度推荐值

加工表面	内花键	外花键
	Ra（不大于）/μm	
小径	1.6	0.8
大径	6.3	3.2
键侧	6.3	1.6

4. 矩形花键连接的标注代号

矩形花键连接在图样上的标注代号，按顺序包括键数 N、小径 d、大径 D、键宽 B 及其相应的尺寸公差带代号，各项之间用"×"连接，此外还应注明矩形花键标准号 GB/T 1144－2001。

例如，有一个花键连接，键数 N 为 6，小径 d 的配合为 23H7/f7，大径 D 的配合为 26H10/a11，键槽宽 B 的配合为 6H11/d10，由此可见，这是一般用途滑动矩形花键连接。在图样上的标注代号如下：

（1）矩形花键规格 N×d×D×B，应记为 6×23×26×6。

（2）矩形花键副的配合代号，在装配图上标注如下：

$$6\times23\frac{H7}{f7}\times26\frac{H10}{a11}\times6\frac{H11}{d10} \quad \text{GB/T } 1144-2001$$

（3）相应的零件图标注如下所述。

内花键：   6×23 H7×26 H10×6 H11   GB/T 1144－2001

外花键：   6×23 f7×26 a11×6 d10   GB/T 1144－2001

5. 矩形花键的检测

矩形花键的检测有单项测量和综合检验两种。

单项测量主要用于单件、小批量生产，用通用量具分别对定心小径、键宽、大径进行单项测量，并检测键宽的对称度、键齿（槽）的等分度和大径、小径的同轴度等几何误差项目。

综合检验适用于大批量生产，用量规检验。综合量规用于控制被测花键的最大实体边界，即综合检验小径、大径及键（槽）宽的关联作用尺寸，将其控制在最大实体边界内，然后用单项止端量规分别检验尺寸 d、B、D 的最小实体尺寸。检验时，若综合通规能通过工件，单项止规不能通过工件，则工件合格。

矩形花键的检测规定参见 GB/T1144－2001 的附录。

本章小结

单键和花键的连接在机械设计中非常普遍，需要掌握对平键和矩形花键的结构和各自的应用要求。平键是标准件，常常是外构件，由专业厂家制造。花键是需要企业加工制造的，所以需要了解加工工艺对精度的影响。在学习的过程中，正确理解国家标准，丰富知识面，掌握精度设计要求。

习　题

7-1　花键与平键在结构上有何不同？花键连接有何优点？

7-2　平键连接采用什么基准制？为什么说键宽 b 是主要参数？

7-3　平键连接有哪些几何公差要求？数值如何确定？

7-4　为什么矩形花键规定小径定心？其优点何在？

7-5　花键连接采用什么基准制？为什么？

7-6　矩形花键的尺寸公差和几何公差是如何规定的？用什么方法检测几何公差？

7-7　某减速器中输出轴的伸出端与相配件孔的配合为 45H7/m6，并采用了正常连接。试确定轴槽和轮毂槽的剖面尺寸及其极限偏差、键槽对称度公差和键槽表面粗糙度参数值，将各项公差值标注在零件图上（见图 7-8）。

7-8　某车床床头箱中一个变速滑动齿轮与轴的结合采用矩形花键固定连接，花键的公称尺寸为6×23×26×6，齿轮内孔不需要热处理。试查表确定花键的大径、小径和键宽的公差带，画出公差带图，并写出花键副的配合代号与内花键和外花键的公差带代号。

7-9　试查出矩形花键配合 $6\times28\dfrac{H7}{g7}\times32\dfrac{H10}{a11}\times7\dfrac{H11}{f9}$ 中的内花键、外花键的极限偏差，画出公差带，并指出该矩形花键配合的用途及装配形式。

第 8 章　螺纹精度设计

教学重点

普通螺纹几何参数误差对互换性的影响，螺纹的中径合格性判定条件，普通螺纹公差与配合标准及选用。

教学难点

普通螺纹几何参数误差对互换性的影响。

教学方法

讲授法，问题教学法。

引例

螺钉、螺栓和螺母在机械制造行业和日常生活中都是应用广泛的零件。利用螺纹可以夹紧零件或物体；可以带动零部件运动。例如，图 8-1 中的台虎钳，转动手柄，丝杆的旋转可以带动套在丝杆上的钳口运动，从而夹紧被加工的零件。螺纹还可以起到密封作用。例如，图 8-2 中的汽车油箱的密封盖，旋紧密封盖可以防止油的外漏。螺纹是典型的具有互换性的零件，那么螺纹设计的精度要求如何规定？如何判断螺纹合格？这些都是本章所要解决的问题。由于学时的限制，主要介绍普通螺纹的精度设计及检测。

图 8-1　台虎钳

图 8-2　汽车油箱的密封盖

8.1　概　　述

螺纹结合是机械制造和仪器制造中应用最广泛的结合形式。螺钉、螺栓和螺母作为连接和紧固件在人们的日常生活中已司空见惯，是完全互换性的零件。国家颁布了有关螺纹精度设计的系列标准及选用方法，保证了螺纹的互换性要求。

第8章 螺纹精度设计

本章所涉及的国家标准主要有 GB/T 192—2003《普通螺纹 基本牙型》、GB/T 193—2003《普通螺纹 直径与螺距系列》、GB/T 196—2003《普通螺纹 基本尺寸》、GB/T 197—2003《普通螺纹 公差》、GB/T 2516—2003《普通螺纹 基极限偏差》、GB/T 9144～9146—2003《普通螺纹 优选系列》等。

8.1.1 螺纹的种类及使用要求

螺纹在机电产品中的应用十分广泛，按用途不同可分为三大类：

（1）紧固螺纹（普通螺纹）。紧固螺纹主要用于连接和紧固各种机械零件。紧固螺纹是各种螺纹中使用最普遍的一种，通常牙型的形状采用等边三角形；即称为普通螺纹或三角螺纹。螺纹结合的使用要求是可旋合性和连接的可靠性。

（2）传动螺纹。传动螺纹主要用于传递动力和精确位移，如丝杠等，其牙型主要有梯形、锯齿形；即梯形螺纹和锯齿形螺纹。螺纹结合的使用要求是传递动力的可靠性或传动比的稳定性（保持恒定）和可旋入性。

（3）紧密螺纹。紧密螺纹主要用于使两个零件紧密而无泄漏地结合，如连接管道用的螺纹、油箱和水箱的密封盖，其牙型主要有等腰三角形；即管螺纹。对这种螺纹结合的使用要求是结合紧密、连接可靠和可旋入性，以保证不漏水、漏气和漏油。

本章主要讨论普通螺纹的互换性及其精度选择。

8.1.2 普通螺纹的基本牙型和主要几何参数

普通螺纹的基本牙型为三角形，其牙型的原始形状是一个等边三角形。所谓的基本牙型是指在螺纹的轴剖面内，三角形牙型的原始三角形高度为 H，顶部截去 $H/8$ 高度；底部截去 $H/4$，获得高度为 $5H/8$ 的螺纹牙型。如图 8-3 所示的粗实线为普通螺纹的基本牙型。螺纹的各主要参数的位置可参考图 8-3 的标注。

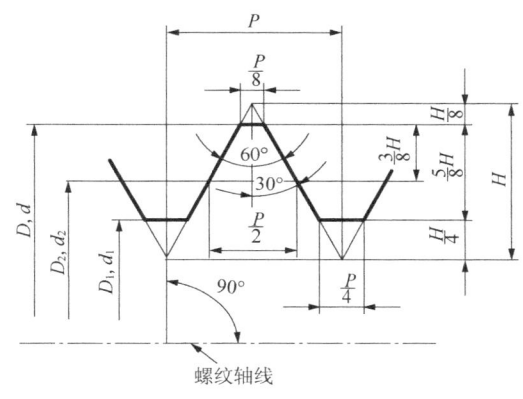

图 8-3 螺纹的基本尺寸和基本牙型

（1）大径（d 或 D）。大径是指与外螺纹牙顶或内螺纹牙底相重合的假想圆柱体的直径。外螺纹用 d 表示，内螺纹用 D 表示。国家标准规定，公制普通螺纹大径的基本尺寸为螺纹的公称直径。大径也是外螺纹顶径，内螺纹底径。

（2）小径（d_1 或 D_1）。小径是指与外螺纹牙底或内螺纹牙顶相重合的假想圆柱体的直径。外螺纹用 d_1 表示，内螺纹用 D_1 表示。小径是外螺纹的底径，内螺纹的顶径。

(3) 中径（d_2 或 D_2）。中径也是一个假想圆柱的直径，该圆柱的母线通过牙型上沟槽和凸起宽度相等且等于 $P/2$ 的地方。外螺纹用 d_2 表示，内螺纹用 D_2 表示。

(4) 螺距（P）。螺距是指相邻两牙在中径线上对应两点间的轴向距离，螺距分为粗牙和细牙。

表 8-1 给出了普通螺纹的部分中、小径和螺距的基本尺寸，其中螺距栏内的斜体字为粗牙螺距，其余为细牙螺距。

表 8-1　普通螺纹基本尺寸（摘自 GB/T 196—2003）　　单位：mm

公称直径（大径）D、d	螺距 P	中径 D_2、d_2	小径 D_1、d_1	公称直径（大径）D、d	螺距 P	中径 D_2、d_2	小径 D_1、d_1
10	*1.5*	9.026	8.376	20	*2.5*	18.376	17.294
	1.25	9.188	8.647		2	18.701	17.835
	1	9.350	8.917		1.5	19.026	18.376
	0.75	9.513	9.188		1	19.350	18.917
11	*1.5*	10.026	9.376	22	*2.5*	20.376	19.294
	1	10.350	9.917		2	20.701	19.835
	0.75	10.513	10.188		1.5	21.026	20.376
					1	21.350	20.917
12	*1.75*	10.863	10.106	24	*3*	22.051	20.752
	1.5	11.026	10.376		2	22.701	21.835
	1.25	11.188	10.647		1.5	23.026	22.376
	1	11.350	10.917		1	23.0350	22.917
14	*2*	12.701	11.835	25	2	23.701	22.835
	1.5	12.026	12.376		1.5	24.026	23.376
	1.25	13.188	12.647		1	24.350	23.917
	1	13.350	12.917				
15	1.5	14.026	13.376	26	*1.5*	25.026	24.376
	1	14.350	13.917				
16	*2*	14.701	13.835	27	*3*	25.051	23.752
	1.5	15.026	14.376		2	25.701	24.835
	1	15.350	14.917		1.5	26.026	25.376
					1	26.350	25.917
17	1.5	16.026	15.376	28	2	26.701	25.835
	1	16.350	15.917		1.5	27.026	26.376
					1	27.350	26.917
18	*2.5*	16.376	15.294	30	*3.5*	27.727	26.211
	2	16.701	15.835		3	28.051	26.752
	1.5	17.025	16.376		2	28.701	27.835
	1	17.350	16.917		1.5	29.026	28.376
					1	29.350	28.917

表中螺纹中径和小径值是按照下列公式计算的。计算数值圆整到小数点后的第三位。

$$D_2 = D - 2 \times \frac{3}{8} H = D - 0.6495P \qquad d_2 = d - 2 \times \frac{3}{8} H = d - 0.6495P$$

$$D_1 = D - 2 \times \frac{5}{8} H = D - 1.0825P \qquad d_1 = d - 2 \times \frac{5}{8} H = d - 1.0825P$$

$$H = \frac{\sqrt{3}}{2} P = 0.866025404P$$

注：斜体字加粗的螺距为粗牙螺距。

(5)单一中径。中径一个假想圆柱的直径,该圆柱的母线通过牙型上沟槽宽度等于 $P/2$ 位置。当螺距无误差时,螺纹的中径就是螺纹的单一中径。当螺距有误差时,单一中径与中径是不相等的,如图8-4所示。在检测时,单一中径可替代实际中径。

(6)牙型角(α)牙侧角(α_1 和 α_2)。牙型角是指通过螺纹轴线的剖面内,螺纹牙型两侧间的夹角,用 α 来表示。对于普通螺纹,牙型角 $\alpha=60°$。牙型半角 $\alpha/2=30°$。

牙侧角是指通过螺纹轴线的剖面内,螺纹牙型的一侧与螺纹轴线的垂线间的夹角,分别用 α_1 和 α_2 表示。牙侧角是和互换性有关的重要参数。

若螺纹的轴线没有几何误差,则普通螺纹的牙侧角与牙型半角的关系为

$$\alpha_1 = \alpha_2 = \frac{\alpha}{2} = 30°$$

(7)螺纹旋合长度。螺纹旋合长度是指两配合螺纹,沿螺纹轴线方向相互旋合部分的长度。旋合长度有短旋合长度、中等旋合长度和长旋合长度;分别用 S、N 和 L 表示。图8-5中的 l 是旋合长度。

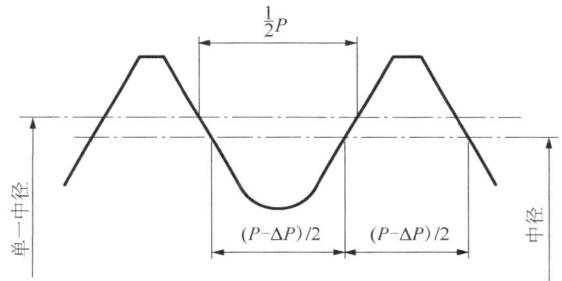

图8-4 螺纹的中径和单一中径

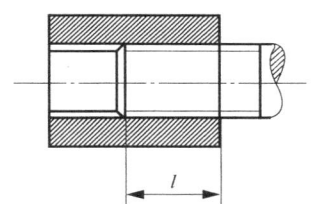

图8-5 螺纹的旋合长度

8.2 普通螺纹几何参数误差对互换性的影响

影响螺纹结合互换性的主要几何参数有螺纹的螺距、牙侧角和直径。

8.2.1 螺距误差的影响

对紧固螺纹来说,螺距误差主要影响螺纹的可旋合性和连接的可靠性;对传动螺纹来说,螺距误差直接影响传动精度,影响螺牙上负荷分布的均匀性。

螺距误差包括局部误差和累积误差。螺距局部误差 ΔP 是指螺距的实际值与其基本值之差,由于 ΔP 值较小,对旋合性影响不大,但螺距累积误差 ΔP_Σ 会增大,直接影响可旋入性。

螺距累积误差 ΔP_Σ 是指在规定的螺纹长度内,任意两同名牙侧与中径线交点间的实际轴向距离与其基本值之差的最大绝对值,与旋合长度有关。ΔP_Σ 对螺纹互换性的影响更为明显,所以分析的重点是螺距累积误差。

螺距误差对旋合性的影响如图8-6所示。假定内螺纹为理想牙型,与之相配合的外螺纹存在螺距误差,且外螺纹的螺距 $P_{外}$ 略大于内螺纹的螺距 $P_{内}$,当旋转一定长度时,内、外螺纹的牙型产生较大的干涉,不能旋合。相当于外螺纹的中径增大,增大的这个 f_p 值称为螺距误差的中径当量。f_p 值与螺距的累积误差的关系如8-1公式。

从图 8-6 的 $\triangle ABC$ 中得知：$\quad f_\mathrm{p} = \Delta P_\Sigma \mathrm{ctg}\dfrac{\alpha}{2}$

螺距误差的中径当量：外螺纹 $f_\mathrm{p}=1.732|\Delta P_\Sigma|$ ；内螺纹 $F_\mathrm{p}=1.732|\Delta P_\Sigma|$ （8-1）

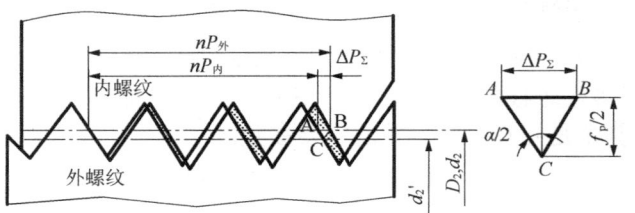

图 8-6　螺距累积误差对旋合性的影响

8.2.2　牙侧角偏差的影响

牙侧角偏差是指牙侧角的实际值与其理论值（30°）之差。它包括螺纹牙侧的形状误差和牙侧相对于螺纹轴线的位置误差，它对螺纹的旋合性和连接强度均有影响。

如图 8-7 所示，假设内螺纹 1 具有理想牙型（左、右牙侧角的大小均为 30°），外螺纹 2 左侧和右侧均存在牙侧角偏差。螺纹检测时要求检测两侧的牙侧角偏差。如图 8-7 所示，假设外螺纹左牙侧角偏差为负值，其旋合时干涉区发生在中径线以上；假设右牙侧角偏差为正值，则旋合时干涉区发生在中径线以下。牙侧角偏差导致螺纹的旋合困难，相当于外螺纹的实际中径增大 f_α；增大的这个 f_α 值称为牙侧角偏差的中径当量，计算时取左、右牙侧角偏差的平均中径当量作为螺纹的牙侧角偏差的中径当量。

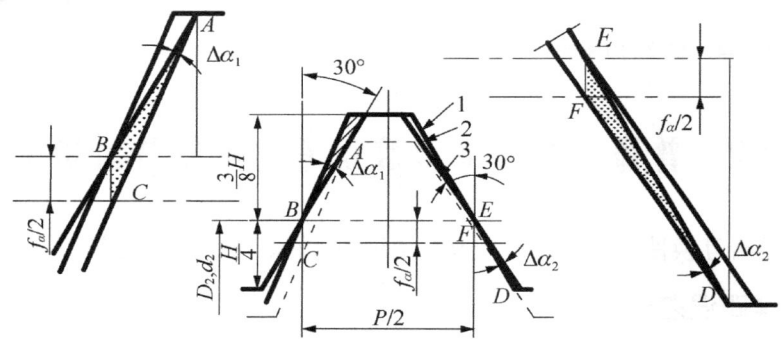

图 8-7　牙侧角偏差对旋合性的影响

图 8-7 分别给出了外螺纹左牙侧角偏差为负值时和右牙侧角偏差为正值时的牙型几何关系，可以根据图推导出 f_α 与 $\Delta\alpha$ 的关系公式。考虑到左、右牙侧角偏差可能出现的各种情况及必要的单位换算，经过整理后得出如下公式：

外螺纹的牙侧角中径当量：$\quad f_\alpha = 0.073P\left(K_1|\Delta\alpha_1| + K_2|\Delta\alpha_2|\right)$ （μm）（8-2）

式中，P——螺距，单位 mm；$1\mathrm{mm}=10^3\mu\mathrm{m}$。

$\Delta\alpha_1$、$\Delta\alpha_2$——左、右牙侧角偏差（$\Delta\alpha_1=\alpha_1-30°$，$\Delta\alpha_2=\alpha_2-30°$），单位为分；$180°=3.14$ 弧度；$1'=0.291\times10^{-3}$ 弧度。

K_1，K_2——左、右牙侧角偏差系数。对外螺纹，当牙侧角偏差为正值时，K_1，K_2 取值为 2，为负值时，K_1，K_2 取值为 3。

内螺纹的牙侧角中径当量的推导和外螺纹类似，在此不再介绍，注意公式中的内螺纹 K_1，K_2 取值。

内螺纹的牙侧角中径当量：$F_\alpha = 0.073P(K_1|\Delta\alpha_1| + K_2|\Delta\alpha_2|)$（μm） （8-3）

式中，P——螺距，单位 mm；$1\text{mm} = 10^3 \mu\text{m}$。

$\Delta\alpha_1$、$\Delta\alpha_2$——左、右牙侧角偏差（$\Delta\alpha_1 = \alpha_1 - 30°$，$\Delta\alpha_2 = \alpha_2 - 30°$），单位为分；$180° = 3.14$ 弧度；$1' = 0.291 \times 10^{-3}$ 弧度。

K_1、K_2——左、右牙侧角偏差系数。对内螺纹，当牙侧角偏差为正值时，K_1、K_2 取值为 3，为负值时，K_1、K_2 取值为 2。

8.2.3 螺纹直径偏差的影响

为了保证螺纹的旋合性，必须使内螺纹的实际直径大于或等于外螺纹的实际直径。由于相配合内、外螺纹的直径基本尺寸相同，因此，如果使内螺纹的实际直径大于或等于其基本尺寸（内螺纹直径实际偏差为正值），而外螺纹的实际直径小于或等于其基本尺寸（外螺纹直径实际偏差为负值），参见图 8-8 所示，就能保证内、外螺纹结合的旋合性。

参见图 8-8 所示，螺纹的顶径（内螺纹小径和外螺纹大径）会影响螺纹的接触高度 h，接触高度减小会导致螺纹连接强度不足。而螺纹底径（内螺纹大径和外螺纹小径）不会对接触高度 h 产生影响。中径位于接触高度之内，因此螺纹中径的偏差直接会削弱螺纹连接强度。因此，国家标准对内螺纹的中径和小径、外螺纹的中径和大径提出公差要求，即对螺纹中径和顶径提出公差要求，而螺纹底径没有提出公差要求。在螺纹的三个直径（大径、小径和中径）参数中，中径的实际尺寸的影响是主要的，它直接决定了螺纹结合的配合性质。

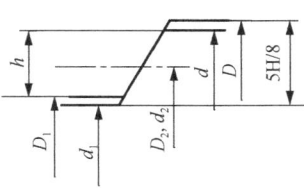

图 8-8 螺纹直径与接触高度

8.2.4 作用中径和螺纹中径合格性的判断

1）螺纹作用中径（d_{2m}、D_{2m}）

当螺纹有螺距的累积误差、牙侧角偏差和中径偏差后，会影响螺纹的可旋入性和连接强度，相当于内螺纹的中径减小和外螺纹的中径增大，使得配合效果变紧。这个变化的中径称为作用中径，直接影响配合精度，所以它是一个重要参数。

2）作用中径的计算

$$d_{2m} = d_{2a} + (f_p + f_\alpha) \quad (8-4)$$

$$D_{2m} = D_{2a} - (F_P + F_\alpha) \quad (8-5)$$

3）中径公差

由于螺距和牙侧角偏差的影响均可折算为中径当量，故螺纹中径公差有三个作用：控制中径本身的尺寸误差、控制螺距误差和控制牙侧角偏差，故不必单独规定螺距公差和牙侧角公差。可见，中径公差是一项综合公差。

$$T_{d_2} = T_{d_{2a}} + T_{f_p} + T_{f_\alpha} \quad \text{或} \quad T_{D_2} = T_{D_{2a}} + T_{F_p} + T_{F_\alpha} \quad (8-6)$$

4）中径合格性判断原则

作用中径的大小影响可旋合性，实际中径的大小影响连接可靠性。国家标准规定中径合格性判断原则应遵循泰勒原则，即实际螺纹的作用中径不能超过最大实体牙型的中径，并且任意位置的实际中径（单一中径）不能超过最小实体牙型的中径。根据中径合格性判断原则（泰勒原则），合格的螺纹应满足下列关系式

对于外螺纹

$$d_{2m} \leqslant d_{2MMS} = d_{2max} \tag{8-7}$$

$$d_{2a} \geqslant d_{2LMS} = d_{2min} \tag{8-8}$$

对于内螺纹

$$D_{2m} \geqslant D_{2MMS} = D_{2min} \tag{8-9}$$

$$D_{2a} \leqslant D_{2LMS} = D_{2max} \tag{8-10}$$

8.3 普通螺纹的公差与配合

8.3.1 螺纹公差带

螺纹配合由内、外螺纹公差带组合而成，国家标准《普通螺纹 公差》（GB/T 197—2003）将普通螺纹公差带的两个要素，即公差等级（公差带的大小）和基本偏差（公差带位置）进行标准化，组成各种螺纹公差带。考虑到旋合长度对螺纹精度的影响，由螺纹公差带与旋合长度构成螺纹精度，形成了较为完整的螺纹公差体系。

1. 公差等级

从作用中径的概念和中径合格性判断原则可知，不需要规定螺距、牙侧角公差，只规定中径公差就可综合控制它们对互换性的影响，所以国家标准仅对螺纹的中径和顶径分别规定了若干个公差等级，见表 8-2。各个公差等级中，3 级最高，公差值最小，等级依次降低，9 级最低。6 级是基本级，公差值可查表 8-3 和表 8-4。因为内螺纹加工工艺的特点，所以在同一公差等级中，内螺纹中径公差比外螺纹的中径公差大 32% 左右。

表 8-2 普通螺纹的公差等级

螺纹直径	公差等级
外螺纹中径 d_2	3、4、5、6、7、8、9
外螺纹大径 d	4、6、8
内螺纹中径 D_2	4、5、6、7、8
内螺纹小径 D_1	4、5、6、7、8

表 8-3 普通螺纹中径公差（摘自 GB/T 197—2003） 单位：μm

公称直径 d、D/mm		螺距 P/mm	内螺纹中径公差 T_{D_2}					外螺纹中径公差 T_{d_2}						
			公差等级					公差等级						
>	≤		4	5	6	7	8	3	4	5	6	7	8	9
5.6	11.2	0.75	85	106	132	170	—	50	63	80	100	125	—	—
		1	95	118	150	190	236	56	71	90	112	140	180	224
		1.25	100	125	160	200	250	60	75	95	118	150	190	236
		1.5	112	140	180	224	280	67	85	106	132	170	212	265

续表

公称直径 d、D/mm		螺距 P/mm	内螺纹中径公差 T_{D_2}					外螺纹中径公差 T_{d_2}						
			公差等级					公差等级						
>	≤		4	5	6	7	8	3	4	5	6	7	8	9
11.2	22.4	1	100	125	160	200	250	60	75	95	118	150	190	236
		1.25	112	140	180	224	280	67	85	106	132	170	212	265
		1.5	118	150	190	236	300	71	90	112	140	180	224	280
		1.75	125	160	200	250	315	75	95	118	150	190	236	300
		2	132	170	212	265	335	80	100	125	160	200	250	315
		2.5	140	180	224	280	355	85	106	132	170	212	265	335
22.4	45	1	106	132	170	21	—	63	80	100	125	160	200	250
		1.5	125	160	200	250	315	75	95	118	150	190	236	300
		2	140	180	224	280	355	85	106	132	170	212	265	335
		3	170	212	265	335	425	100	125	160	200	250	315	400
		3.5	180	224	280	355	450	106	132	170	212	265	335	425
		4	190	236	300	375	475	112	140	180	224	280	355	450
		4.5	200	250	315	400	500	118	150	190	236	300	375	475

表 8-4 普通螺纹顶径公差（摘录）　　　　　　　　　　　单位：μm

螺距 P/mm	内螺纹小径公差 T_{D_1}					外螺纹大径公差 T_d		
	公差等级					公差等级		
	4	5	6	7	8	4	6	8
1	150	190	236	300	375	112	180	280
1.25	170	212	265	335	425	132	212	335
1.5	190	236	300	375	475	150	236	375
1.75	212	265	335	425	530	170	265	425
2	236	300	375	475	600	180	280	450
2.5	280	355	450	560	710	212	335	530
3	315	400	500	630	800	236	375	600
3.5	355	450	560	710	900	265	425	670
4	375	475	600	750	950	300	475	750

2. 基本偏差

国家标准 GB/T 197—2003《普通螺纹 公差》对大径、中径和小径三者规定了相同的基本偏差，其内、外螺纹的公差带位置如图 8-9 和图 8-10 所示。内螺纹的基本偏差为下偏差 EI，外螺纹的基本偏差为上偏差 es。根据公式 T=ES(es)-EI(ei)，即可求出另外一个偏差。内、外螺纹的基本偏差见表 8-5。

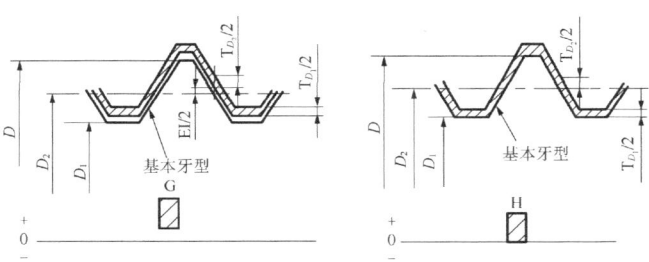

图 8-9　内螺纹的基本偏差

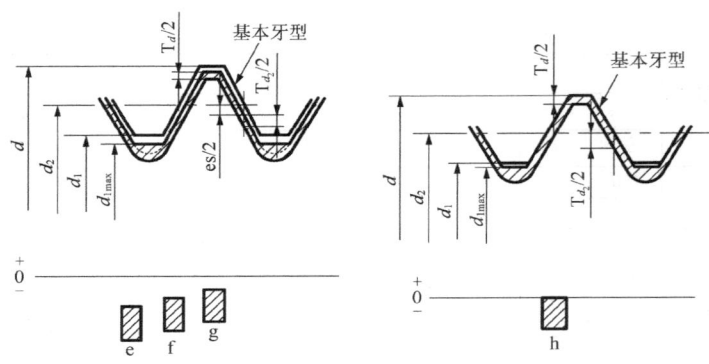

图 8-10　外螺纹的基本偏差

表 8-5　螺纹基本偏差（摘录）　　　　　　　　　　　　　　单位：μm

螺距 P/mm	内螺纹的基本偏差 EI		外螺纹的基本偏差 es			
	G	H	e	f	g	h
1	+26		−60	−40	−26	
1.25	+28		−63	−42	−28	
1.5	+32		−67	−45	−32	
1.75	+34	0	−71	−48	−34	0
2	+38		−71	−52	−38	
2.5	+42		−80	−58	−42	
3	+48		−85	−63	−48	
3.5	+53		−90	−70	−53	
4	+60		−95	−75	−60	

3. 螺纹公差带代号

将螺纹公差等级代号和基本偏差代号组合，就组成了螺纹公差带代号，如内螺纹公差带代号 7H、6G，外螺纹公差带代号 6g、8h 等。注意螺纹公差带代号与一般尺寸公差带符号不同，其公差等级数字在前，基本偏差代号在后。

8.3.2　螺纹公差带的选用

1）配合精度的选用

螺纹公差带按公差等级和旋合长度分三种精度等级。精度等级的高低代表了螺纹加工的难易程度。

精密级：用于精密连接螺纹，要求配合性质稳定，配合间隙变动较小，需要保证一定的定心精度的螺纹连接。

中等级：用于一般的螺纹连接。

粗糙级：用于对精度要求不高或制造比较困难的螺纹连接。

2）旋合长度的确定

国家标准按螺纹公称直径和螺距基本值规定了三组旋合长度。分别为：短旋合长度（S）、中等旋合长度（N）和长旋合长度（L）。设计时常用 N 组旋合长度，数值见表 8-6。只有当结构或强度上需要时，才选用短旋合长度（S）和长旋合长度（L）。

表 8-6 螺纹旋合长度（摘录）　　　　　　　　　　　　　　　　　　　　　　单位：mm

公称直径 D, d		螺距 P	旋合长度			
			S	N		L
>	≤		≤	>	≤	>
5.6	11.2	0.75	2.4	2.4	7.1	7.1
		1	3	3	9	9
		1.25	4	4	12	12
		1.5	5	5	15	15
11.2	22.4	1	3.8	3.8	11	11
		1.25	4.5	4.5	13	13
		1.5	5.6	5.6	16	16
		1.75	6	6	18	18
		2	8	8	24	24
		2.5	10	10	30	30

3) 公差等级和基本偏差的确定

在生产中，为了减少刀具、量具的规格和数量，对公差带的数量（或种类）应加以限制。根据螺纹的使用精度和旋合长度，国家标准推荐了一些常用公差带，见表 8-7。除非特殊需要，一般不宜选用标准以外的公差带。

表 8-7 普通螺纹选用公差带

精度等级	内螺纹公差带			外螺纹公差带		
	S	N	L	S	N	L
精密级	4H	4H5H	5H6H	(3h4h)	4h*	(5h4h)
中等级	5H*	6H*	7H*	(5h6h)	6e*　6f*	(7h6h)
	(5G)	(6G)	(7G)	(5g6g)	6g*　6h*	(7g6g)
粗糙级	—	7H（7G）	—	—	(8h) 8g	—

注：带"*"的公差带优先选用，不带"*"的公差带其次选用，括号内公差带尽量不用，大量生产的紧固件螺纹，推荐采用带方框的公差带。

4) 配合的选用

内、外螺纹选用的公差带可以任意组合，但为了保证足够的接触高度，标准推荐完工后的螺纹零件宜优先组成 H/g、H/h 或 G/h 配合。对公称直径小于和等于 1.4mm 的螺纹，应选用 5H/6h，4H/6h 或更精密的配合。

对于需要涂镀保护层的螺纹，如无特殊规定，涂镀前螺纹一般应按推荐公差带制造。涂镀后，螺纹的实际轮廓上的任何点均不应超过按代号 H 或 h 确定的最大实体牙型。

8.3.3 普通螺纹标记

1) 在零件图上

普通螺纹的完整标记由螺纹代号、螺纹公差带代号和螺纹旋合长度代号组成，三者之间用短横线"—"分开。

普通螺纹代号用"M"及公称直径×螺距（单位是 mm）表示，粗牙螺纹不标注螺距。当螺纹为左旋时，在螺纹代号后加"左"或"LH"，不注时为右旋螺纹；螺纹公差代号包括螺纹中径公差代号和顶径公差带代号（当中径、顶径公差带相同时，可合并标注一个），标注在螺纹代号之后；螺纹旋合长度代号标注在螺纹公差带代号后，中等旋合长度不标注。

例如，M10－5g6g

表示公制普通外螺纹大径（公称直径）为10mm；右旋、粗牙外螺纹；中径公差带代号为5g，顶径（大径）公差带代号为6g；中等旋合长度。

M10×1 左－6H－S

表示表示公制普通内螺纹大径（公称直径）为10mm；左旋、细牙螺距1mm；中径和顶径（小径）公差带代号均为6H，短旋合长度。短或长旋合长度也可直接标出旋合长度数值，如 M20×2－7g6g－40

2）在装配图上

内、外螺纹装配在一起，它们的公差带代号用斜线分开，左边表示内螺纹公差带代号，右边表示外螺纹公差带代号，如 M20×2－6H/6g；M20×2 左－7H/6g7g。

【例 8-1】 查表写出 M20×2－6H/5g6g 的大、中、小径尺寸，中径和顶径的上下偏差和公差。

解：已知：M20×2-6H/5g6g，大径 D、d：20mm；右旋，细牙，P：2mm；；内螺纹中径和顶径公差带代号均为6H；EI=0；外螺纹中径公差带代号为5g、顶径公差带代号 6g；中等旋合长度（N）

查表 8-1：D_2，d_2：18.701mm；D_1，d_1：17.835mm

查表 8-3：T_{D_2}=0.212mm；T_{d_2}=0.125mm

查表 8-4：T_{D_1}=0.375mm；T_{d_1}=0.280mm

查表 8-5：es=-0.038mm

所以内螺纹中径上偏差：ES=EI+T_{D_2}=0+0.212=+0.212mm

内螺纹顶径上偏差 D_1=0.375mm+0=+0.375mm

外螺纹中径下偏差 ei=es-T_{d_2}=-0.038-0.125=-0.163mm

外螺纹顶径下偏差 ei=es-T_{d_1}=-0.038-0.280=-0.318mm

【例 8-2】 有一内螺纹 M20-7H，螺距 P=2.5mm，测得其实际中径 D_{2a}=18.610mm，螺距累积误差 ΔP_Σ=40μm，左边实际牙侧角 α_1=30°30′，右边实际牙侧角 α_2=29°10′，问此内螺纹的中径是否合格？

解：查表 8-1：中径 D_2=18.376mm；查表 8-3 得中径公差 T_{D_2}=0.280mm

因为中径的公差带代号为 7H，EI=0

所以，中径的极限尺寸 $D_{2\max}$=18.656mm，$D_{2\min}$=18.376mm

根据公式 8-4 内螺纹的作用中径 D_{2m}=D_{2a}-(F_p+F_α)

根据公式 8-1　　F_p=1.732|ΔP_Σ|=1.732×40=69.28μm=0.06928mm

根据公式 8-3　　　　F_α=0.073P(K_1|$\Delta\alpha_1$|+K_2|$\Delta\alpha_2$|)

　　　　　　　　　　=0.073×2.5×(3×30′+2×50′)

　　　　　　　　　　=34.675μm=0.035mm

所以，D_{2m}=18.61-0.06928-0.035=18.506mm

根据中径合格性判断原则：参见式 8-9 和式 8-10：

$$D_{2a}=18.610\text{mm}<D_{2\max}=18.656\text{mm}$$

$D_{2m}=18.506mm > D_{2min}=18.376mm$

因为 $D_{2a} < D_{2max}$，$D_{2m} > D_{2min}$

所以内螺纹的中径合格。

8.4 普通螺纹的检测

8.4.1 综合检验

对于成批量生产的螺纹类零件，为提高生产效率，一般采用综合检验的方法。综合检验是指用螺纹量规检测被测螺纹各个几何参数误差的综合结果。例如用量规的通规检验被测螺纹的作用中径和底径，用量规的止规检验被测螺纹的实际中径（单一中径）和顶径的实际尺寸。

螺纹量规的通规应具有完整的牙型，其螺纹长度应等于被测螺纹的旋合长度；螺纹量规的止规采用截短的牙型，只有2~3个螺距的螺纹长度。

用螺纹量规检测被测螺纹时，被测螺纹的合格条件是：通规能够旋合通过整个被测螺纹，且止规不能旋入被测螺纹或不能完全旋入（只允许与被测螺纹的两端旋合，且旋合量不能超过2个螺距）被测螺纹。

螺纹量规分为螺纹塞规和螺纹环规两种。螺纹塞规用于检验内螺纹，螺纹环规用于检验外螺纹。

8.4.2 单项测量

单项测量是指对被测螺纹的实际几何参数分别进行测量，主要测量方法有以下几种。

1）用三针法测量螺纹中径

该方法只能测量外螺纹，属于间接测量法，是利用三根直径相同的精密圆柱量针放入被测螺纹直径方向的两边沟槽中，一边放一个，另一边放两个，量针与沟槽两侧面接触，然后用测量仪测量这三根量针外侧母线之间的距离（跨针距），再通过几何计算得出被测螺纹的单一中径。

2）用影像法测量外螺纹几何参数

该方法是利用工具显微镜将被测螺纹的牙型轮廓放大成像，然后测量其螺距、牙侧角、中径，也可测量其大径和小径。

以上两种方法测量精度较高，主要用于测量精密螺纹、螺纹量规、螺纹刀具和丝杠螺纹。

3）用螺纹千分尺测量螺纹中径

该方法测量精度较低，主要在单件小批量生产中对较低精度的外螺纹零件进行测量。

本章小结

本章对螺纹的公差与检测进行了较详细的阐述，包括螺纹分类、主要几何参数、普通螺纹几何参数误差对互换性的影响、普通螺纹的公差与配合及普通螺纹的检测。

要求了解影响螺纹结合互换性的主要几何参数，掌握螺纹中径合格性判断原则（泰勒原则）。

习　题

8-1　普通螺纹的中径、单一中径和作用中径三者有何区别和联系？

8-2　普通螺纹的实际中径在中径极限尺寸内，中径是否就合格？为什么？

8-3　解释下列螺纹标注的含义：
　　　M24×2－5H6H－L
　　　M20－7g6g－40
　　　M42－6G/5h6h

8-4　有一个螺栓 M30×2－6h，其单一中径 $d_{2单}$ =28.551 mm，螺距误差 ΔP_Σ = +35 μm，牙侧角偏差 $\Delta\alpha_1$ = –30′， $\Delta\alpha_2$ = +65′，试判断该螺栓的中径是否合格？

8-5　加工 M18×2－6g 的螺纹，已知加工方法所产生的螺距累积误差的中径当量 f_p = 0.018 mm，牙侧角偏差的中径当量 f_α = 0.022 mm，问此加工方法允许的中径实际最大、最小尺寸各是多少？

8-6　螺纹配合代号为 M16×1－6H/5g6g，试查表确定外螺纹的中径、大径和内螺纹的中径、小径的极限偏差。

第 9 章　圆柱齿轮精度设计

> **教学重点**
>
> 了解齿轮传动的使用要求和齿轮的加工误差及分类，掌握单个齿轮的评定指标及检测，掌握齿轮副的评定指标，掌握齿轮精度设计及正确的标注方法。

> **教学难点**
>
> 单个齿轮的评定指标及检测，齿轮副的评定指标。

> **教学方法**
>
> 讲授法，问题教学法。

引例

齿轮传动是机械传动中最主要的一类传动，主要用来传递运动和动力。由于齿轮传动具有传动效率高、结构紧凑、承载能力强、工作可靠等特点，已广泛应用于汽车、轮船、飞机、工程机械、农业机械、机床、仪器仪表等机械产品中。图 9-1 为油泵齿轮，图 9-2 为减速器齿轮。

图 9-1　油泵齿轮　　　　　　　　　图 9-2　减速器齿轮

9.1　齿轮传动及其使用要求

9.1.1　齿轮传动

齿轮传动一般是由齿轮、轴、轴承、键等零件组成的。齿轮传动的质量不仅与各个组成零件的制造质量直接有关，还与各个零件之间的装配质量密切相关。齿轮作为传动系统中的重要零件，其误差会影响传动精度。

齿轮传动的质量对机械产品的工作性能、承载能力、工作精度及使用寿命等都有很大的影响。为了保证齿轮传动的质量和互换性，有必要研究齿轮误差对使用性能的影响，探讨提高齿轮加工和测量精度的途径。

本章涉及的齿轮精度标准有 GB/T 10095.1－2008《圆柱齿轮 精度制 第 1 部分：轮齿同侧齿面偏差的定义和允许值》，GB/T 10095.2－2008《圆柱齿轮 精度制 第 2 部分：径向综合偏差和径向跳动的定义和允许值》，GB/Z 18620.1～4－2008《圆柱齿轮检验实施规范》等。

9.1.2 齿轮传动的使用要求

齿轮传动的四项使用要求是制定齿轮公差标准的依据，通过控制齿轮误差指标来满足齿轮的传动精度要求。

1）传递运动的准确性

传递运动的准确性就是要求齿轮运动协调，从而保证准确传递回转运动或准确分度。实际上就是要求齿轮的传动比保持恒定或在转一圈范围内传动比变化尽量小。由于加工误差和安装误差的影响，齿廓相对于旋转中心分布不均，从动齿轮的实际转角偏离了理论转角，实际传动比与理论传动比产生差异，且渐开线也不是理论的渐开线。因此，在齿轮传动中必然会引起传动比的变动。

2）传动的平稳性

传动的平稳性是要求齿轮在传动中无冲击、振动和噪声。实际上就是要求在齿轮在转动一齿范围内的瞬时转角误差尽量小，即齿轮在转一齿时瞬时传动比变化要小。由于受到齿形误差和齿距误差等影响，会造成齿轮瞬时传动比的变化。

3）载荷分布的均匀性

载荷分布的均匀性（齿轮接触精度）是指在轮齿啮合过程中，齿面接触良好，工作齿面沿全齿宽和全齿长上保持均匀接触，并具有尽可能大的接触面积比，以保证载荷分布均匀，防止引起应力集中，从而影响齿轮的使用寿命。因此，必须保证啮合齿面沿齿宽和齿高方向的实际接触面积，以满足承载的均匀性要求。

4）合理的齿侧间隙

齿侧间隙简称侧隙，是指要求装配好的齿轮副啮合传动时，非工作齿面间应留有一定的间隙，用于储存润滑油，补偿齿轮的制造误差、安装误差及热变形和受力变形后的弹性变形，防止齿轮传动时出现卡死或烧伤现象。但是，齿轮侧隙必须合理，侧隙过大会增大冲击、噪声和空程误差等。

不同工作条件和不同用途的齿轮对上述四项使用要求的侧重点有所不同，例如，精密机床、控制系统的分度齿轮和测量仪器的读数齿轮主要要求传递运动的准确性，以保证从动轮与主动轮运动的协调性；汽车、拖拉机和机床的变速齿轮主要要求传递运动的平稳性，以减小振动和噪声；起重机械、矿山机械等重型机械中的低速重载齿轮主要要求载荷分布的均匀性，以保证足够的承载能力；汽轮机和涡轮机中的高速重载齿轮，对运动的准确性、平稳性和承载的均匀性均有较高的要求，同时还应具有较大的间隙，以储存润滑油和补偿受力产生的变形。

9.2 圆柱齿轮的加工误差分析

9.2.1 齿轮加工误差的主要来源

产生齿轮加工误差的原因很多，主要源于齿轮加工系统中的机床、刀具、夹具和齿坯的加工误差及安装、调整误差。渐开线齿轮的加工方法很多，如滚齿、插齿、剃齿、磨齿等。如图 9-3 所示，下面以常见的滚齿加工为例，介绍齿轮加工中产生误差的主要来源。

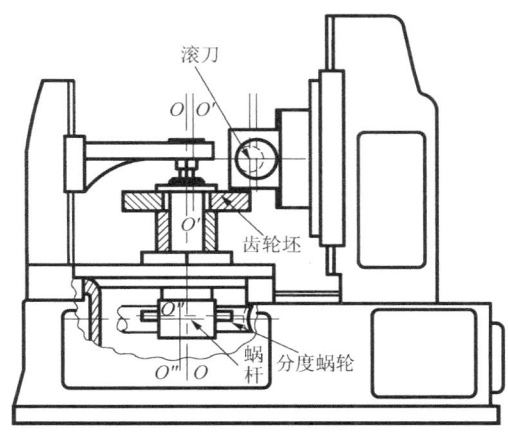

图 9-3 滚切齿轮加工示意图

1）几何偏心

几何偏心是指齿坯在机床上加工时的安装偏心，这是由于齿坯定位孔与机床心轴之间有间隙，使齿坯定位孔中心（$O'-O'$）与机床工作台的回转中心（$O-O$）不重合而产生的。几何偏心使加工过程中齿轮相对于滚刀的径向距离发生变动，引起了齿轮径向误差，造成轮齿在以圆心（$O'-O'$）的圆周上分布不均。

2）运动偏心

运动偏心是指机床分度蜗轮中心（$O''-O''$）与工作台回转中心（$O-O$）不重合时所引起的偏心。它会使齿轮在加工过程中出现蜗轮、蜗杆中心距周期性的变化，使得带动齿轮毛坯运转的机床分度蜗轮的角速度发生变化，引起齿轮切向误差，造成轮齿在分度圆上分度不均。

3）滚刀误差

滚刀误差是指滚刀的齿形误差、径向跳动、轴向窜动和刀具轴心线的安装倾斜误差等，它包括制造误差与安装误差。滚刀本身的齿距、齿形、基节有制造误差时，会将误差反映到被加工齿轮上，从而使齿轮基圆半径发生变化，产生基节偏差和齿形误差。

另外在齿轮加工中，滚刀的径向跳动使得齿轮相对滚刀的径向距离发生变动，引起齿轮径向误差；滚刀的轴向窜动使得齿坯相对滚刀的转速不均匀，产生切向误差；滚刀安装误差破坏了滚刀和齿坯之间的相对运动关系，从而使被加工齿轮产生基圆误差，导致基节偏差和齿廓偏差。

4)机床传动链误差

机床传动链误差主要是指分度蜗杆的径向跳动和轴向窜动等引起的轮齿的高频误差。当机床的分度蜗杆存在安装误差和轴向窜动时,蜗轮转速发生周期性的变化,使被加工齿轮出现齿距偏差和齿廓偏差,产生切向误差。机床分度蜗杆造成的误差是以分度蜗杆一转为周期的,在齿轮一转中重复出现。

9.2.2 齿轮加工误差的分类

1)按方向特征分类

按方向特征,齿轮加工误差分为以下 3 种。

(1)径向误差。如图 9-4 所示,径向误差是沿被加工齿轮直径方向(齿高方向)的误差,由切齿刀具与被加工齿轮之间径向距离的变化引起。

(2)切向误差。如图 9-4 所示,切向误差是沿被加工齿轮圆周方向(齿厚方向)的误差,由切齿刀具与被加工齿轮之间分齿滚切运动误差引起。

(3)轴向误差。如图 9-4 所示,轴向误差是沿被加工齿轮轴线方向(齿向方向)的误差。由切齿刀具沿被加工齿轮轴线移动的误差引起。

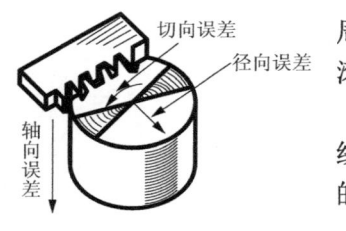

图 9-4 齿轮误差的方向

2)按表现特征分类

按表现特征,齿轮加工误差可分为以下 4 种。

(1)齿廓误差。齿廓误差是指加工出来的齿廓不是理论的渐开线,其原因主要有刀具本身的刀刃轮廓误差及齿形角偏差、滚刀的轴向窜动和径向跳动、齿坯的径向跳动,以及在每转一齿距角内转速不均等。

(2)齿距误差。齿距误差是指加工出来的齿廓相对于工件的旋转中心分布不均匀,其原因主要有齿坯安装偏心、机床分度蜗轮齿廓本身分布不均匀及其安装偏心等。

(3)齿向误差。齿向误差是指加工后的齿面沿齿轮轴线方向上的形状和位置误差,其原因主要有刀具进给运动的方向偏斜、齿坯安装偏斜等。

(4)齿厚误差。齿厚误差是指加工出来的轮齿厚度相对于理论值在整个齿圈上不一致,其原因主要有刀具的铲形面相对于被加工齿轮中心的位置误差、刀具齿廓的分布不均匀等。

3)按在误差齿轮一转中出现的次数分类

按误差在齿轮一转中出现的次数,齿轮加工误差可分为以下 2 种。

(1)长周期误差。在图 9-3 所示的滚齿过程中,旋转的滚刀可以看成其刀齿沿滚刀轴向移动,这相当于齿条与被切齿轮的啮合运动,滚刀和齿坯的旋转运动应严格保持这种运动关系。如果这种运动关系被破坏,齿轮就会产生误差。例如,当齿轮安装偏心(几何偏心)和机床分度蜗轮的加工误差和安装偏心(运动偏心)时,就会影响齿坯和滚刀之间正确的运动关系,因为其在齿坯旋转一转的过程中所引起齿轮的最大误差只出现一次,所以称为长周期误差,也称为低频误差,它们以齿轮一转为周期,主要影响齿轮传递运动的准确性。

(2)短周期误差。如果分度蜗杆或滚刀存在转速误差、径向跳动和轴向窜动等误差,也会破坏滚刀和齿坯之间的运动关系,因为刀具的转数远比齿坯转数高,所引起的误差在齿坯一转中多次重复出现,因其频率较高,所以称为短周期误差,也称为高频误差。

9.3 圆柱齿轮精度的评定指标及其检测

为了保证齿轮传动的工作质量，就要控制齿轮精度的误差，因此，必须了解和掌握控制这些误差的评定项目。9.2 节所述的各项误差从对传动性能的影响来看主要可以分为三组，即影响运动准确性的偏差、影响运动平稳性的偏差和影响载荷分布均匀性的偏差。国家标准也对这三项提出了精度要求。

9.3.1 传递运动准确性的评定指标及检测

齿轮精度标准 GB/T 10095.1～2—2008 规定了传递运动对准确性指标有强制性检测指标有齿距累积总偏差 F_p；非强制性检测指标分别为切向综合总偏差 F_i'、径向跳动 F_r 和径向综合总偏差 F_i''。

1. 齿距累积总偏差 F_p

齿距累积总偏差 F_p 是指分度圆上任意两个同侧齿面间实际弧长与公称弧长之差的最大绝对值，如图 9-5 所示，它表现为齿距累积误差曲线的总幅值。

对某些齿数多的齿轮，为了控制齿轮的局部累积偏差和提高测量效率，可以测量 k 个齿的齿距累积偏差 F_{pk}。F_{pk} 是指在分度圆上 k 个相继齿距的实际弧长与公称弧长之差的最大绝对值。如图 9-5 所示，国标 GB/T 10095.1—2008 中规定 k 的取值范围一般为 $2\sim Z/8$。

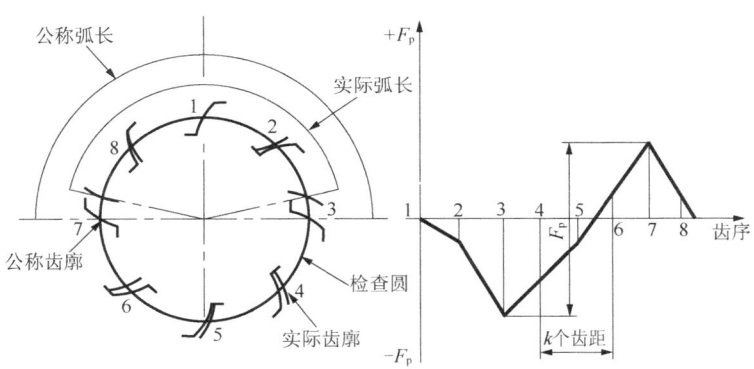

图 9-5 齿距累积偏差

齿距累积总偏差 F_p 在测量中是以被测齿轮的轴线为基准，在端平面上，在接近齿高中部的一个与齿轮轴线同心的圆上每齿测量一点，所取点数有限且不连续。该指标反映了几何偏心和运动偏心造成的综合误差，所以能较全面地评定齿轮传动的准确性，它也是一个综合性指标。由于 F_p 的测量可使用较普及的齿距仪、万能测齿仪等仪器，因此它是目前工厂中常用的一种齿轮运动精度的评定指标，也是国家标准规定强制性检测指标。

齿距累积总偏差 F_p 和齿距累积偏差 F_{pk} 通常在万能测齿仪、齿距仪和光学分度头上测量，测量的方法有绝对法和相对法两种，但较为常用的是相对法。图 9-6（a）所示为万能测齿仪测齿距简图；图 9-6（b）所示为齿距仪测齿距实物图，均为相对测量法。在进行测量时，将固定量爪和活动量爪在齿高中部分度圆附近与齿面接触，以齿轮上的任意一个齿距为基准齿距，将仪器指示表上的指针调整为零，然后沿整个齿圈依次测出其他实际齿距与作为基准的齿距的差值（称为相对齿距偏差），最后通过数据处理求出齿距累积总偏差 F_p 和齿距累积偏差 F_{pk}。

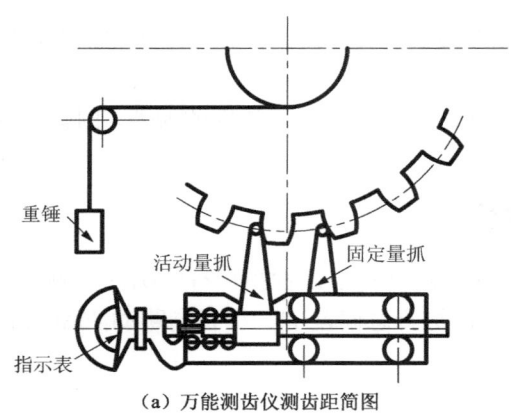
（a）万能测齿仪测齿距简图

（b）齿距仪测齿距实物图

图 9-6　齿距的相对测量法

2. 切向综合总偏差 F_i'

切向综合总偏差 F_i' 是指被测齿轮与测量齿轮单面啮合检验时，被测齿轮一转内，齿轮分度圆上实际圆周位移与理论圆周位移的最大差值（见图 9-7），以分度圆弧长计值。

切向综合总偏差代表齿轮一转中的最大转角误差，既反映切向误差，又反映径向误差，是评定齿轮运动准确性的综合性指标。当切向综合总误差小于或等于所规定的允许值时，表示齿轮可以满足传递运动准确性的使用要求。

切向综合总偏差 F_i' 用单面啮合仪（简称单啮仪）测量。单啮仪的结构有多种形式，图 9-8 所示为目前应用较多的光栅式单啮仪的工作原理图，被测齿轮与标准测量齿轮（可以是蜗杆、齿条等）进行单面啮合，二者各带一个圆光栅盘和信号发生器，二者的角位移信号经分频器后变为同频信号。当被测齿轮有误差时，将引起回转角有误差。此回转角的微小误差将产生两路信号相应的相位差，两者的角位移信号经比相器比较，由记录仪记下被测齿轮的切向综合总偏差。

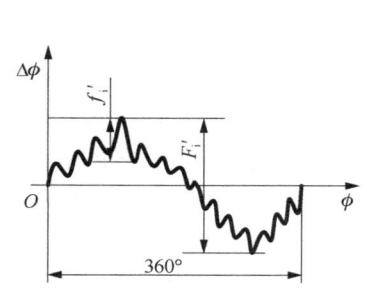

图 9-7　切向综合总偏差 F_i'

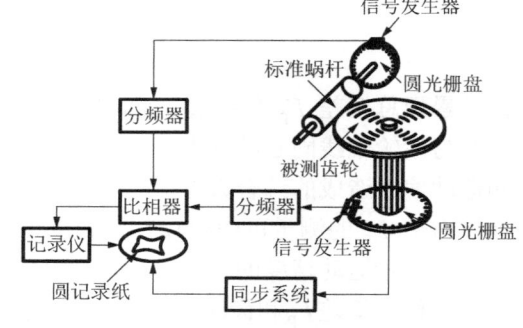

图 9-8　光栅式单啮仪工作原理

测量时，如果所测的是单个齿轮的切向综合总偏差，测量齿轮的精度就应至少比被测齿轮高 4 级，且只要旋转一周即可获得偏差曲线图。否则，应对测量齿轮所引起的误差进行修正，在实际测量时，测量齿轮允许用精确齿条、蜗杆、测头等测量元件代替，但是需要注意：测量齿轮用基准蜗杆或测头代替时，只能获得某截面上的切向综合偏差，要想获得全齿宽的切向综合偏差，必须使蜗杆或测头沿齿宽方向连续测量。对于直齿轮，可用蜗杆或测头测得的截面切向综合总偏差近似地评定被测齿轮的精度。对于斜齿轮，必须在全齿宽上测量切向综合总偏差。

若所测的是两个产品齿轮（齿轮副），则需旋转若干圈来形成切向综合偏差曲线图。

3. 径向跳动 F_r

齿轮径向跳动 F_r 是指在齿轮转一周范围内，将测头（球形、圆柱形、砧形或棱柱形）逐个放置在被测齿轮的齿槽内（或齿轮上）于齿高中部与齿廓双面接触，测头相对于齿轮轴心线的最大和最小径向距离之差（即最大变动量），如图9-9所示。

齿圈的径向跳动 F_r 属于长周期误差，主要是由几何偏心引起的，可以反映齿距累积误差中的径向误差，但不能反映由运动偏心引起的切向误差，故不能全面评价传动准确性，只能作为单项指标。

齿圈径向跳动 F_r 可在齿圈径向跳动检查仪、万能测齿仪或普通偏摆检查仪上用指示表测量，图9-9（a）是用球形测头测量径向跳动。测量时测头与齿槽双面接触，以齿轮孔中心线为测量基准，依次逐齿测量，在齿轮转一周过程中，指示表的最大示值与最小示值之差就是被测齿轮的齿圈径向跳动 F_r，其值等于径向偏差的最大值与最小值之差。当检测时，径向跳动值很小或没有，不能说明没有齿距偏差，只是所加工的齿槽宽度相等，可采用骑架测头来进行径向跳动测量，如图9-9（b）所示。

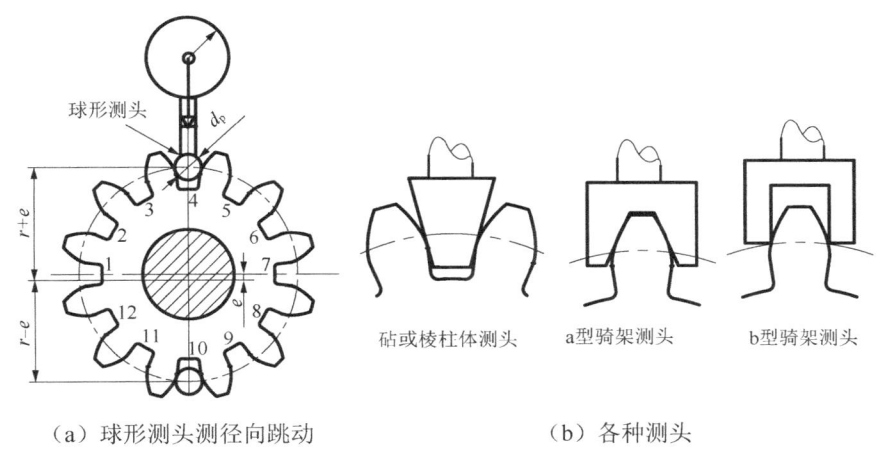

（a）球形测头测径向跳动　　　　（b）各种测头

图9-9　齿圈的径向跳动

4. 径向综合总偏差 F_i''

径向综合总偏差 F_i'' 是指被测齿轮与理想精确的测量齿轮双面啮合时，在被测齿轮一转范围内双啮中心距的最大变动量，如图9-10（b）所示。

径向综合总偏差可用双面啮合仪（简称双啮仪）来测量，其工作原理如图9-10（a）所示。测量时将被测齿轮安装在固定轴上，理想的精确齿轮安装在可左右移动的滑座轴上，借助于弹簧的弹力，使两齿轮紧密地双面啮合。当齿轮啮合传动时，由指示表读出两齿轮中心距的变动量。

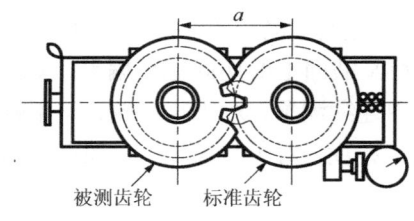 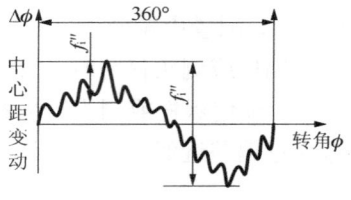

（a）双啮仪测径向综合总偏差　　　　（b）误差曲线

图 9-10　双啮仪测量径向综合误差

径向综合总偏差包含了右侧和左侧齿面综合偏差的成分，故仅能反映径向的偏差，也能反映齿廓偏差，在齿轮副检测中还能反映轴线的安装误差，但反映的不仅是同侧齿面间的误差。径向综合偏差的测量可提供有关机床、刀具和产品齿轮装夹而导致的质量缺陷的信息，所以此法主要用于大批量生产的齿轮机小模数齿轮的检测。

9.3.2　传动平稳性的评定指标及检测

齿轮精度标准 GB/T 10095.1～2—2008 规定了工作平稳性指标：强制性检测指标分别为单个齿距偏差 f_{pt} 和齿廓总偏差 F_α；非强制性检测指标分别为一齿切向综合偏差 f_i'、和一齿径向综合偏差 f_i''。GB/Z 18620.1 中还给出了基圆齿距（基节）偏差 f_{pb} 评定参数。

1. 单个齿距偏差 f_{pt}

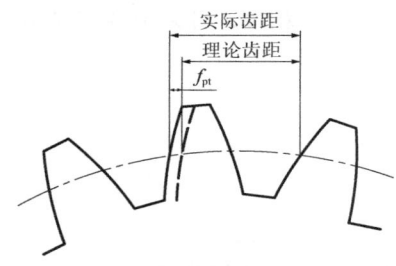

图 9-11　单个齿距偏差

单个齿距偏差 f_{pt} 是指在端平面上接近齿高中部的一个与齿轮轴线同心的圆上，实际齿距与理论齿距的代数差，如图 9-11 所示。无论是齿距正偏差或齿距负偏差，均会造成齿轮在交替啮合中的瞬时速比的变化，影响传动平稳性。单个齿距偏差的测量方法与齿距总偏差的测量方法相同，只是数据处理方法不同。用相对法测量时，理论齿距用所有实际齿距的平均值表示。

机床传动链误差会造成单个齿距偏差。齿轮基节与齿距的关系式

$$P_b = P_t \cos\alpha \tag{9-1}$$

式中，P_b——齿轮基节；

P_t——齿轮分度圆齿距；

α——齿轮分度圆上的齿形角。

对式（9-1）进行微分得

$$\Delta P_b = \Delta P_t \cos\alpha - P_t \Delta\alpha \sin\alpha \tag{9-2}$$

式中，ΔP_b——基节误差；

ΔP_t——齿距误差；

$\Delta\alpha$——齿形角误差。

式（9-2）说明了齿距偏差与基节偏差和齿形角误差有关，是基节偏差和齿廓偏差的综合反映，影响了传动的平稳性，因此必须限制单个齿距偏差。

2. 齿廓偏差

齿廓偏差是指实际齿廓偏离设计齿廓的量值，其在端平面内且垂直于渐开线齿廓的方向计值。当无其他限定时，设计齿廓是指端面齿廓。齿廓偏差又分为齿廓总偏差、齿廓形状偏差和齿廓倾斜偏差，如图 9-12 所示，图中点画线代表设计齿廓，粗实线代表实际渐开线齿廓，虚线代表平均齿廓。

在图 9-12 中，E 为有效齿廓起始点，F 为可用齿廓起始点，L_α 为齿廓计值范围，L_{AE} 为有效长度，L_{AF} 为可用长度。

1) 齿廓总偏差 F_α

齿廓总偏差 F_α 是指在计值范围内，包容实际齿廓迹线的两条设计齿廓迹线间的距离，如图 9-12（a）所示。

2) 齿廓形状偏差 $f_{f\alpha}$

$f_{f\alpha}$ 是指在计值范围内，包容实际齿廓迹线的两条与平均齿廓迹线完全相同的曲线间的距离，且两条曲线与平均齿廓迹线的距离为常数，如图 9-12（b）所示。

3) 齿廓倾斜偏差 $f_{H\alpha}$

$f_{H\alpha}$ 是指在计值范围内，两端与平均齿廓迹线相交的两条设计齿廓迹线间的距离，如图 9-12（c）所示。

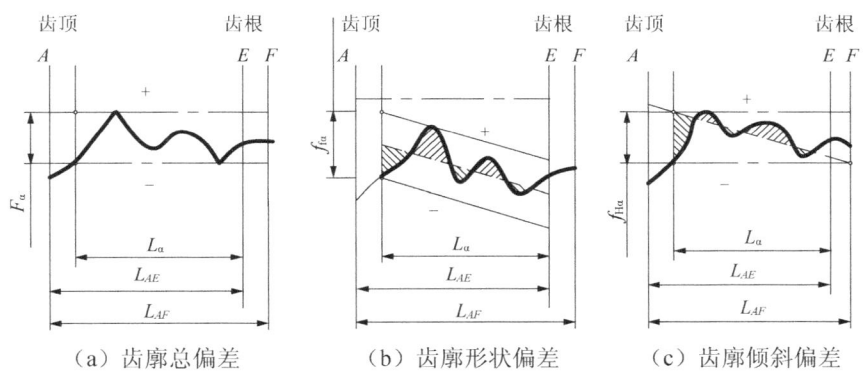

图 9-12 齿廓偏差曲线

齿廓偏差主要是由刀具的齿形误差、安装误差及机床分度链误差造成的。存在齿廓偏差的齿轮啮合时，齿廓的接触点会偏离啮合线，如图 9-13 所示。两啮合齿应在啮合线上 a 点接触，由于齿轮有齿廓偏差，使接触点偏离了啮合线，在啮合线外 a' 点发生啮合，造成齿轮啮合过程中瞬时传动比的变化，从而破坏了传动平稳性。

一般情况被测齿轮只须检测齿廓总偏差 F_α 即可。F_α 通常用万能渐开线检查仪或单圆盘渐开线检查仪进行测量。如图 9-14 所示为单圆盘渐开线检查仪。将被测齿轮与直径等于被测齿轮基圆直径的基圆盘装在同一心轴上，并使基圆盘与装在滑座上的直尺相切。当滑座移动时，直尺带动基圆盘和齿轮无滑动地转动，量头与被测齿轮的相对运动轨迹是理想渐开线。若被测齿轮齿廓没有误差，则指示表的测头不动，即表针的读数为零。如果实际齿廓存在误差，指示表读数的最大差值就是齿廓总偏差值。

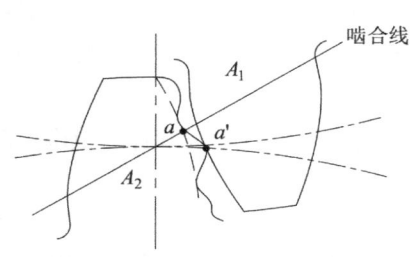

图 9-13 齿廓偏差对传动平稳性的影响

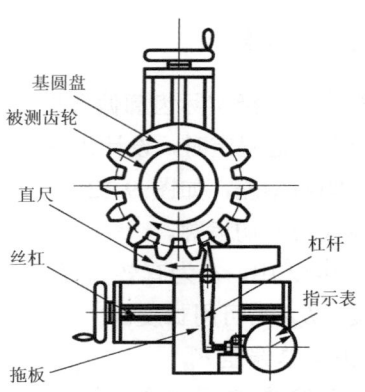

图 9-14 单圆盘渐开线检查仪

3. 一齿切向综合偏差 f_i'

一齿切向综合偏差 f_i' 是指被测齿轮与测量齿轮作单面啮合时，在被测齿轮转过一个齿距角内的切向综合偏差，如图 9-7 所示，以分度圆弧长计值。

一齿切向综合偏差 f_i' 主要反映滚刀和机床分度传动链的制造及安装误差所引起的齿廓偏差、齿距误差，是切向短周期误差和径向短周期误差的综合结果，是评定运动平稳性较为全面的指标。在单面啮合仪上测量切向综合总偏差 F_i' 的同时可测出一齿切向综合偏差 f_i'，即图 9-7 中小波纹的最大幅值。

4. 一齿径向综合偏差 f_i''

一齿径向综合偏差 f_i'' 是指被测齿轮与理想精确的测量齿轮作双面啮合时，在被测齿轮转过一个齿距角内，双啮中心距的最大变动量。

在双啮仪上测量径向综合总偏差 F_i'' 的同时可以测出一齿径向综合偏差 f_i''，即图 9-10（b）中小波纹的最大幅值。一齿径向综合偏差 f_i'' 主要反映了短周期径向误差（基节偏差和齿廓偏差）的综合结果，由于这种测量方法受左、右齿面误差的共同影响，评定传动平稳性不如一齿切向综合偏差 f_i' 精确，但由于测量仪器结构简单、操作方便，在成批生产中仍然被广泛采用。

5. 基圆齿距偏差 f_{pb}

在 GB/T 10095.1 中没有定义基圆齿距（基节）偏差 f_{pb}，而在 GB/Z 18620.1 中给出了这个检验参数。它是指实际基圆齿距与公称基圆齿距的代数差，如图 9-15 所示。基圆齿距又称为基节，按渐开线形成原理，实际基节是指基圆柱切平面所截的两相邻同侧齿面交线之间的法向距离。

基圆齿距偏差通常采用如图 9-16 所示的基节检查仪进行测量，可测量模数为 2~16mm 的齿轮。

测量时先按照被测齿轮基节的公称值组合量块，并按照量块组尺寸调整相平行的活动量爪与固定量爪之间的距离，将指示表调零，然后将仪器放在被测齿轮相邻两同侧齿面上，使之与齿面相切，从表上就可以读出基圆齿距偏差 f_{pb}。

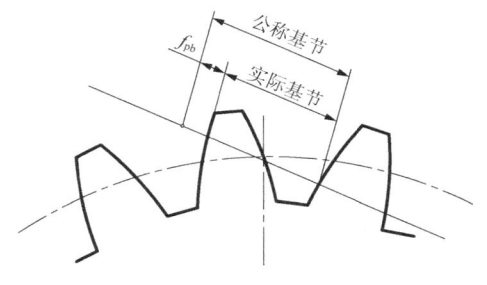

图 9-15 基圆齿距偏差

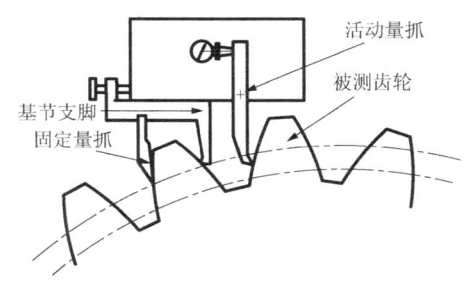

图 9-16 手持式基节检查仪

9.3.3 载荷分布均匀性的评定指标及检测

国标 GB/T 10095.1 规定载荷分布均匀性的强制性检测指标为螺旋线总偏差 F_β。GB/Z 18620.4－2008 规定了轮齿接触斑点可以作为检测齿轮载荷分布均匀性的指标，但这个指标主要用于齿轮副的检测。

1. 螺旋线偏差

螺旋线偏差是指在端面基圆切线方向上，实际螺旋线对设计螺旋线的偏离量。螺旋线偏差又分为螺旋线总偏差、螺旋线形状偏差和螺旋线倾斜偏差。图 9-17 所示为螺旋线偏差曲线，图中点画线代表设计螺旋线，粗实线代表实际螺旋线，虚线代表平均螺旋线。

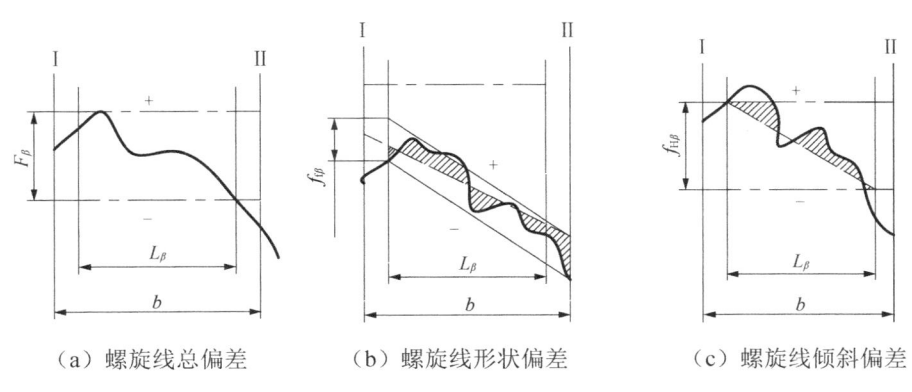

（a）螺旋线总偏差　　（b）螺旋线形状偏差　　（c）螺旋线倾斜偏差

图 9-17 螺旋线偏差

在图 9-17 中，Ⅰ为基准面，Ⅱ为非基准面，b 为齿宽或两端倒角之间的距离，L_β 为螺旋线计值范围。

1）螺旋线总偏差 F_β

F_β 是指在计值范围内，包容实际螺旋线迹线的两条设计螺旋线迹线的距离，如图 9-17（a）所示。

2）螺旋线形状偏差 $f_{f\beta}$

$f_{f\beta}$ 是指在计值范围内，包容实际螺旋线迹线的两条与平均螺旋线迹线完全相同的曲线间的距离，且两条曲线与平均螺旋线迹线的距离为常数，如图 9-17（b）所示。

3）螺旋线倾斜偏差 $f_{H\beta}$

$f_{H\beta}$ 是指在计值范围内，两端与平均螺旋线迹线相交的设计螺旋线迹线间的距离，如图 9-17（c）所示。

螺旋线偏差产生的原因主要有机床刀架垂直导轨与工作台回转中心线的倾斜误差、齿坯安装误差及机床差动传动链（加工斜齿轮）的调整误差等。

F_β 可以采用展成法或坐标法在齿向检查仪、渐开线螺旋检查仪、螺旋角检查仪和三坐标测量机等仪器上测量。

直齿轮螺旋线总偏差的测量较简单（参见图 9-18），将被测齿轮以其轴线为基准安装在顶尖上，把 $d=1.68m$（m 为齿轮模数）的精密量棒放入齿槽中，由指示表读出量棒两端点的高度差 Δh，将 Δh 乘以齿宽 B 与量棒长度 L 的比值，即得到螺旋线总偏差 $F_\beta=\Delta h\times b/L$。为避免测量误差的影响，可在相隔 180°的齿槽中测量，取其平均值作为测量结果。

2. 轮齿的接触斑点

GB/Z 18620.4－2008《圆柱齿轮 检验实施规范 第 4 部分：表面结构和轮齿接触斑点的检验》中指出，产品齿轮与测量齿轮的接触斑点可用于装配后齿轮的螺旋线和齿廓精度的预估；齿轮副的接触斑点可以对齿轮的承载均匀性进行预估。检测时，将红丹油或颜料涂在测量齿轮的齿面上，在轻微制动下，运转后齿面上分布的接触痕迹如图 9-19 所示。接触痕迹的大小由齿高方向和齿宽方向的百分数表示。

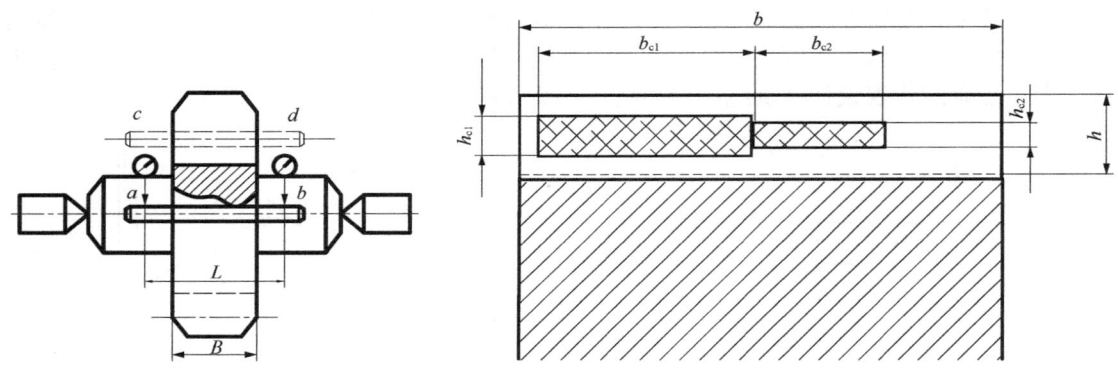

图 9-18 螺旋线总偏差 F_β 的测量　　　　图 9-19 接触斑点

沿齿宽方向：接触痕迹的长度 $b_{c1}(b_{c2})$ 与齿宽 b 之比的百分数，即

$$\frac{b_{c1}}{b}\times 100\% \tag{9-3}$$

沿齿高方向：接触痕迹的高度 h_{c1} 与有效齿面高度 h 之比的百分数，即

$$\frac{h_{c1}}{h}\times 100\% \tag{9-4}$$

国标规定的齿轮装配后的接触斑点可以参考表 9-1。

表 9-1　齿轮装配后的接触斑点（摘自 GB/Z 18620.4－2008）

精度等级	b_{c1} 占齿宽的百分比		h_{c1} 占有效齿面高的百分比		b_{c2} 占齿宽的百分比		h_{c2} 占有效齿面高的百分比	
接触斑点大小	直齿轮	斜齿轮	直齿轮	斜齿轮	直齿轮	斜齿轮	直齿轮	斜齿轮
4 级及更高	50	50	70	50	40	40	50	30
5 和 6	45	45	50	40	35	35	30	20
7 和 8	35	35	50	40	35	35	30	20
9～12	25	25	50	40	25	25	30	20

注：其中 b_{c1} 是接触斑点的较大长度、b_{c2} 是接触斑点的较小长度、h_{c1} 是接触斑点的较大高度、h_{c2} 是接触斑点的较小高度。

9.3.4 侧隙的评定指标及检测

适当的齿侧间隙是齿轮副正常工作的必要条件，为了保证齿轮副的齿侧间隙，一般用改变齿轮副中心距的大小或把齿轮轮齿减薄来获得，对于单个齿轮来说，影响侧隙大小和不均匀性的主要因素是实际齿厚的大小及其变动量，即通过控制轮齿的齿厚（减薄量）来保证适当的侧隙，而齿轮轮齿的减薄量可由齿厚偏差和公法线长度偏差来控制。对于齿轮副来说齿轮的非工作面必然有侧隙，分为圆周侧隙和法向侧隙。

1. 齿厚偏差 f_{sn}

齿厚偏差 f_{sn} 是指在分度圆柱上，齿厚的实际值与公称值之差（对于斜齿轮齿厚是指法向齿厚），如图 9-20 所示。齿厚上偏差代号为 E_{sns}，下偏差代号为 E_{sni}。

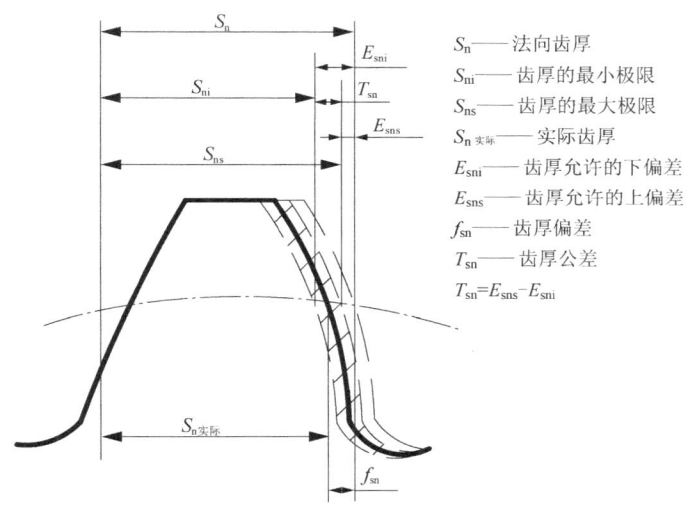

图 9-20 齿厚偏差

外齿轮的齿厚偏差可以用齿厚游标卡尺来测量，如图 9-21 所示。由于分度圆柱面上的弧齿厚不便测量，因此通常都是测量分度圆上的弦齿厚。标准圆柱齿轮分度圆公称弦齿厚 $\bar{s}$ 及公称弦齿高 $\bar{h}$ 分别为

$$\begin{cases} \bar{s} = mz\sin\dfrac{90°}{z} \\ \bar{h} = m\left[1 + \dfrac{z}{2}\left(1 - \cos\dfrac{90°}{z}\right)\right] \end{cases} \tag{9-5}$$

式中，m——模数；z——齿数。

齿厚测量是以齿顶圆为测量基准，测量结果受齿顶圆加工误差的影响，因此，必须保证齿顶圆的精度，以降低测量误差。

2. 公法线长度 W_k

公法线长度 W_k 是在基圆柱切平面上跨 k 个齿（外齿轮）或 k 个齿槽（内齿轮），在接触到一个齿的右齿面和另一个齿的左齿面的两个平行平面之间测得的距离。W_k 在国际上统

称为跨距测量，而在我国则一直习惯称为公法线长度测量。如图 9-22 所示，标准直齿圆柱齿轮的公称公法线长度 W_k 等于 $k-1$ 个基节和一个基圆齿厚之和，即

$$W_k = (k-1)P_b + S_b = m\cos\alpha\left[(k-0.5)\pi + z\operatorname{inv}\alpha\right] \tag{9-6}$$

式中，$\operatorname{inv}\alpha$——渐开线函数，$\operatorname{inv}20° = 0.014$；$k$——跨齿数。

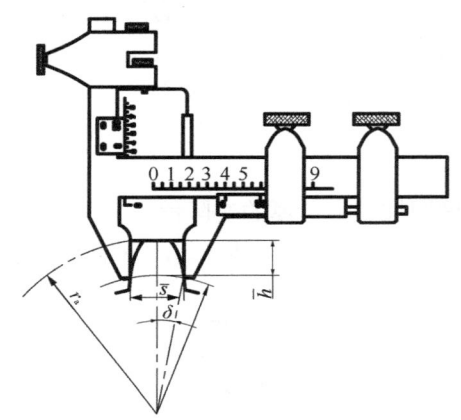

图 9-21 齿厚偏差的测量

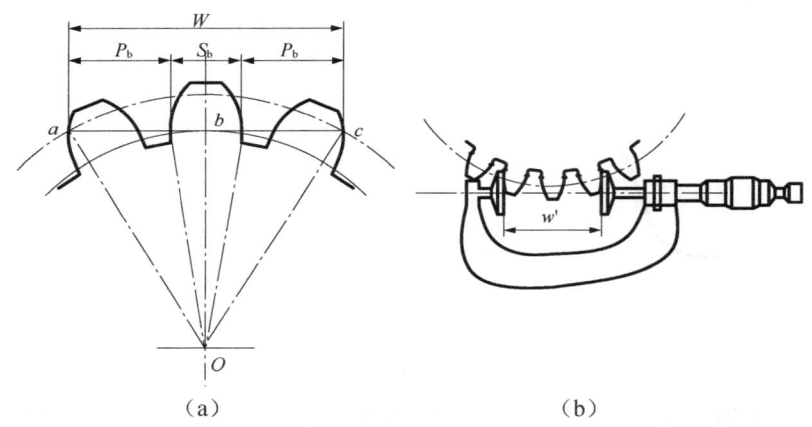

(a)　　　　　　　　　　(b)

图 9-22 标准直齿圆柱齿轮的公法线长度

对于齿形角 $\alpha = 20°$ 的标准齿轮，$k = z/9 + 0.5$；通常 k 值不为整数，计算 W_k 时，应将 k 值化整为最接近计算值的整数。

由于侧隙的允许偏差没有包括到公法线长度的公称值内，因此应从公法线长度公称值减去或加上公法线长度的上偏差 E_{bns} 和下偏差 E_{bni}，即公法线平均长度偏差 W_{ka} 的合格范围为

内齿轮　　　　　　　　　　$W_k - E_{bni} \leqslant W_{ka} \leqslant W_k - E_{bns}$　　　　　　(9-7)

外齿轮　　　　　　　　　　$W_k + E_{bni} \leqslant W_{ka} \leqslant W_k + E_{bns}$　　　　　　(9-8)

公法线长度偏差可以用公法线千分尺测量。为避免机床运动偏心对评定结果的影响，公法线长度应取平均值。

3. 侧隙

单个齿轮没有侧隙，它只有齿厚。侧隙是指一对齿轮（齿轮副）装配后自然形成的轮齿

间的间隙,齿轮副侧隙分为圆周侧隙 j_{wt} 和法向侧隙 j_{bn}(见 9.5.2 节)。设计时选取的齿轮副的最小侧隙必须满足正常储存润滑油、补偿齿轮和箱体温升引起的变形的需要。

9.4 齿轮副安装误差的评定指标

齿轮副即一对啮合齿轮。齿轮副的安装误差同样也影响齿轮传动的使用性能,所以有必要对这类误差也予以控制。因此,为了保证传动质量,充分满足齿轮传动的使用要求,国家标准也规定了齿轮副的轴线平行度偏差和中心距偏差等检验参数。

9.4.1 齿轮副中心距偏差

齿轮副中心距偏差 f_a 是指实际中心距与公称中心距的差值。齿轮副存在中心距偏差时,会影响齿轮副的侧隙。当实际中心距小于设计中心距时,会使侧隙减小;反之,会使侧隙增大。因此,为了保证侧隙要求,要求用中心距允许偏差来控制中心距偏差。

在齿轮只是单向承载运转而不经常反转的情况下,最大侧隙不是主要的控制因素,此时中心距允许偏差主要取决于对重合度的考虑;对于控制运动用齿轮,确定中心距允许偏差必须考虑对侧隙的控制;当齿轮上的负载常常反向时,确定中心距允许偏差所考虑的因素有轴、箱体和轴承的偏斜,齿轮轴线不共线,齿轮轴线的偏斜和错斜、安装误差、轴承跳动、温度影响、旋转件的离心伸胀等。

9.4.2 齿轮副轴线平行度偏差

齿轮副的轴线平行度偏差分为轴线平面内的平行度偏差 $f_{\Sigma\delta}$ 和垂直平面内的平行度偏差 $f_{\Sigma\beta}$,它会影响到齿轮副的接触精度和齿侧间隙,如图 9-23 所示。

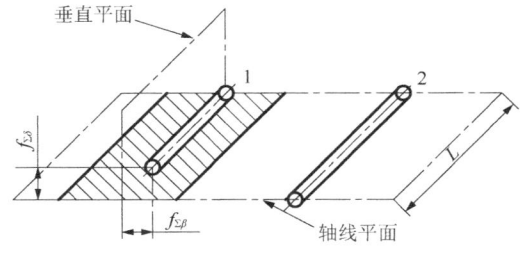

图 9-23 轴线平行度偏差

$f_{\Sigma\delta}$ 是指公共平面上一对齿轮的轴线平行度偏差。公共平面是指通过两轴线中较长的一根轴线和另一轴线的一个端点的平面。

新国标推荐的轴线平面内的平行度偏差的最大值为

$$f_{\Sigma\delta} = 2 f_{\Sigma\beta} \tag{9-9}$$

$f_{\Sigma\beta}$ 是指在垂直于轴线公共平面的平面上,一对齿轮的轴线的平行度偏差。

新国标推荐垂直平面内的平行度偏差的最大值为

$$f_{\Sigma\beta} = 0.5\left(\frac{L}{b}\right)F_\beta \tag{9-10}$$

9.5 渐开线圆柱齿轮精度标准

我国于 2008 年对渐开线圆柱齿轮精度标准进行了修订。本章所依据的是两个国家推荐标准 GB/T 10095.1《圆柱齿轮 精度制 第 1 部分：轮齿同侧齿面偏差的定义和允许值》和 GB/T 10095.2－2008《圆柱齿轮 精度制 第 2 部分：径向综合偏差和径向跳动的定义和允许值》以及 GB/Z 18620.1～4－2008《圆柱齿轮 检验实施规范》四个国家技术性指导文件等。该系列标准适用于公称模数 $m \geqslant 0.5 \sim 70$mm、分度圆直径 $d \geqslant 5 \sim 10000$mm、齿宽 $b \geqslant 4 \sim 1000$mm（对于 F_i'' 和 f_i''，其法向模数 $m_n \geqslant 0.2 \sim 10$mm、分度圆直径 $d \geqslant 5 \sim 1000$mm）的渐开圆柱齿轮，其基本齿廓按 GB/T 1356－2001《通用机械和重型机械用圆柱齿轮标准基本齿条齿廓》的规定。

9.5.1 齿轮评定指标的精度等级及选择

1. 精度等级

国标对渐开线圆柱齿轮除 F_i'' 和 f_i''（F_i'' 和 f_i'' 规定了 4～12 共 9 个精度等级）以外的评定项目规定了 0,1,2,3,…,10,11,12 共 13 个精度等级，精度按数序从小到大依次降低，其中 0 级的精度最高，12 级的精度最低。

在齿轮的 13 个精度等级中，0～2 级精度的齿轮要求非常高，采用一般的加工工艺难以达到，其各项偏差的允许值很小。目前，我国只有极少数的单位能制造和测量 2 级精度的齿轮，其他大多数企业仍然难以做到。虽然在国家标准给出了公差数值，但是仍属于有待发展的精度等级。通常将 3～5 级精度称为高精度等级，6～9 级为中等精度级，使用最广，而将 10～12 级则称为低精度等级。

2. 精度等级的选择

齿轮精度等级的选择应根据齿轮的用途、使用要求、传递功率、圆周速度及其他技术要求而定，同时要考虑加工工艺与经济性。在满足使用要求的前提下，应尽量选择较低精度的公差等级。

根据国家标准的规定只有齿轮的传递运动的准确性、传动的平稳性和承载均匀性规定了精度等级，所以首先要确定齿轮的精度等级。

表 9-2 列出了各类机械中齿轮精度等级的应用范围。根据表中对推荐初步确定齿轮精度等级，根据整个传动链的精度要求，可按传动链误差传递规律，分配各级齿轮副的传动精度要求，从而确定齿轮的精度等级。表 9-3 列出了齿轮精度等级与圆周速度的应用范围，按齿轮的圆周速度，确定齿轮的传递运动的准确性精度等级或传动的平稳性的精度等级，再确定其他的传动要求的精度等级。一般情况下，这三项传动要求的精度等级选择不超过 2 个等级。例如汽车齿轮首先确定的是传动的平稳性的精度等级，再确定传递运动的准确性和承载均匀性的精度等级，而传动的平稳性和承载均匀性通常采用精度同等级要求。

表 9-2　各类机械中齿轮精度等级的应用范围

应用范围	精度等级	应用范围	精度等级
测量齿轮	2～5	载货汽车	6～9
透平齿轮	3～6	通用减速器	6～9
精密切削机床	3～7	拖拉机	6～9
一般切削机床	5～8	轧钢机	5～9
内燃机和电气机车	5～7	起重机	6～10
航空发动机	4～8	矿用绞车	8～10
轻型汽车	5～8	农业机械	8～11

表 9-3　齿轮精度等级与圆周速度的应用范围

| 精度等级 | 应用范围 | 圆周速度/(m/s) | |
		直齿	斜齿
4	高精度和精密分度机构的末端齿轮	>30	>50
	极高速的透平齿轮		>70
	要求极高的平稳性和无噪声齿轮	>35	>70
5	高精度和精密分度机构的中间齿轮	>15～30	>15～30
	很高速的透平齿轮，高速重载，重型机械进给齿轮		>30
	要求高的平稳性和无噪声齿轮	>20	>35
	检验 8、9 级精度齿轮的测量齿轮	≤20	≤35
6	一般分度机构中的中间齿轮，3 级和 3 级以上精度机床中的进给齿轮	>10～15	>15～30
	高速、高效率、重型机械传动中的动力齿轮		<30
	高速传动中的平稳性和无噪声齿轮	≤20	≤35
7	4 级和 4 级以上精度机床中的进给齿轮	>6～10	>8～25
	高速与适度功率下或适度速度与大功率下的动力齿轮	<15	<25
	有一定速度的减速器齿轮，有平稳性要求的航空齿轮、船舶和轿车的齿轮	≤15	≤25
8	一般精度机床齿轮	<6	<8
	中等速度较平稳工作的动力齿轮，一般机器中的普通齿轮	<10	<15
	中等速度较平稳工作的汽车、拖拉机和航空齿轮	≤10	≤15
9	用于不提出精度要求的工作齿轮	≤4	≤6

3. 评定参数的公差值与极限偏差的确定

GB/T 10095—2008 规定，各评定参数允许值是以 5 级精度规定的公式乘以级间公比计算出来的。

两相邻精度等级的级间公比等于 $\sqrt{2}$，把 5 级精度未圆整的计算值乘以 $2^{0.5(Q-5)}$，即可得到任意精度等级的待求值。其中，Q 是待求值的精度等级数。

标准中各公差或极限偏差数值表列出的数值是用表 9-4 中所列出的计算公式根据尺寸（如法向模数 m_n、分度圆直径 d、齿宽 b 等）计算出各评定参数的允许值（公差或极限偏差）圆整后得到的。

表 9-4 评定参数允许值的计算公式（摘自 GB/T 10095—2008）

评 定 参 数	计算公式/μm
单个齿距偏差 $\pm f_{pt}$	$\pm F_{pt} = [0.3(m_n + 0.4\sqrt{d}) + 4] \times 2^{0.5(Q-5)}$
齿距累积偏差 $\pm f_{pk}$	$\pm F_{pk} = (f_{pt} + 1.6\sqrt{(k-1)m_n}) \times 2^{0.5(Q-5)}$
齿距累积总偏差 F_p	$F_p = [0.3(m_n + 1.25\sqrt{d}) + 7] \times 2^{0.5(Q-5)}$
齿廓总偏差 F_α	$F_\alpha = (0.3\sqrt{m_n} + 0.22\sqrt{d} + 0.7) \times 2^{0.5(Q-5)}$
齿廓形状偏差 $f_{f\alpha}$	$f_{f\alpha} = (2.5\sqrt{m_n} + 0.17\sqrt{d} + 0.5) \times 2^{0.5(Q-5)}$
齿廓倾斜偏差 $\pm f_{H\alpha}$	$\pm f_{H\alpha} = (2\sqrt{m_n} + 0.14\sqrt{d} + 0.5) \times 2^{0.5(Q-5)}$
螺旋线总公差 F_β	$F_\beta = (0.1\sqrt{d} + 0.63\sqrt{b} + 4.2) \times 2^{0.5(Q-5)}$
螺旋线形状公差 $f_{f\beta}$	$F_{f\beta} = (0.07\sqrt{d} + 0.45\sqrt{b} + 3) \times 2^{0.5(Q-5)}$
螺旋线倾斜偏差 $\pm f_{H\beta}$	$\pm f_{H\beta} = (0.07\sqrt{d} + 0.45\sqrt{b} + 3) \times 2^{0.5(Q-5)}$
径向综合总偏差 F_i''	$F_i'' = (3.2m_n + 1.01\sqrt{d} + 6.4) \times 2^{0.5(Q-5)}$
一齿径向综合偏差 f_i''	$f_i'' = (2.96m_n + 0.01\sqrt{d} + 0.8) \times 2^{0.5(Q-5)}$
径向跳动偏差 F_r	$F_r = 0.8F_p = (0.24m_n + 1.0\sqrt{d} + 5.6) \times 2^{0.5(Q-5)}$
切向综合总偏差 F_i'	$F_i' = (F_p + f_i') \times 2^{0.5(Q-5)}$
一齿切向综合偏差 f_i'	$f_i' = K(9 + 0.3m_n + 3.2\sqrt{m_n} + 0.34\sqrt{d}) \times 2^{0.5(Q-5)}$ 当 $\varepsilon_r < 4$ 时，$K = 0.2(\varepsilon_r + 4)/\varepsilon_r$；当 $\varepsilon_r \geq 4$ 时，$K = 0.4$

由有关公式计算并圆整得到的各评定参数公差或极限偏差数值见表 9-5～表 9-8，设计时可以根据齿轮的精度等级、模数、分度圆直径或齿宽选取。

表 9-5 F_β、$f_{f\beta}$ 和 $f_{H\beta}$ 偏差允许值（摘自 GB/T 10095.1—2008） 单位：μm

分度圆直径 d/mm	偏差项目 精度等级 齿宽 b/mm	螺旋线总公差 F_β					螺旋线形状总公差 $f_{f\beta}$ 和 $f_{H\beta}$				
		5	6	7	8	9	5	6	7	8	9
≥5～20	≥4～10	6.0	8.5	12	17	24	4.4	6.0	8.5	12	17
	>10～20	7.0	9.5	14	19	28	4.9	7.0	10	14	20
>20～50	≥4～10	6.5	9.0	13	18	25	4.5	6.5	9.0	13	18
	>10～20	7.0	10	14	20	29	5.0	7.0	10	14	20
	>20～40	8.0	11	16	23	32	6.0	8.0	12	16	23
>50～125	≥4～10	6.5	9.5	13	19	27	4.8	6.5	9.5	13	19
	>10～20	7.5	11	15	21	30	5.5	7.5	11	15	21
	>20～40	8.5	12	17	24	34	6.0	8.5	12	17	24
	>40～80	10	14	20	28	39	7.0	10	14	20	28
>125～280	≥4～10	7.0	10	14	20	29	5.0	7.0	10	14	20
	>10～20	8.0	11	16	22	32	5.5	8.0	11	16	23
	>20～40	9.0	13	18	25	36	6.5	9.0	13	18	25
	>40～80	10	15	21	29	41	7.5	10	15	21	29
	>80～160	12	17	25	35	49	8.5	12	17	25	35

表 9-6 $\pm f_{pt}$、F_p 偏差允许值（摘自 GB/T 10095.1－2008）　　　　　　　　　单位：μm

分度圆直径 d/mm	偏差项目 m_n/mm	单个齿距极限偏差 $\pm f_{pt}$ 精度等级					齿距累积总公差 F_p				
		5	6	7	8	9	5	6	7	8	9
≥5～20	≥0.5～2	4.7	6.5	9.5	13	19	11	16	23	32	45
	>2～3.5	5.0	7.5	10	15	21	12	17	23	33	47
>20～50	≥0.5～2	5.0	7.0	10	14	20	14	20	29	41	57
	>2～3.5	5.5	7.5	11	15	22	15	21	30	42	59
	>3.5～6	6.0	8.5	12	17	24	15	22	31	44	62
>50～125	≥0.5～2	5.5	7.5	11	15	21	18	26	37	52	74
	>2～3.5	6.0	8.5	12	17	23	19	27	38	53	76
	>3.5～6	6.5	9.0	13	18	26	19	28	39	55	78
>125～280	≥0.5～2	6.0	8.5	12	17	24	24	35	49	69	98
	>2～3.5	6.5	9.0	13	18	26	25	35	50	70	100
	>3.5～6	7.0	10	14	20	28	25	36	51	72	102

表 9-7 F_α、$f_{f\alpha}$ 偏差允许值（摘自 GB/T 10095.1－2008）　　　　　　　　　单位：μm

分度圆直径 d/mm	偏差项目 m_n/mm	齿廓总公差 F_α 精度等级					齿廓形状偏差 $f_{f\alpha}$				
		5	6	7	8	9	5	6	7	8	9
≥5～20	≥0.5～2	4.6	6.5	9.0	13	18	3.5	5.0	7.0	10	14
	>2～3.5	6.5	9.5	13	19	26	5.0	7.0	10	14	20
>20～50	≥0.5～2	5.0	7.5	10	15	21	4.0	5.5	8.0	11	16
	>2～3.5	7.0	10	14	20	29	5.5	8.0	11	16	22
	>3.5～6	9.0	12	18	25	35	7.0	9.5	14	19	27
>50～125	≥0.5～2	6.0	8.5	12	17	23	4.5	6.5	9.0	13	18
	>2～3.5	8.0	11	16	22	31	6.0	8.5	12	17	24
	>3.5～6	9.5	13	19	27	38	7.5	10	15	21	29
>125～280	≥0.5～2	7.0	10	14	20	28	5.5	7.5	11	15	21
	>2～3.5	9.0	13	18	25	36	7.0	9.5	14	19	28
	>3.5～6	11	15	21	30	42	8.0	12	16	23	33

表 9-8 $\pm f_{H\alpha}$、F_r、f_i'/k 值偏差允许值（摘自 GB/T 10095.1－2008）　　　　　　　　　单位：μm

分度圆直径 d/mm	偏差项目 m_n/mm	齿廓倾斜极限偏差 $\pm f_{H\alpha}$ 精度等级					径向跳动公差 F_r					f_i'/k 值				
		5	6	7	8	9	5	6	7	8	9	5	6	7	8	9
≥5～20	≥0.5～2	2.9	4.2	6.0	8.5	12	9.0	13	18	25	36	14	19	27	38	54
	>2～3.5	4.2	6.0	8.5	12	17	9.5	13	19	27	38	16	23	32	45	64
>20～50	≥0.5～2	3.3	4.6	6.5	9.5	13	11	16	23	32	46	14	20	29	41	58
	>2～3.5	4.5	6.5	9.0	13	18	12	17	24	34	47	17	24	34	48	68
	>3.5～6	5.5	8.0	11	16	22	12	17	25	35	49	19	27	38	54	77
>50～125	≥0.5～2	3.7	5.5	7.5	11	15	15	21	29	42	59	16	22	31	44	62
	>2～3.5	5.0	7.0	10	14	20	15	21	30	43	61	18	25	36	51	72
	>3.5～6	6.0	8.5	12	17	24	16	22	31	44	62	20	29	40	57	81
>125～280	≥0.5～2	4.4	6.0	9.0	12	18	20	28	39	55	78	17	24	34	49	69
	>2～3.5	5.5	8.0	11	16	23	20	28	40	56	80	20	28	39	56	79
	>3.5～6	6.5	9.5	13	19	27	20	29	41	58	115	22	31	44	62	88

9.5.2 齿轮侧隙精度指标的确定

设计时选取的齿轮副的最小侧隙必须满足正常储存润滑油、补偿齿轮和箱体温升引起的变形需要。

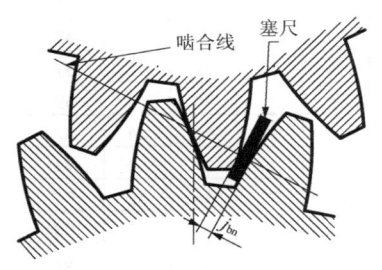

图 9-24 用塞尺检测法向侧隙

齿轮副侧隙分为圆周侧隙 j_{wt} 和法向侧隙 j_{bn}。圆周侧隙是在齿轮的分度圆上进行检测的圆周晃动量。法向侧隙是在齿轮的法向平面或沿啮合线进行测量,可以用塞尺在非工作面进行检测,如图 9-24 所示。

圆周侧隙便于测量,但法向侧隙是基本的,因为它可与法向齿厚、公法线长度、油膜厚度等建立函数关系,所以齿轮副侧隙应根据工作条件,用最小法向侧隙 $j_{bn\,min}$ 加以控制。而箱体、轴和轴承的偏斜、箱体的偏差和轴承的间隙导致的齿轮轴线的不对准和歪斜、安装误差、轴承的径向跳动、温度的影响、旋转零件的离心胀大等因素都会影响齿轮副的最小法向侧隙 $j_{bn\,min}$。

工作实际中最小法向侧隙 $j_{bn\,min}$ 可以用计算法和查表法决定。

1. 计算法

综合各种工作因素,设计时最小法向侧隙的计算一般取补偿温升而引起变形所需的最小法向侧隙 j_{bn1} 与保证正常润滑所必需的最小法向侧隙 j_{bn2} 之和,即

$$j_{bn\,min} = j_{bn1} + j_{bn2} \text{(mm)} \tag{9-11}$$

$$j_{bn1} = a(\alpha_1 \Delta t_2 - \alpha_2 \Delta t_2) \times 2\sin\alpha_n \text{(mm)} \tag{9-12}$$

式中,a——中心距(mm);α_1、α_2——齿轮和箱体材料的线膨胀系数;Δt_1、Δt_2——齿轮和箱体工作温度与标准温度(20℃)之差(℃);α_n——法向压力角(°)。

j_{bn2} 取决于润滑方式和齿轮工作的圆周速度,具体数值参见表 9-9。

表 9-9 保证正常润滑所需的法向间隙 j_{bn2} 的参考值   单位:mm

润滑方式	工作的圆周速度/(m/s)			
	低速传动 ($v<10$)	中速传动 ($10 \leq v \leq 25$)	高速传动 ($25 < v \leq 60$)	超高速传动 ($v > 60$)
喷油润滑	$0.01m_n$	$0.02m_n$	$0.03m_n$	$(0.03 \sim 0.05)m_n$
油池润滑	$(0.005 \sim 0.01)m_n$			

注:m_n 为法向模数。

因为影响法向侧隙的因素较多,而实际中仅考虑以上两项因素,所以计算值偏小,实际设计时可以取

$$j_{bn\,min} \geq j_{bn1} + j_{bn2} \text{(mm)} \tag{9-13}$$

2. 查表法

齿轮和箱体都为黑色金属,工作时节圆线速度小于 15m/s,轴和轴承都采用常用的商业制造公差的齿轮传动,齿轮副最小侧隙 $j_{bn\,min}$ 可用式 9-14 计算:

$$j_{bn\,min} = \frac{2}{3}(0.06 + 0.0005a_i + 0.03m_n) \qquad (9\text{-}14)$$

式中，a_i——传动的中心距，取绝对值（mm）。

由式9-14计算可以得出表9-10所示的推荐数据，在设计工作过程中可以按照实际情况加以选用。

表9-10 对于中、大模数齿轮最小侧隙的推荐数据（摘自 GB/Z 18620.2－2008）

模数 m_n	最小中心距 a_i / mm					
	50	100	200	400	800	1600
1.5	0.09	0.11	—	—	—	—
2	0.10	0.12	0.15	—	—	—
3	0.12	0.14	0.17	0.24	—	—
5	—	0.18	0.21	0.28	—	—
8	—	0.24	0.27	0.34	0.47	—
12	—	—	0.35	0.42	0.55	—
18	—	—	—	0.54	0.67	0.94

齿轮轮齿的配合是采用基准中心距制，在此前提下，齿侧间隙必须通过减薄齿厚来保证，其检测可采用控制齿厚或公法线长度等方法来保证侧隙。

1）用齿厚极限偏差控制齿厚

为了获得最小侧隙 $j_{bn\,min}$，齿厚应保证有最小减薄量，它是由分度圆齿厚上偏差 E_{sns} 形成的。对于 E_{sns} 的确定，可类比选取，也可参考下述方法计算选取。当主动轮与被动轮齿厚都做成最大值，即做成上偏差时，可获得最小侧隙 $j_{bn\,min}$。通常，取两齿轮的齿厚上偏差相等，此时可有

$$j_{bn\,min} = |E_{sns1} + E_{sns2}|\cos\alpha_n = 2|E_{sns}|\cos\alpha_n \qquad (9\text{-}15)$$

式中，α_n——法向齿形角。

若主动轮与从动轮取相同的齿厚上偏差，则

$$E_{sns} = E_{sns1} = E_{sns2} = -\frac{j_{bn\,min}}{2\cos\alpha_n} \qquad (9\text{-}16)$$

当对最大侧隙也有要求时，齿厚下偏差 E_{sni} 也需要控制，此时需进行齿厚公差 T_{sn} 计算。齿厚公差的选择要适当，公差过小势必增加齿轮制造成本；公差过大会使侧隙加大，使齿轮反转时空转行程过大。齿厚下偏差可以根据齿厚上偏差和齿厚公差求得，齿厚公差 T_{sn} 可按式9-17求得

$$T_{sn} = \sqrt{F_r^2 + b_r^2} \times 2\tan\alpha_n \qquad (9\text{-}17)$$

式中，F_r——径向跳动公差；
b_r——切齿径向进刀公差，可按照表 9-11 选取。

表 9-11 切齿径向进刀公差

齿轮精度等级	4	5	6	7	8	9
b_r	1.26 IT7	IT8	1.26 IT8	IT9	1.26 IT9	IT10

这样齿厚的下偏差 E_{sni} 可按式（9-18）求出，即
$$E_{sni}=E_{sns}-T_{sn} \tag{9-18}$$
式中，T_{sn}——齿厚公差。

显然若齿厚偏差合格，实际齿厚偏差 E_{sn} 应处于齿厚公差带内，从而保证齿轮副侧隙满足要求。

2）用公法线长度极限偏差控制齿厚

齿厚偏差的变化必然引起公法线长度的变化。测量公法线长度同样可以控制齿侧间隙，在实际生产中，常用控制公法线长度极限偏差的方法来保证侧隙。公法线长度极限偏差和齿厚偏差存在如下关系：

公法线长度上偏差 $\qquad E_{bns}=E_{sns}\cos\alpha_n \tag{9-19}$

公法线长度下偏差 $\qquad E_{bni}=E_{sni}\cos\alpha_n \tag{9-20}$

9.5.3 检验项目的选择

在检验中，按国家标准的规定对单个齿轮的强制性检测指标有：齿距累积总偏差 F_p、单个齿距偏差 f_{pt}、齿廓总偏差 F_α 和螺旋线总偏差 F_β 四个指标。如果考虑到工厂检测条件和齿轮的传动要求，可以用非强制性检测指标。例如以切向综合总误差检验代替齿距累积总误差检验，径向综合误差检验代替径向跳动检验。如果是高速齿轮，一般工作时节圆线速度如果大于 15m/s，则再加检验齿距累积偏差 F_{pk}。其余的非必检项目根据实际需要可以由采购方和供货方协商加以确定。

对于 3~6 级精度等级的齿轮，可以根据需要按照标准所规定的检验项目和相应允许值进行检验，这一类精度齿轮都是主机的关键部位，如果检验项目不到位，会在主机工作时产生不良反应，还会出现危险后果。

对于 7~12 级精度等级的齿轮，其价格相对较低，生产量也较大，如果生产每个齿轮都用 f_{pt}、F_p、F_α 和 F_β 四项偏差检验是不经济的，也是不科学和不现实的，因此，在大批量生产的齿轮中，用某一种方法生产出来第一批少量齿轮，为了掌握它们是否符合所规定的国家标准的精度等级，需要进行 f_{pt}、F_p、F_α 和 F_β 四项偏差的仔细检验；合格稳定后，按照相同方法生产出来的齿轮有什么变化就可以通过测量径向综合偏差或径向跳动来发现，不必再重复进行仔细检验，加工完毕以后，将最后加工出来的数件齿轮再用上述四项偏差项目核实就可以了。这样的批量生产既能全部保证精度质量又能节省生产的时间和费用。

9.5.4 轮坯公差

齿轮的传动质量与齿坯的精度有关。齿坯的尺寸偏差、形状误差和表面质量对齿轮的加工、检验及齿轮副的接触条件和运转状况有很大的影响。为了保证齿轮的传动质量，必须控制齿坯精度，使加工的轮齿精度（齿廓偏差、相邻齿距偏差等）更易保证。

1. 确定齿轮基准轴线的方法

有关齿轮轮齿精度参数的数值，只有明确其特定的旋转轴线时才有意义。当测量时齿轮围绕其旋转的轴线如有改变，则这些参数测量值也将改变。因此，在齿轮的图纸上必须把规

定轮齿公差的基准轴线明确表示出来，事实上整个齿轮的几何形状均以其为基准，它也是制造者（和检测者）用来确定轮齿几何形状的轴线，是由基准面中心确定的，设计时应使基准轴线和工作轴线重合。根据 GB/Z 18620.3－2008 规定，确定齿轮基准轴线的方法有以下三种：

（1）用两个"短的"圆柱或圆锥形基准面上设定的两个圆的圆心来确定轴线上的两个点，如图 9-25 所示，基准为公共基准轴线 *A—B*，一般指的是安装轴承的轴径。

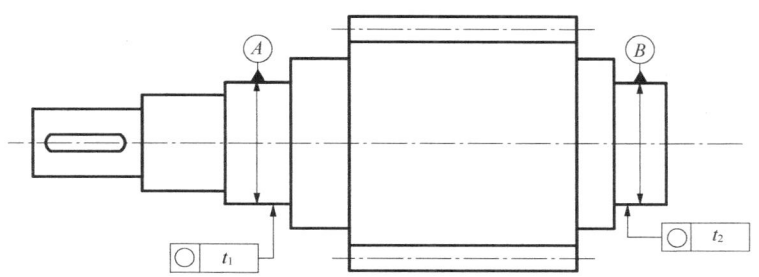

图 9-25　确定齿轮基准轴线的方法 1

（2）用一个"长的"圆柱或圆锥形基准面来同时确定轴线的位置和方向。孔的轴线可以用与之相匹配、正确装配的工作芯轴的轴线来代表，如图 9-26 所示，即以齿轮孔的轴线 A 为基准。

（3）轴线位置用一个"短的"圆柱形基准面上一个圆的圆心来确定，其方向则用垂直于此轴线的一个基准端面来确定，如图 9-27 所示。

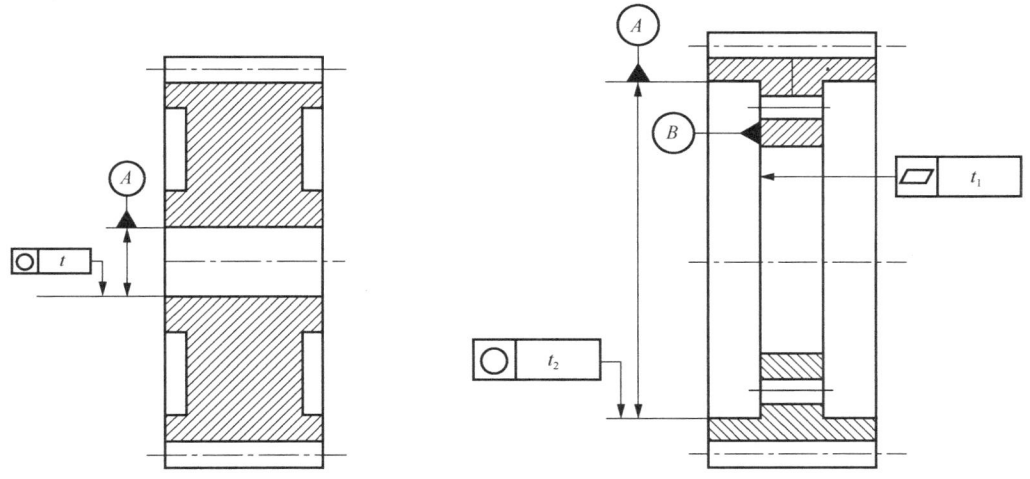

图 9-26　确定齿轮基准轴线的方法 2　　　图 9-27　确定齿轮基准轴线的方法 3

2. 齿轮的形状公差及基准面的跳动公差

在 GB/Z 18620.3－2008 中对齿轮的形状公差及基准面的跳动公差也有较为详尽的规定，分别见表 9-12 及表 9-13。

表 9-12 基准面和安装面的形状公差（摘自 GB/Z 18620.3－2008）

确定轴线的基准面	公差项目		
	圆度	圆柱度	平面度
两个"短的"圆柱或圆锥形基准面	0.04（L/b）F_β 或 0.1 F_p 取两者中之小值		
一个"长的"圆柱或圆锥形基准面		0.04（L/b）F_β 或 0.1 F_p 取两者中之小值	
一个"短的"圆柱面和一个端面	0.06 F_p		0.06（D_d/b）F_β

注：(1) 齿轮坯的公差应减至能经济制造的最小值。
（2）L 为较大的轴承跨距，D_d 为基准面直径，b 为齿宽。

表 9-13 安装面的跳动公差（摘自 GB/Z 18620.3－2008）

确定轴线的基准面	跳动量（总的指示幅度）	
	径向	轴向
仅指圆柱或圆锥形基准面	0.15（L/b）F_β 或 0.32 F_p 取两者中之大值	
一个圆柱基准面和一个端面基准	0.3 F_p	0.2（D_d/b）F_β

注：齿轮坯的公差应减至能经济制造的最小值。

9.5.5 齿轮齿面和基准面的表面粗糙度要求

齿面粗糙度影响齿轮的传动精度、表面承载能力和弯曲强度，也必须加以控制。直接测得的粗糙度参数值，可直接与规定的允许值进行比较，规定的参数值应该优先从表 9-14 所给的范围中加以选择，无论是 Ra 和 Rz 都可以作为一种判断依据，两者不应在同一部分使用。

表 9-14 齿轮齿面表面粗糙度（摘自 GB/Z 18620.4－2008）

齿轮精度等级	算术平均偏差 Ra/μm			微观不平度十点高度 Rz/μm		
	$m<6$	$6\leqslant m\leqslant 25$	$m>25$	$m<6$	$6\leqslant m\leqslant 25$	$m>25$
5	0.5	0.63	0.80	3.2	4.0	5.0
6	0.8	1.00	1.25	5.0	6.3	8.0
7	1.25	1.6	2.0	8.0	10.0	12.5
8	2.0	2.5	3.2	12.5	16	20
9	3.2	4.0	5.0	20	25	32
10	5.0	6.3	8.0	32	40	50
11	10	12.5	16	63	80	100
12	20	25	32	125	160	200

注：(1) 国家标准所规定的齿轮精度等级和表中的粗糙度等级之间没有直接关系。
（2）表中相当的表面状况等级并不与特定的制造工艺对应。

9.5.6 图样上齿轮精度等级的标注

当前正在使用的最新国家标准对齿轮精度等级有新的规定，对图样标注并无明确规定，只提到在技术文件（齿轮图样、协议等）需要叙述齿轮精度要求时，应注明标准号，即 GB/T 10095.1 或 GB/T 10095.2。

关于齿轮精度等级标注建议如下：

（1）齿轮的检验项目具有相同精度等级时，只需标注精度等级和标准号。

例如，8GB/T 10095.1—2008 或 8GB/T 10095.2—2008 表示检验项目精度等级（如齿距累积总偏差、齿廓总偏差、螺旋线总偏差等）同为 8 级的齿轮。

（2）若齿轮各检验项目的精度等级不同时，则需在精度等级后面用括弧加注检验项目。

例如，"6（F_α）7（F_p、F_β）" 表示齿廓总偏差 F_α 为 6 级精度、齿距累积总偏差 F_p 和螺旋线总偏差 F_β 均为 7 级精度的齿轮。

（3）齿轮的径向综合偏差要求为 5 级精度标注为 5（F_i'' 和 f_i''）GB/T 10095.2—2008。

本章小结

本章对渐开线圆柱的公差及其检测进行了较详细的阐述，包括齿轮传动的应用要求、齿轮的加工误差及其对齿轮传动性能的影响、单个渐开线圆柱齿轮的评定指标及检测、齿轮副的评定指标和渐开线圆柱齿轮精度标准等。

齿轮传动的使用要求有传递运动的准确性、传动的平稳性、载荷分布的均匀性和适当的侧隙四个方面。齿轮精度的评定指标主要从齿轮传动四个方面的使用要求着手加以确定。

习 题

9-1 齿轮传动的使用要求有哪些？彼此有何区别与联系？

9-2 产生齿轮加工误差的主要因素有哪些？齿轮加工误差如何进行分类？

9-3 齿轮传动四项使用要求的评价指标有哪些？

9-4 接触斑点应在什么情况下检验？影响接触斑点的因素有哪些？

9-5 在齿轮精度标准中，对圆柱齿轮规定了多少个精度等级？选择精度的等级应该考虑哪些因素？

9-6 已知某齿轮模数为 m_n=3mm，齿数 z=32，齿宽 b=20mm，齿轮精度等级为 8 级。试求单个齿距偏差 f_{pt} 的允许值（极限偏差）和螺旋线总偏差 F_β 的允许值（公差）。

9-7 某通用减速器中有一对直齿圆柱齿轮副，模数 m=3mm，齿形角 α=20°，小齿轮齿数 z_1=32，大齿轮齿数 z_2=96，齿宽 b=20mm，传递的最大功率为 5kW，转速 n=1280r/min，齿轮箱采用喷油润滑，齿轮工作温度 t_1=75℃，箱体工作温度 t_2=50℃。线膨胀系数：钢齿轮 α_1=11.5×10^{-6}，铸铁箱体 α_2=10.5×10^{-6}，小批量生产。试确定小齿轮精度等级，齿厚的上、下允许偏差，检验项目及其公差。

第 10 章　圆锥结合精度设计

教学重点

了解圆锥结合的特点及与圆柱结合的区别，掌握圆锥配合的特点，掌握圆锥公差的标注。

教学难点

圆锥结合的精度要求及其应用。

教学方法

可以根据教学的学时情况，以案例教学法讲授圆锥结合的精度要求及其应用。

引例

圆锥结合是机器、仪器及工具结构中常用的典型结合。圆锥配合同轴度精度高、紧密性好、间隙或过盈可以调整、可利用摩擦力来传递转矩，常用于定位、密封。图 10-1 为钻床夹具，其钻模板的定位是用圆锥销、孔配合进行定位后，再用螺栓固紧。图 10-2 为汽车的进/排气门，利用圆锥面密封。

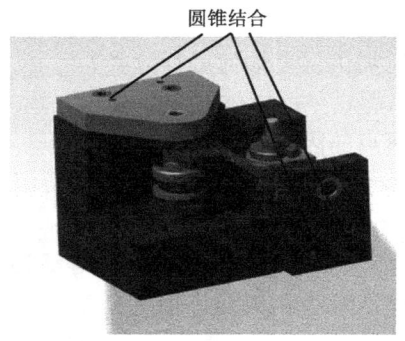

图 10-1　钻床夹具

图 10-2　汽车进/排气门

10.1　概　　述

圆锥配合与圆柱配合相比较，圆锥配合具有同轴精度高，间隙或过盈可以调整，具有良好的紧密性和自锁性，并且可利用摩擦力来传递转矩等优点。但是，圆锥配合在结构上比较复杂，影响其互换性的参数较多，加工和检测也较困难。为了满足圆锥配合的使用要求，保证圆锥配合的互换性，我国发布了一系列有关圆锥公差与配合及圆锥公差标注方法的标准，它们分别是 GB/T 157—2001《产品几何量技术规范（GPS）圆锥的锥度和角度系列》，GB/T 11334—2005《产品几何量技术规范（GPS）圆锥公差》，GB/T 12360—2005《产品几何量技术规范（GPS）圆锥配合》，GB/T 15754-1995《技术制图 圆锥的尺寸和公差注法》等国家标准。

10.1.1 圆锥的主要几何参数

圆锥分内圆锥（圆锥孔）和外圆锥（圆锥轴）两种，其主要几何参数为圆锥角、圆锥直径、圆锥长度和锥度，如图 10-3 所示。

圆锥角 α 是指在通过圆锥轴线的截面内，两条素线间的夹角。圆锥直径是指圆锥在垂直于其轴线的截面上的直径，常用的圆锥直径有最大圆锥直径 D、最小圆锥直径 d 和给定截面圆锥直径 d_x。圆锥长度 L 是指最大圆锥直径截面与最小圆锥直径截面之间的轴向距离。

圆锥角的大小有时用锥度表示。锥度 C 是指两个垂直于圆锥轴线的截面上的圆锥直径 D 与 d 之差与该两截面间的轴向距离 L 之比，即

$$C=(D-d)/L \tag{10-1}$$

锥度 C 与圆锥角 α 的关系为

$$C = 2\tan\frac{\alpha}{2} = 1:\frac{1}{2}\cot\frac{\alpha}{2} \tag{10-2}$$

锥度一般用比例或分数形式表示，例如，C=1：5 或 C=1/5。

光滑圆锥的锥度已标准化（GB/T 157-2001 规定了一般用途和特定用途的锥度与圆锥角系列）。

在零件图上，锥度用表示圆锥的图形符号和比例（或分数）形式来标注，如图 10-4 所示。图形符号和锥度应靠近圆锥轮廓标注，配置在平行于圆锥轴线的基准线上，并且其方向与圆锥方向一致，在基准线的上面标注锥度的数值。用指引线将基准线与圆锥素线相连。在图样上标注了锥度，就不必标注圆锥角，两者不应重复标注。

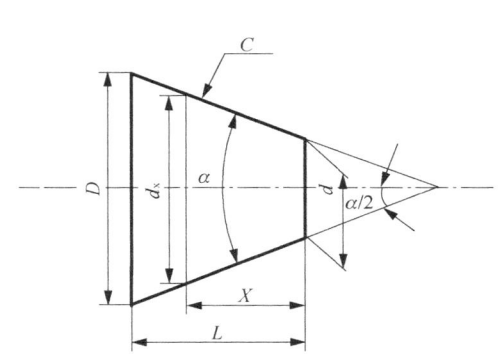

图 10-3 圆锥的主要几何参数图

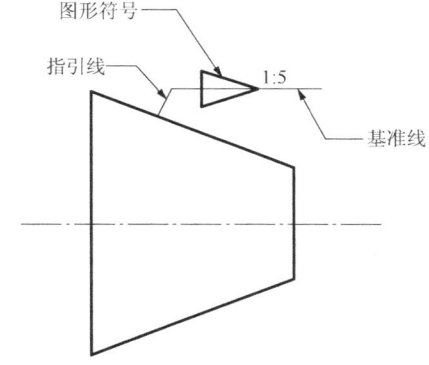

图 10-4 锥度的标注方法

10.1.2 有关圆锥公差的术语

1）公称圆锥

公称圆锥是指设计时给定的理想形状的圆锥。公称圆锥可用两种形式确定。

（1）一个公称圆锥直径（最大圆锥直径 D、最小圆锥直径 d 和给定截面圆锥直径 d_x）、公称圆锥长度 L、公称圆锥角 α 或公称锥度 C。

（2）两个公称圆锥直径和公称圆锥长度 L。

2）极限圆锥、圆锥直径公差和圆锥直径公差区

极限圆锥是指与公称圆锥共轴且圆锥角相等、直径分别为上极限直径和下极限直径的两个圆锥。

如图 10-5 所示。在垂直于圆锥轴线的所有截面上，这两个圆锥的直径差都相等。直径分别为上极限直径（D_{max}、d_{max}）的圆锥和下极限直径（D_{min}、d_{min}）的圆锥。

圆锥直径公差 T_D 是指圆锥直径的允许变动量，圆锥直径公差在整个圆锥长度内都适用。两个极限圆锥 B 所限定的区域称为圆锥直径公差区 Z。

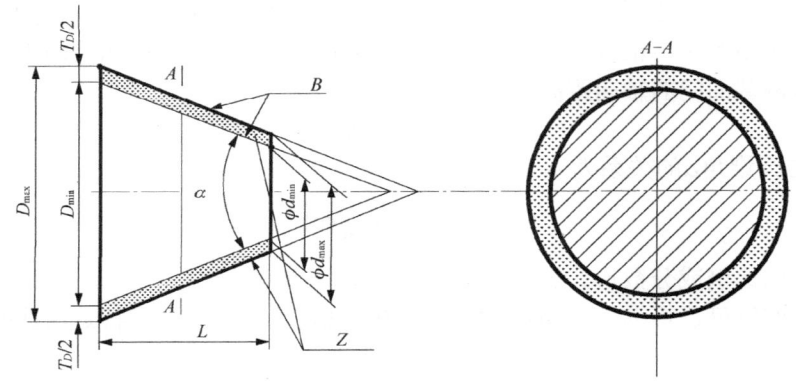

图 10-5　极限圆锥 B 和圆锥直径公差区 Z

3）极限圆锥角、圆锥角公差和圆锥角公差区

极限圆锥角是指允许的上极限或下极限圆锥角，它们分别用符号 α_{max} 和 α_{min} 表示，如图 10-6 所示。圆锥角公差是指圆锥角的允许变动量。当圆锥角公差以弧度或角度为单位时，用代号 AT_α 表示；以长度为单位时，用代号 AT_D 表示。极限圆锥角 α_{max} 和 α_{min} 所限定的区域称为圆锥角公差区 Z_α。

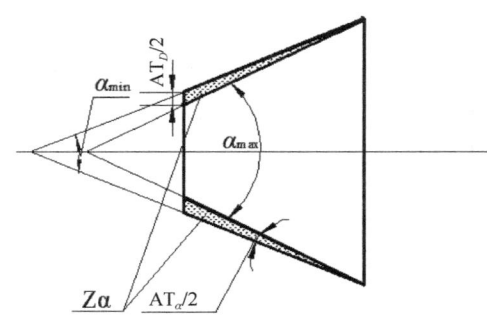

图 10-6　极限圆锥角和圆锥角公差区

10.1.3　有关圆锥配合的术语

1. 圆锥配合及其种类

圆锥配合有结构型圆锥配合和位移型圆锥配合两种。

1）结构型圆锥配合

结构型圆锥配合是指由内、外圆锥本身的结构或由结构尺寸确定装配位置及内、外圆锥

公差区之间的相互关系。

结构型圆锥配合可以是间隙配合、过渡配合或过盈配合。如图 10-7 所示,用外圆锥 2 的轴肩 1 与内圆锥 3 端面接触来确定装配时最终的轴向相对位置,以获得指定的圆锥间隙配合。间隙配合主要用于有相对转动的机构中,如圆锥滑动轴承。

又如图 10-8 所示,用外圆锥大端基准平面 1 与内圆锥的基准平面 2 之间的结构尺寸 a 确定装配时最终的轴向相对位置,以获得指定的圆锥过盈配合。它主要用于对中定心或密封。

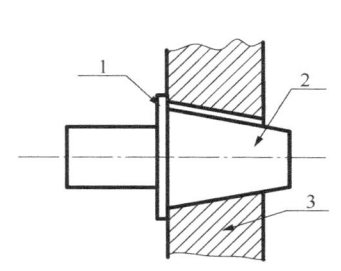

图 10-7 由轴肩接触得到的间隙配合

1—轴肩;2—外圆锥;3—内圆锥

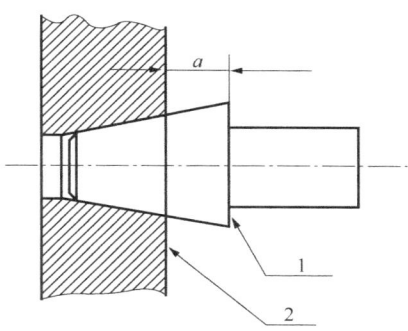

图 10-8 由结构尺寸得到的过盈配合

1—外圆锥基准平面;2—内圆锥基准平面

2)位移型圆锥配合

位移型圆锥配合是指由规定内、外圆锥在装配时作一定相对轴向位移(E_a)确定的相互关系。

位移型圆锥配合可获得间隙配合或过盈配合。如图 10-9 所示,在不受力的情况下,内、外圆锥相接触,由实际初始位置 P_a 开始,内圆锥向右作轴向位移 E_a,到达终止位置 P_f,以获得指定的圆锥间隙配合。

又如图 10-10 所示,在不受力的情况下,内、外圆锥相接触,由实际初始位置 P_a 开始,对内圆锥施加给定的装配力 F_s,使内圆锥向左作轴向位移,达到终止位置 P_f,以获得指定的圆锥过盈配合。

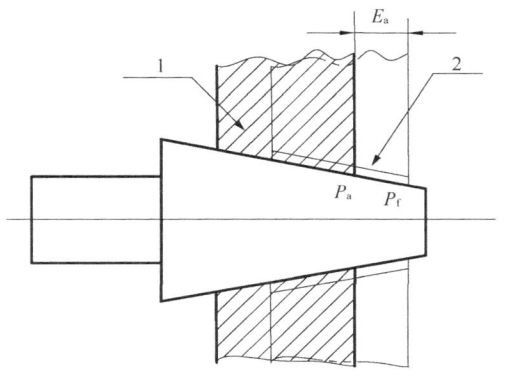

图 10-9 由轴向位移 E_a 形成圆锥间隙配合

1—实际初始位置;2—终止位置

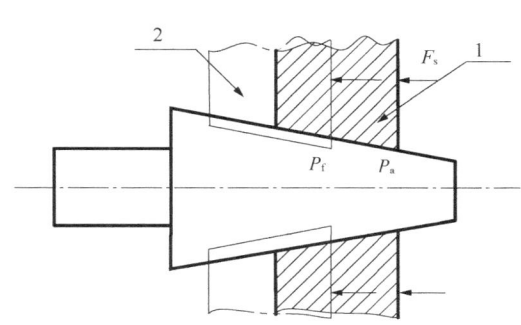

图 10-10 由给定装配力 F_s 形成圆锥过盈配合

1—实际初始位置;2—终止位置

轴向位移允许的变动量称为轴向位移公差（T_E），它等于最大轴向位移（E_{max}）与最小轴向位移（E_{min}）之差。

轴向位移 E_a 与间隙 X（或过盈 Y）的关系如下：

$$E_a = X(\text{或 } Y)/C \tag{10-3}$$

式中，C——内、外圆锥的锥度。

2. 圆锥直径配合量

圆锥直径配合量是指在配合直径上允许的间隙或过盈的变动量（T_{Df}）。

对于结构型圆锥配合，圆锥直径间隙配合量（T_{Df}）是最大间隙（X_{max}）与最小间隙（X_{min}）之差的绝对值；圆锥直径过盈配合量（T_{Df}）是最大过盈（Y_{max}）与最小过盈（Y_{min}）之差的绝对值；圆锥直径过渡配合量（T_{Df}）是最大间隙（X_{max}）与最大过盈（Y_{max}）之差的绝对值；圆锥直径配合量（T_{Df}）等于内圆锥直径公差（T_{Di}）与外圆锥直径公差（T_{De}）之和。

对于位移型圆锥配合，圆锥直径间隙配合量（T_{Df}）是最大间隙（X_{max}）与最小间隙（X_{min}）之差的绝对值；圆锥直径过盈配合量（T_{Df}）是最大过盈（Y_{max}）与最小过盈（Y_{min}）之差的绝对值；圆锥直径配合量（T_{Df}）等于轴向位移公差（T_E）与锥度（C）之积。

10.2 圆锥公差与配合

10.2.1 圆锥公差项目

为了保证内、外圆锥的互换性和满足使用要求，对内、外圆锥规定的公差项目如下所述。

（1）圆锥直径公差。圆锥直径公差 T_D 是以公称圆锥直径（一般取最大圆锥直径 D）为公称尺寸，按 GB/T1800.1 规定的标准公差（见表 3-2）选取。该标准的数值适用于圆锥长度范围内的所有圆锥直径。

（2）圆锥角公差。圆锥角公差 AT 共分 12 个公差等级，它们分别用 AT1,AT2,…,AT12 表示，其中 AT1 精度最高，等级依次降低，AT12 精度最低。GB/T 11334－2005《圆锥公差》规定的圆锥角公差的数值见表 10-1。表 10-1 中数值用于棱体的角度时，以该角短边长度作为 L 选取公差值。如需更高等级或更低级时，可按公比数 1.6 向两端延伸得到。

表 10-1 圆锥角公差（摘自 GB/T 11334－2005）

基本圆锥长度 L/mm	AT5			AT6			AT7		
	AT_α		AT_D	AT_α		AT_D	AT_α		AT_D
	μrad	(′)(″)	μm	μrad	(′)(″)	μm	μrad	(′)(″)	μm
>25～40	160	33″	>4.0～6.3	250	52″	>6.3～10.0	400	1′22″	>10.0～16.0
>40～63	125	26″	>5.0～8.0	200	41″	>8.0～12.5	315	1′05″	>12.5～20.0
>63～100	100	21″	>6.3～10.0	160	33″	>10.0～16.0	250	52″	>16.0～25.0
>25～40	630	2′10″	>16.0～20.5	1000	3′26″	>25～40	1600	5′30″	>40～63
>40～63	500	1′43″	>20.0～32.0	800	2′45″	>32～50	1250	4′18″	>50～80
>63～100	400	1′22″	>25.0～40.0	630	2′10″	>40～63	1000	3′26″	>63～100

注：1μrad 等于半径为 1m、弧长为 1μm 所对应的圆心角。5μrad≈1″，300μrad≈1′。

为了加工和检测方便，圆锥角公差可用角度值 AT_α 或线值 AT_D 给定，AT_α 与 AT_D 的换算关系为

$$AT_D = AT_\alpha \times L \times 10^{-3} \tag{10-4}$$

式中，AT_D、AT_α 和圆锥长度 L 的单位分别为 μm、μrad 和 mm。

AT4～AT12 的应用举例如下：AT4～AT6 用于高精度的圆锥量规和角度样板；AT7～AT9 用于工具圆锥、圆锥销、传递大转矩的摩擦圆锥；AT10、AT11 用于圆锥套、圆锥齿轮之类的中等精度零件；AT12 用于低精度零件。

圆锥角的极限偏差可按单向取值（$\alpha^{+AT_\alpha}_{0}$ 或 $\alpha^{0}_{-AT_\alpha}$）或者双向对称取值（$\alpha \pm AT/2$）或不对称取值。为了保证内、外圆锥接触的均匀性，圆锥角公差带通常采用对称于基本圆锥角分布。

（3）圆锥的形状公差。圆锥的形状公差 T_F 推荐按 GB/T 1184－1996 中"图样上注出公差值的规定"选取，参见表 3-7 和表 3-8。常用素线直线度公差和横截面圆度公差。在图样上可以按需要对圆锥标注这两项形状公差或其中的某一项公差，或者标注圆锥的面轮廓度公差。

10.2.2 圆锥公差的给定及标注方法

在图样上标注配合内、外圆锥的尺寸和公差时，内、外圆锥必须具有相同的公称圆锥角（或基本锥度），同时在内、外圆锥上标注直径公差的圆锥直径必须具有相同的基本尺寸。

圆锥公差的标注方法有下列三种（GB/T 15754－1995）。

1）面轮廓度法

面轮廓度法是指给出圆锥的理论正确圆锥角 $\boxed{\alpha}$（或锥度 $\boxed{C}$）、理论正确圆锥直径（$\boxed{D}$ 或 $\boxed{d}$）和圆锥长度 L，标注面轮廓度公差，如图 10-11 所示。它是常用的圆锥公差给定方法，由面轮廓度公差带确定最大与最小极限圆锥，把圆锥的直径偏差、圆锥角偏差、素线直线度误差和横截面圆度误差等都控制在面轮廓度公差带内，这相当于包容要求。

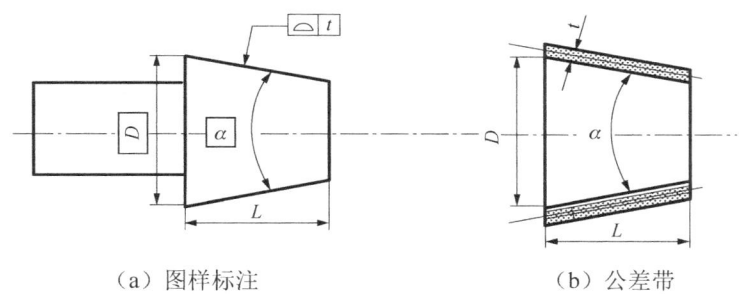

(a) 图样标注　　　　　　　　　(b) 公差带

图 10-11　面轮廓度法标注圆锥公差的示例

2）基本锥度法

基本锥度法是指给出圆锥的公称圆锥角 $\boxed{\alpha}$ 和圆锥直径公差 T_D。标注公称圆锥直径（D 或 d）及其极限偏差（按相对于该直径对称分布取值），如图 10-12 所示。

其特征是按圆锥直径为最大和最小实体尺寸构成的同轴线圆锥面来形成两个具有理想形状的包容面公差带。实际圆锥不得超越这两个包容面。如果对圆锥角公差、圆锥的形状公差有更高的要求时，可再给出圆锥角公差 AT、圆锥的形状公差 T_F，此时，AT 和 T_F 仅占 T_D 的一部分。

基本锥度法通常适用于有配合要求的结构型内、外圆锥。

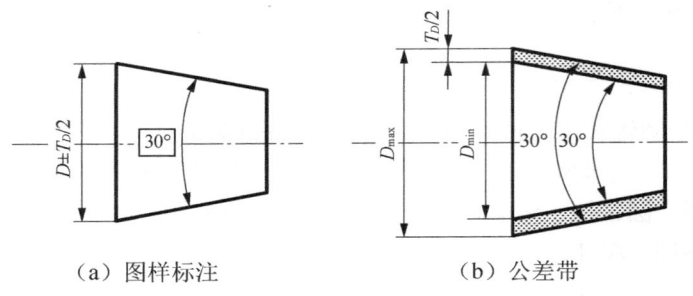

(a) 图样标注　　　　　　　　(b) 公差带

图 10-12　基本锥度法标注圆锥公差的示例

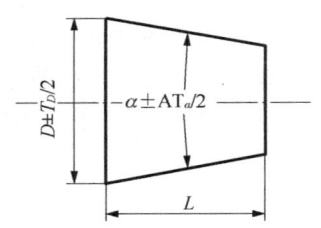

图 10-13　公差锥度法标注圆锥
公差的示例

3）公差锥度法

公差锥度法是指同时给出圆锥直径（最大或最小圆锥直径）极限偏差和圆锥角极限偏差，并标注圆锥长度，它们各自独立，分别满足各自的要求，标注方法如图 10-13 所示，按独立原则解释。

公差锥度法适用于非配合圆锥，也适用于对某给定截面直径有较高要求的圆锥和密封。

应当指出，无论采用哪种标注方法，若有需要，可附加给出素线直线度、圆度精度要求；对于面轮廓度法和基本锥度法，还可附加给出圆锥角公差。

10.2.3　圆锥配合的一般规定

1）结构型圆锥配合

结构型圆锥配合的配合性质由相互结合的内、外圆锥直径公差带之间的关系决定。

结构型圆锥配合的内、外圆锥直径公差带及配合可以从 GB/T 1801 中选取。如果 GB/T 1801 给出的常用配合不能满足设计要求，则从 GB/T 1800.1 规定的标准公差和基本偏差中选取所需的直径公差带组成配合。

结构型圆锥配合也分基孔制配合和基轴制配合。为了减少定值刀具、量规的品种、规格，获得最佳的技术经济效益，应优先选用基孔制配合。

2）位移型圆锥配合

位移型圆锥配合的性质由内、外圆锥接触时的初始位置开始的轴向位移或者由在该初始位置上施加的装配力决定。因此，内、外圆锥直径公差带仅影响装配时的初始位置，不影响配合性质。

位移型圆锥配合的内、外圆锥直径公差带代号的基本偏差推荐采用 H/h 或 JS/js，其中轴向位移的极限值按 GB/T 1801 规定的极限间隙或极限过盈来计算。

位移型圆锥配合轴向位移极限值（$E_{a\max}$、$E_{a\min}$）按式（10-5）、式（10-6）、式（10-8）和式（10-9）计算；轴向位移公差（T_E）按式（10-7）和式（10-10）计算。

对于间隙配合：

$$E_{a\max}=|X_{\max}|/C \tag{10-5}$$

$$E_{a\min}=|X_{\min}|/C \tag{10-6}$$

$$T_E=E_{a\max}-E_{a\min}=|X_{\max}-X_{\min}|/C \tag{10-7}$$

对于过盈配合：

$$E_{a\max}=|Y_{\max}|/C \tag{10-8}$$

$$E_{a\min}=|Y_{\min}|/C \tag{10-9}$$
$$T_E=E_{a\max}-E_{a\min}=|Y_{\max}-Y_{\min}|/C \tag{10-10}$$

【例 10-1】 有一位移型圆锥配合，锥度 C 为 1：30，内、外圆锥的公称直径为 60mm，其内、外圆锥直径公差带确定为 H7/h6；要求装配后得到 H7/u6 的配合性质。试计算由初始位置开始的最小与最大轴向位移和位移公差。

解：按 ϕ60H7/u6，由表 2-3、表 2-5 和表 2-6 查得 IT7=30 mm，IT6=19 mm，ϕ60H7：EI=0；ES=+0.030 mm；ϕ60u6：ei=+0.087 mm；es=+0.106 mm；

由此可算得：$Y_{\max}$=-0.057mm，$Y_{\min}$=-0.106mm。

按式（10-8）、式（10-9）和式（10-10）计算得：

最小轴向位移 $E_{a\min}=|Y_{\min}|/C$=0.057×30=1.71mm

最大轴向位移 $E_{a\max}=|Y_{\max}|/C$=0.106×30=3.18mm

轴向位移公差 $T_E=E_{a\max}-E_{a\min}$=1.47mm

10.3 锥度和圆锥角的检测

10.3.1 直接测量法测量锥度和圆锥角

直接测量法又称为绝对测量法，即用量具、量仪直接测量零件的角度。例如，用万能角度尺、光学测角仪等计量器具测量实际圆锥角的数值。

10.3.2 用量规检验圆锥角偏差

内、外圆锥的圆锥角实际偏差可分别用圆锥量规检验。如图 10-14 所示，被测内圆锥用圆锥塞规检验，被测外圆锥用圆锥环规检验。检验内圆锥的圆锥角偏差时，在圆锥塞规工作表面素线全长上涂 3～4 条极薄的显示剂；检验外圆锥的圆锥角偏差时，在被测外圆锥表面素线全长上涂 3～4 条极薄的显示剂，然后把量规与被测圆锥对研（来回旋转应小于 180°），根据被测圆锥上的着色或量规上擦掉的痕迹，判断被测圆锥角的实际值合格与否。

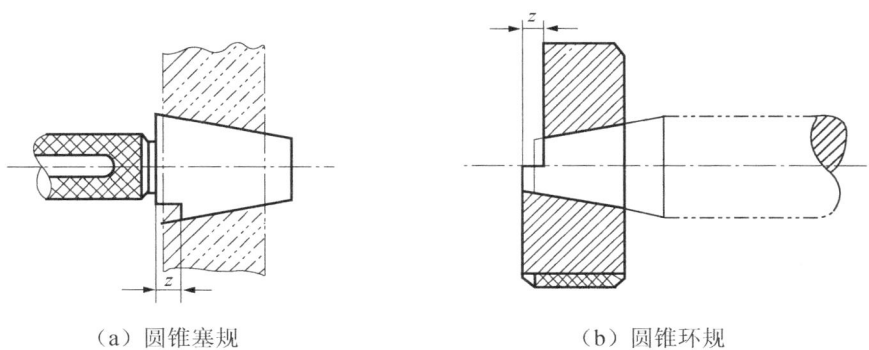

（a）圆锥塞规　　　　　　　　（b）圆锥环规

图 10-14 用圆锥量规检验圆锥角偏差

此外，在量规的基准端部刻有两条刻线（凹缺口），它们之间的距离为 z，用于检验被测圆锥的实际直径偏差、圆锥角的实际偏差和形状误差的综合结果产生的基面距偏差。若被测圆锥的基准平面位于量规这两条线之间，则表示该综合结果合格。

10.3.3 间接测量圆锥角

间接测量圆锥角是指测量与被测圆锥角有一定函数关系的若干线性尺寸，然后计算出被测圆锥角的实际值。通常使用指示式计量器具和正弦尺、量块、滚子、钢球进行测量。

图 10-15 为利用正弦尺、量块和指示表测量圆锥角的示例。测量时，将尺寸为 h 的量块组安放在平板的工作面（测量基准）上，然后把正弦尺的两个圆柱分别放置在平板的工作面上和量块组的上测量面上。

根据被测圆锥的基本圆锥角 α 和正弦尺两圆柱的中心距 L 计算量块组的尺寸

$$h = L\sin\alpha \tag{10-11}$$

如果被测圆锥的实际圆锥角等于 α，则该圆锥最高的素线必然平行于平板的工作面，由指示表在最高素线两端的 a、b 两点测得的示值相同，否则在 a、b 两点测得的示值就不相同。令指示表在 a、b 两点测得的示值分别为 M_a（μm）和 M_b（μm），用普通量具测得的 a、b 两点间的距离为 l（mm），则可获得圆锥角偏差

$$\Delta\alpha = \frac{M_a - M_b}{l}(\text{rad}) = 206\frac{M_a - M_b}{l}(\text{″}) \tag{10-12}$$

如图 10-16 所示，例如，用两个标准钢球（直径分别为 D 和 d）测量圆锥角。通过测量大小钢球至零件上平面的距离 L_1 和 L_2，计算出内圆锥角半角 $\alpha/2$。

$$\sin\frac{\alpha}{2} = \frac{D - d}{2L_1 - 2L_2 + d - D} \tag{10-13}$$

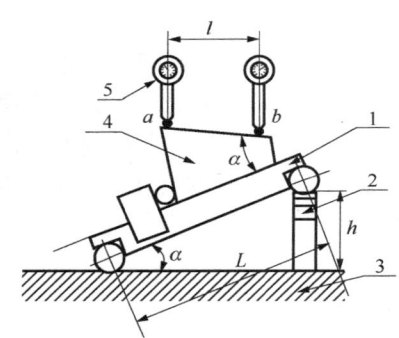

图 10-15 用正弦尺测量圆锥角
1—正弦尺；2—量块组；3—平板；4—被测圆锥；5—指示表

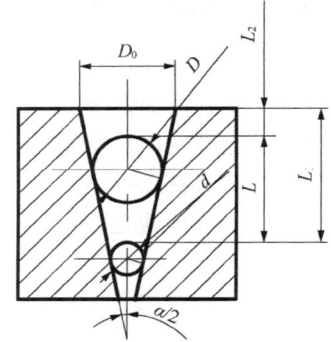

图 10-16 用标准钢球测量圆锥角

本章小结

本章主要介绍了圆锥的公差及配合的术语，圆锥公差与配合的项目及其给定与标注方法，锥度和圆锥角的检测方法。要求掌握圆锥结合与圆柱结合的不同点，掌握圆锥的公差与配合要求。

第10章 圆锥结合精度设计

习 题

10-1 圆锥配合与圆柱配合有何不同？圆锥配合的特点有哪些？

10-2 圆锥公差的给定方法有几种？标注方法有几种？

10-3 圆锥配合有几种形式？各自的特点是什么？

10-4 某位移圆锥配合的内、外圆锥的公称圆锥直径为 ϕ80mm，锥度 C=1:20，要求形成与 H9/d9 相同的配合性质，试计算其极限轴向位移 E_a 和位移公差 T_E。

10-5 如图 10-16 所示，用两个标准钢球测量圆锥角。已知两个标准钢球的直径分别为 D = ϕ20mm 和 d=ϕ16mm，通过测量，大、小钢球至零件上平面的距离分别为 L_1=64.64mm 和 L_2=42.56mm；试计算内圆锥角半角 α/2。

第 11 章　精度设计与精度分析

教学重点

精度设计和精度分析的方法，完全互换法和大数互换法的区别，尺寸链的分析和计算方法。

教学难点

精度分析方法。

教学方法

讲授法，问题教学法。以案例教学，着重于实际应用能力的训练。

引例

机械几何精度设计和分析是机械产品设计中一项很重要的工作。合理地选择几何精度，不仅可以保证产品质量，促进互换性生产的顺利进行，而且还能降低产品成本，提高效益，做到优质、高产、低消耗。

前面章节介绍了有关精度设计的基本理论知识，如何利用这些知识去解决生产实际问题是本章要解决的关键问题。例如，已知装配要求，如何规定各零件的尺寸精度？已知零件的精度要求，又如何了解其是否符合使用要求？这些都是本章要阐述的内容。

本章主要介绍零件的精度设计和精度分析的方法，通过案例的介绍，结合计算机辅助公差分析，了解如何对装配体进行精度设计和精度分析。

11.1　尺寸链的精度设计

机械几何精度设计和选择的方法，通常有类比法、计算法和试验法。类比法作为一种可靠而有效的方法，仍然是设计者常用的方法。但随着计算机科学技术的发展，在机械几何精度设计和选择上，采用计算法和试验法将会越来越多。

在精度设计中要解决的关键问题，就是给零部件的形体和尺寸规定合理的公差要求。对装配体来说，这些尺寸之间有关联，其中某一尺寸的变化会影响到装配要求，这些相互联系的尺寸可用尺寸链来定义。本章涉及的国家标准为 GB/T 5847—2004《尺寸链 计算方法》。

11.1.1　尺寸链概述

1. 尺寸链的定义

尺寸链是在机器装配或零件加工过程中由相互连接的尺寸形成封闭的尺寸组。

如图 11-1（a）所示，该装配图中的 A_0 尺寸为右边的轴套端面至齿轮端面的距离（间隙），

A_1 为齿轮的宽度;A_2 为左边轴套的宽度;A_3 为轴的两个端面之间的距离;A_4 为密封套的宽度;A_5 为右边轴套的宽度。尺寸 A_0 的大小受到 A_1、A_2、A_3、A_4 和 A_5 尺寸的影响,所以这一组尺寸构成了尺寸链。同样,图 11-2 为角度尺寸链,其中的几何公差要求 α_0、α_1 和 α_2 构成了尺寸链。图 11-3 为工艺尺寸链,其中轴的 C_0、C_1 和 C_2 尺寸构成了尺寸链。

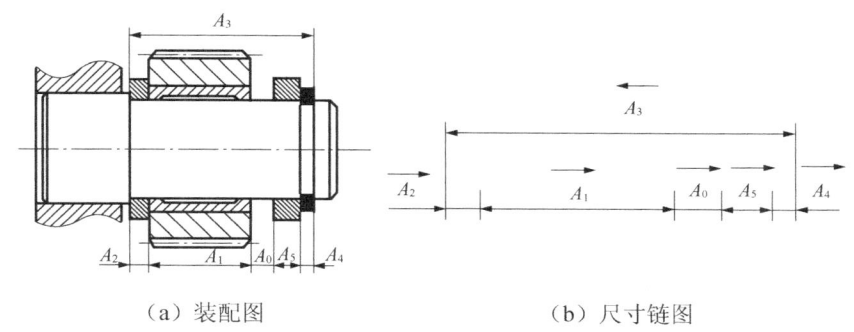

(a)装配图　　　　　　(b)尺寸链图

图 11-1　装配尺寸链

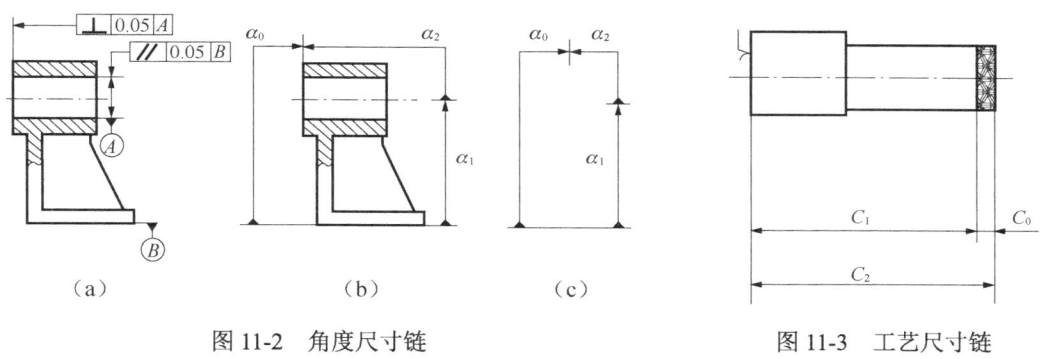

(a)　　　(b)　　　(c)

图 11-2　角度尺寸链　　　　　图 11-3　工艺尺寸链

尺寸链的主要特征有两点,一是封闭性,组成尺寸链的各个尺寸按一定顺序构成一个封闭系统;二是关联性,其中一个尺寸变动将影响其他尺寸变动,组成尺寸链的各个尺寸彼此间有确定的函数关系。

2. 环

列入尺寸链中的每一个尺寸称为环,图 11-1 中的 A_0、A_1、A_2、A_3…都是环。长度环用大写的斜体拉丁字母 A、B、C…表示;角度环用小写的斜体希腊字母 α、β 等表示。例如,图 11-2 中的 α_0、α_1 和 α_2。

3. 尺寸链组成

(1)封闭环:在装配过程或加工过程自然形成的一环称为封闭环。封闭环的下角标用"0"表示。

在尺寸链中封闭环只有一个。在装配尺寸链中,装配要求(间隙或过盈)为封闭环,例如,图 11-1(a)中的右边轴套端面至齿轮端面的距离(间隙) A_0 为封闭环。在零件尺寸链中,加工过程中间接控制尺寸,即自然形成的尺寸为封闭环。例如,图 11-2 中的尺寸 α_0 和图 11-3 中的尺寸 C_0。

(2) 组成环：尺寸链中对封闭环有影响的环称为组成环。组成环又分为增环和减环。组成环的下角标用阿拉伯数字表示。

① 增环：对于尺寸链中某一类组成环，由于该类组成环的变动引起封闭环同向变动，即增环的增大或减小会引起封闭环的增大或减小，该类组成环称为增环，如图 11-1 中的尺寸 A_3 和图 11-3 中的尺寸 C_2。

② 减环：对于尺寸链中某一类组成环，由于该类组成环的变动引起封闭环的反向变动，即减环的增大或减小会引起封闭环的减小或增大，该类组成环为减环。如图 11-1 中的尺寸 A_1、A_2、A_4、A_5 和图 11-3 中的尺寸 C_1。

③ 补偿环：尺寸链中预先选定某一组成环，可以通过改变其大小或位置，使封闭环达到规定的要求，该组成环为补偿环。如图 11-1 中轴套的宽度尺寸 A_2 为补偿环，补偿环可取尺寸链中不重要的环。

4. 尺寸链图

尺寸链图指去除零件实体图仅留尺寸标注，如图 11-1（b）所示，尺寸链图可以帮助人们了解尺寸链的组成和判断其是增环还是减环。通常可采用标箭头的方法来判断增、减环。首先在封闭环上方标出箭头，箭头的方向可自定。根据箭头指定的方向，由封闭环的一端按顺序在各组成环上方标出箭头，直到与封闭环另一端封闭为止。凡是箭头方向与封闭环所标的箭头方向一致的组成环则为减环，凡是箭头方向与封闭环所标的箭头方向相反的组成环则为增环。图 11-1 中的 A_1、A_2、A_4、A_5 为减环；A_3 为增环。在尺寸链的环数较多时，使用该方法进行判断既方便又不容易出错。

5. 尺寸链的分类

尺寸链的分类方法很多，这里仅介绍几种常用的分类方法。

(1) 按几何特征可分为长度尺寸链和角度尺寸链。尺寸链的所有环都是长度尺寸的，则为长度尺寸链。如图 11-1 和图 11-3 中的尺寸链为长度尺寸链，这种尺寸链在机械制造中广泛应用，也是本章节所要介绍的重点。

尺寸链的所有环都是角度尺寸的，则为角度尺寸链。图 11-2 中有几何公差要求的尺寸链为角度尺寸链。

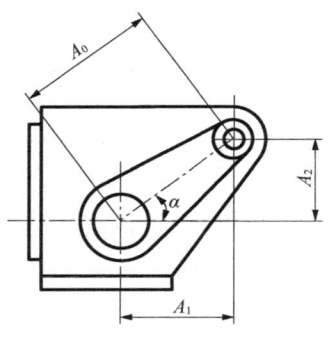

图 11-4　平面尺寸链

(2) 按构成空间位置可分为直线尺寸链、平面尺寸链和空间尺寸链。直线尺寸链的所有组成环平行于封闭环，图 11-1 和图 11-3 中的尺寸链均为直线尺寸链；平面尺寸链的所有组成环位于一个或几个平行的平面内，但某些组成环不平行于封闭环，图 11-4 为平面尺寸链，平面尺寸链中的尺寸间有角度关系。

当组成环和封闭环位于不平行的平面内，在空间坐标系中各组成要素之间有一定的距离和角度关系，形成了空间尺寸链，如图 11-5 所示。图中两个倾斜的板块之间的间隙 A_0 受到尺寸 A_1、A_2、A_3、A_4、A_5、A_6、A_7 及角度尺寸 α、β 和板块安装角度的影响，这些尺寸在空间坐标系中构成了空间尺寸链。

（3）按用途可分为零件尺寸链、工艺尺寸链、装配尺寸链。零件尺寸链的全部组成环尺寸为同一零件的设计尺寸所组成，图 11-6 所示为零件尺寸链。装配尺寸链的全部组成环尺寸为不同零件的设计尺寸所组成，图 11-1 为装配尺寸链。工艺尺寸链的全部组成环尺寸为同一零件的工艺尺寸所组成，图 11-3 为工艺尺寸链。

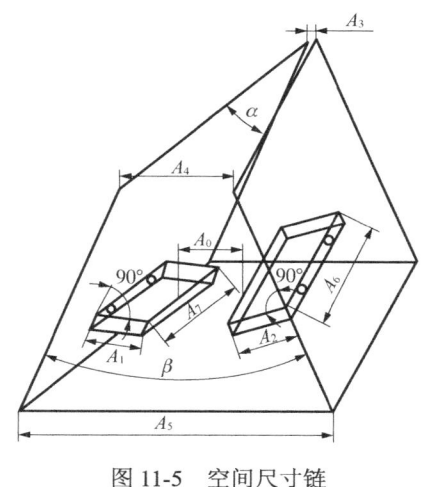

图 11-5　空间尺寸链　　　　　　　　图 11-6　零件尺寸链

利用尺寸链，可以分析并确定机器零部件的尺寸精度，保证其加工精度和装配精度。

6. 传递系数

所谓的传递系数是表示各组成环对封闭环影响大小的系数，用 ε_i 表示。如果是直线尺寸链，那么其增环的传递系数 $\varepsilon_i=+1$，减环的传递系数 $\varepsilon_i=-1$。如果是平面尺寸链和空间尺寸链，那么该传递系数表达了组成环与封闭环的函数关系。如图 11-4 所示，A_1 的传递系数 $\varepsilon_i=+\cos\alpha$，而 A_2 的传递系数 $\varepsilon_i=+\sin\alpha$。

11.1.2　尺寸链的计算

关于尺寸链的计算，首先要建立尺寸链，画出尺寸链的简图；其次确定封闭环；判别增环和减环，最后才能利用尺寸链的计算方法完成封闭环和（或）组成环的公称尺寸及极限偏差计算。

尺寸链的计算方法有正计算法、反计算法和中间计算法。

（1）正计算法是已知尺寸链的各组成环公称尺寸和极限偏差，就可计算封闭环的公称尺寸和极限偏差。正计算法也称为校核计算法，一般应用于验证装配尺寸链精度设计的正确性。

（2）反计算法是根据封闭环的公差（一般是装配要求），分配各组成环的公差。反计算法也称为设计计算，一般应用于精度设计。

（3）中间计算是已知封闭环和某些组成环的公称尺寸和极限偏差，就可计算某个组成环的公称尺寸和极限偏差。中间计算也称为工艺计算，一般应用于基准换算和工序尺寸的计算。

尺寸链的计算方法有完全互换法和大数互换法两种。

（1）完全互换法要求在全部产品的装配中，各组成环（零件）不需要挑选或改变其大小或位置，装入后满足封闭环的精度要求。该方法是根据零件处于极限值情况下推导出来的封闭环和组成环的关系式，又称为极值法。即在所有增环都为极大值，且所有减环都为极小值时，得到封闭环的极大值；所有增环都为极小值，且所有减环都为极大值时，得到封闭环的极小值。

（2）大数互换法也称为统计法或概率法，该方法是以一定的置信水平为依据的，通常封闭环趋近于正态分布，各组成环也是按正态分布的；各组成环分布中心与公差中心重合，且置信概率为99.73%。大数互换法不要求零件100%装配成功率，考虑到零件加工精度的统计分布，使用该种方法计算封闭环，可扩大零件的制造公差，降低制造成本。

1. 正计算法

1）封闭环的公称尺寸

计算公式为

$$L_0 = \sum_{i=1}^{n} \varepsilon_i L_i \tag{11-1}$$

式中，L_0——封闭环的公称尺寸；L_i——组成环的公称尺寸；n——组成环的个数；ε_i——第i个组成环的传递系数。

如果是直线尺寸链其增环系数为+1，减环系数为-1，那么计算公式可写成

$$L_0 = \sum_{i=1}^{m} L_i - \sum_{j=m+1}^{n} L_j \tag{11-2}$$

式中，L_i——各增环公称尺寸；L_j——各减环公称尺寸；L_0——封闭环公称尺寸。

2）封闭环的公差

（1）完全互换法计算公式为

$$T_0 = \sum_{i=1}^{n} |\varepsilon_i| T_i \tag{11-3}$$

式中，T_0——封闭环的公差；T_i——第i个组成环的公差；ε_i——第i个组成环的传递系数。

如果是直线尺寸链，其增环系数为+1，减环系数为-1，那么计算公式可写成

$$T_0 = \sum_{i=1}^{m} T_i - \sum_{j=m+1}^{n} T_j \tag{11-4}$$

从式（11-4）中可知，封闭环公差是所有组成环公差之和。所以，封闭环的极限尺寸计算公式为

$$L_{0\max} = \sum_{i=1}^{m} L_{i\max} - \sum_{j=m+1}^{n} L_{j\min} \; ; \; L_{0\min} = \sum_{i=1}^{m} L_{i\min} - \sum_{j=m+1}^{n} L_{j\max} \tag{11-5}$$

$L_{0\max}$和$L_{0\min}$分别是封闭环的上极限尺寸与下极限尺寸；$L_{i\max}$和$L_{i\min}$分别是增环的上极限尺寸与下极限尺寸；$L_{j\max}$和$L_{j\min}$分别是减环的上极限尺寸与下极限尺寸。封闭环的上极限尺寸等于所有增环的上极限尺寸减去所有减环的下极限尺寸。封闭环的下极限尺寸等于所有增环的下极限尺寸减去所有减环的上极限尺寸。

完全互换法简单可靠、计算量小。该方法通过改变零件的尺寸公差，控制装配要求。能保证装配成功率和零件互换性为100%。按完全互换法计算要求组成环处于极限尺寸内，组成环公差减小，加工成本会升高。这种分析方法往往用于单件小批量生产的零件装配公差分析。

（2）大数互换法的计算公式。

$$T_0 = \sqrt{\sum_{i=1}^{n} \varepsilon_i^2 T_i^2} \tag{11-6}$$

式中，T_0——封闭环的公差；T_i——第 i 个组成环的公差；ε_i——第 i 个组成环的传递系数。

如果是直线尺寸链其增环系数为+1，减环系数为-1，则计算公式可写成

$$T_0 = \sqrt{\sum_{i=1}^{n} T_i^2} \tag{11-7}$$

由公式（11-7）可知，封闭环的公差为所有组成环的公差的平方和再开平方。显然该法计算的封闭环的公差比完全互换法要小，提高了封闭环的精度要求。大数互换法对产品生产过程的建模更接近于零件实际尺寸，这种分析方法往往用于大批量生产的零件装配公差分析。

3）封闭环的极限偏差计算公式

无论是用完全互换法，还是用大数互换法，其组成环的极限偏差的求取都可以用式（11-8）～式（11-10）计算；封闭环的极限偏差的求取都可以用式（11-11）～式（11-13）计算。

尺寸的中间偏差计算公式：

$$\Delta = (\mathrm{ES} + \mathrm{EI})/2 \tag{11-8}$$

尺寸的上偏差计算公式：

$$\mathrm{ES} = \Delta + \mathrm{T}/2 \tag{11-9}$$

尺寸的下偏差计算公式：

$$\mathrm{EI} = \Delta - \mathrm{T}/2 \tag{11-10}$$

封闭环的中间偏差 Δ_0 与各组成环中间偏差 Δ 关系：

$$\Delta_0 = \sum_{i=1}^{m} \Delta_i - \sum_{j=m+1}^{n} \Delta_j \tag{11-11}$$

封闭环的上偏差计算公式：

$$\mathrm{ES}_0 = \Delta_0 + T_0/2 \tag{11-12}$$

封闭环的下偏差计算公式：

$$\mathrm{EI}_0 = \Delta_0 - T_0/2 \tag{11-13}$$

【例 11-1】以图 11-1 所示为例，已知 $A_1 = 30_{-0.1}^{0}$、$A_2 = A_5 = 5_{-0.05}^{0}$、$A_3 = 43_{+0.1}^{+0.2}$ 和 $A_4 = 3_{-0.05}^{0}$，求封闭环的尺寸和极限偏差。

解题步骤：

（1）画尺寸链简图，确定增环和减环

尺寸链简图就是去除零件实体图，仅留尺寸标注。从图 11-1（b）可知，凡是箭头方向与封闭环所标的箭头方向相同的组成环即为减环，相反则为增环，所以，A_1、A_2、A_4、A_5 为减环；A_3 为增环。

（2）计算封闭环的公称尺寸。

$$A_0 = \sum_{i=1}^{m} A_i - \sum_{j=m+1}^{n} A_j = A_3 - (A_1 + A_2 + A_4 + A_5) = 43 - (30 + 2 \times 5 + 3) = 0$$

（3）计算封闭环的公差。

根据题目的已知条件计算出各组成环的公差：
$$T_1 = 0.1, \quad T_2 = T_5 = T_4 = 0.05, \quad T_3 = 0.1$$

按完全互换法计算封闭环公差：
$$T_0 = \sum_{i=1}^{m} T_i - \sum_{j=m+1}^{n} T_j = 0.1 + 3 \times 0.05 + 0.1 = 0.35$$

按大数互换法计算封闭环公差：
$$T_0 = \sqrt{\sum_{i=1}^{n} T_i^2} = 0.1658$$

由此可知，完全互换法计算所得的封闭环公差数值比大数互换法计算的封闭环公差数值大，说明精度要求降低。

（4）计算封闭环的极限偏差。

首先计算尺寸的中间偏差：$\Delta_1 = -0.05$、$\Delta_2 = \Delta_5 = \Delta_4 = -0.025$、$\Delta_3 = +0.15$

$$\Delta_0 = \sum_{i=1}^{m} \Delta_i - \sum_{j=m+1}^{n} \Delta_j = +0.15 - (-0.05 + 3 \times -0.025) = +0.275$$

按完全互换法计算：$ES_0 = \Delta_0 + T_0/2 = +0.275 + 0.35/2 = +0.45$；

$EI_0 = \Delta_0 - T_0/2 = +0.275 - 0.35/2 = +0.1$

按大数互换法计算：$ES_0 = \Delta_0 + T_0/2 = +0.275 + 0.1658/2 = +0.358$；

$EI_0 = \Delta_0 - T_0/2 = +0.275 - 0.1658/2 = +0.192$

由此可知，完全互换法计算所得的封闭环的上下偏差数值与大数互换法计算的封闭环的上下偏差数值是不同的，但封闭环的中间偏差 Δ_0 的数值是相同的。

2. 反计算方法

反计算法的计算公式是根据正计算法中封闭环的计算公式进行反推获得的，并根据零件的精度要求和工艺安排进行适当的调整。具体计算步骤如下：

（1）首先应用等公差法计算各组成环公差，即认为尺寸链中各组成环的公差数值相等：$T_1 = T_2 = T_3 = T_4$。那么根据封闭环计算公式反推，获得组成环公差计算公式：$T_1 = T_2 = T_3 = T_4 = T_0/4$

（2）根据零件的等精度原则和工艺等价要求调整某些组成环公差。等精度原则是对加工精度要求相同的零件查标准公差数值表确定其公差数值，例如公差等级相同的零件，由于公称尺寸不同，其公差数值不同。工艺等价是对配合零件由于加工方法不同，可允许其公差等级不同，例如孔轴配合，允许孔比轴低一个等级。

（3）确定各组成环的极限偏差。首先根据组成环的特征，判断该环为内尺寸（孔）还是外尺寸（轴）？或者为中间尺寸？再按照"偏差入体原则"确定内、外尺寸（组成环）的极限偏差，即孔的基本偏差选择代号为 H 的，轴选代号为 h 的；按照"极限对称原则"确定中间尺寸（组成环）的极限偏差，即基本偏差选择代号为 js 的。

【例 11-2】 仍以图 11-1 所示为例，已知各组成环的公称尺寸：$A_1 = 30$，$A_2 = A_5 = 5$，$A_3 = 43$ 和 $A_4 = 3$，封闭环的公称尺寸和极限偏差为 $A_0 = 0^{+0.45}_{+0.1}$，求各组成环的公差和极限偏差，要求按完全互换法计算。

解题步骤：
（1）按等公差法计算各组成环公差。
$$T_1 = T_2 = T_3 = T_4 = T_5 = T_0 / 5 = (0.45 - 0.1) / 5 = 0.07$$
（2）按等精度原则和零件的工艺要求，调整各组成环公差：查标准公差数值表，按组成环的公称尺寸查得公差数值。

且要求：尺寸≤3mm，IT11=0.06，IT10=0.04；6mm≥尺寸＞3mm，IT11=0.075；IT10=0.048；30mm≥尺寸＞18mm，IT10=0.084；50mm≥尺寸＞30mm，IT10=0.10；从图 11-1 中可知，组成环 A_2、A_5 为轴套，A_4 为密封圈，其尺寸精度要求不高，选公差等级为 IT11 或 IT10；A_3 为轴的两个端面之间的距离，A_1 为齿轮的宽度，这两个尺寸要求的加工精度较高，选择公差等级为 IT10。如果各组成环的公差等级均为 IT10，则 T_0=0.32mm，满足题目要求。

（3）确定各组成环的极限偏差。因为 A_1、A_2、A_4、A_5 是外尺寸，所以确定其上偏差为 0；下偏差为负值，$A_1 = 30_{-0.084}^{0}$、$A_2 = A_5 = 5_{-0.048}^{0}$ 和 $A_4 = 3_{-0.04}^{0}$；A_3 是内尺寸，所以确定其上偏差为正值；下偏差为 0，即 $A_3 = 43_{0}^{+0.1}$。

（4）验算：计算封闭环的极限偏差
首先计算尺寸的中间偏差，可得
$$\Delta_1 = -0.042，\Delta_2 = \Delta_5 = -0.024，\Delta_3 = +0.05，\Delta_4 = -0.02$$
$$\Delta_0 = \sum_{i=1}^{m} \Delta_i - \sum_{j=m+1}^{n} \Delta_j = +0.05 - (-0.042 + 2 \times -0.024 - 0.02) = +0.16$$

按完全互换法计算：$ES_0 = \Delta_0 + T_0 / 2 = +0.16 + 0.32/2 = +0.32$；
$$EI_0 = \Delta_0 - T_0 / 2 = +0.16 - 0.32/2 = 0$$

显然计算结果与题目的要求不符，封闭环的下偏差数值偏小。所以为了达到封闭环的间隙要求，将内尺寸 A_3 作为机动环进行适当的调整。因为 T_0=0.32mm；假设 ES_0=+0.042mm、EI_0=+0.010mm，Δ_0=+0.026；求 A_3 的极限偏差。根据公式（11-11）求得：
$$\Delta_3 = \Delta_0 + \sum_{j=m+1}^{n} \Delta_j = +0.26 + (-0.042 + 2 \times -0.024 - 0.02) = +0.15$$
$$ES_3 = \Delta_3 + T_3 / 2 = +0.15 + 0.1/2 = +0.20；$$
$$EI_3 = \Delta_3 - T_3 / 2 = +0.15 - 0.1/2 = +0.1$$

再次验算：$ES_0 = \sum_{i=1}^{m} ES_i - \sum_{j=m+1}^{n} EI_j = +0.20 - (-0.084 + 2 \times -0.048 - 0.04) = +0.42$
$$EI_0 = \sum_{i=1}^{m} EI_i - \sum_{j=m+1}^{n} ES_j = +0.1 - (0 + 2 \times 0 + 0) = +0.1$$

验算的结果满足题目的要求。实际上在调整的过程中，作为调整环的计算就是类似于中间计算问题，所以关于中间计算的案例不再介绍。

11.2 精度设计案例

本章通过减速器部件精度设计的实例，介绍通过类比法来选择和确定机械几何精度，包括尺寸精度设计、几何精度设计、表面粗糙度以及键和键槽公差与配合的选择和确定等。

图 11-7 是经过运动设计和结构设计后所绘制的单级圆柱齿轮减速器装配图。它是由齿

轮、轴、轴套、轴承、轴承盖、键和键槽、箱体等零件组成的。该减速器的作用是将原动机与工作机械相连接，并通过它实现减速要求，这是一般用途的机械。现按类比法来确定其主要零件的尺寸精度、输出轴的几何精度、表面轮廓精度等。

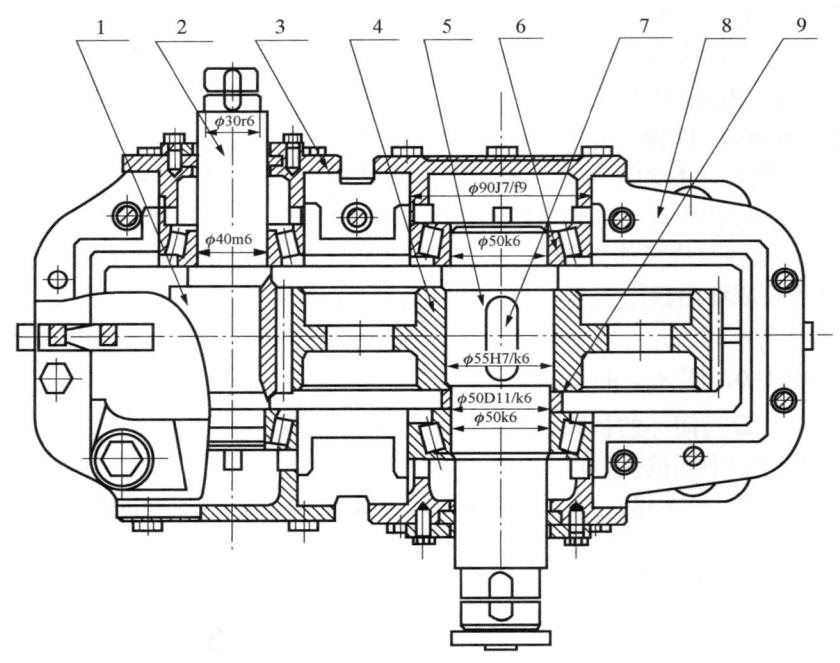

图 11-7　减速器装配图

1—小齿轮；2—输入轴；3—轴承盖；4—大齿轮；5—输出轴；6—轴承；7—键槽；8—箱体；9—轴套

11.2.1　尺寸精度设计

本减速器用途为一般，根据使用要求（见第 6 章），该减速器中所用轴承选择为圆锥滚子轴承，它可承受轴向和径向力。根据标准规定，圆锥滚子轴承的精度分为 0、6x、5 和 4 共四个精度等级，选用中等精度的 6x 级，可满足要求。齿轮精度的选择精度应在 6~9 级范围（见第 9 章），选择传递运动的准确性、工作的平稳性和承载均匀性均为 8 级精度；但与之相配合的轴颈和箱体孔仍按较为重要的配合对待，公差等级分别取为 IT6（轴的轴颈及与齿轮孔配合处）和 IT7（箱体孔、齿轮孔）。

（1）齿轮孔与轴之间的公差与配合。为保证对中性和装拆方便，并考虑到齿轮与轴之间有键来传递运动和动力，配合的间隙可适当增大一些，故选择 H7/k6 这种过渡配合。

（2）轴承内圈与轴颈处的公差与配合。为保证减速器正常工作，按滚动轴承标准的有关规定（详见第 6 章），并考虑从输入轴到输出轴，由于转速的依次降低，所选配合的松紧程度也应依次降低，即所选的过盈量依次减小。因此，轴颈处的公差带依次选为 m6、k6。

（3）轴承外圈与箱体孔之间的公差与配合。为保证轴在受热伸长时有轴向游隙，采用轴承外圈为游动套圈，轴承装配后通过调整轴承盖与箱体连接处的垫片来实现轴向游隙的精度要求。因此轴承外圈与箱体孔之间采用最松的过渡配合。此处箱体孔的公差带取为 J7。

（4）轴承盖与箱体孔之间的的公差与配合。为保证轴承盖的装拆方便，轴承盖与箱体孔应采用间隙配合（间隙稍大一些）。前面已对轴承外圈与箱体孔之间的装配精度提出了要求，为简化加工工艺，箱体孔应为光孔，公差带选定为 J7，因此，轴承盖所选定的公差带为 f9，因为此处间隙的变动不影响其使用要求，选择较低的公差等级给加工制造带来方便，加工成本会降低。在装配图上轴承盖与箱体孔之间的配合代号为 J7/f9，该配合属于根据使用要求选定的非基准制混合配合的类型，参见第 2 章。

（5）轴套与轴之间的公差与配合。轴套的作用是防止轴上的零件的轴向移动。为使轴套拆装便利，一般采用较低的公差等级和较大的最小间隙。选择轴套孔的公差带为 D11。它与轴的配合分别为 D11/m6、D11/k6。这些配合也是属于非基准制的混合配合，参见第 2 章。

（6）输入轴与联轴器之间的公差与配合。由于输入轴的转速比较高，尽管它们之间也用键来传递运动和动力。但是，为了保证连接可靠，所选配合应该偏紧一些，过盈量应该适当增大。按联轴器标准推荐选用配合为 H7/r6。

（7）平键连接的公差与配合。下面仍以齿轮减速器中输出轴为例讨论与键相连接的轴槽公差配合的选择。

参见表 7-1，根据对平键的使用要求，轴键槽宽 14mm 和 16mm 为配合尺寸，其他尺寸均为非配合尺寸。键同时与轴槽、轮毂槽形成配合，而且配合性质要求不同；平键又是标准件，根据基准制选择原则应选用基轴制。平键为基准件，键宽 b 的基本偏差代号为 h，公差带代号为 h8。

由于该轴槽与键之间是属于一般键连接，根据平键国家标准 GB/T 1095－2003，选取正常连接轴槽宽的公差带为 N9，并将其标注在图样中。输出轴的精度设计及其标注如图 11-8 所示，其中齿轮轮毂槽选择 JS9。

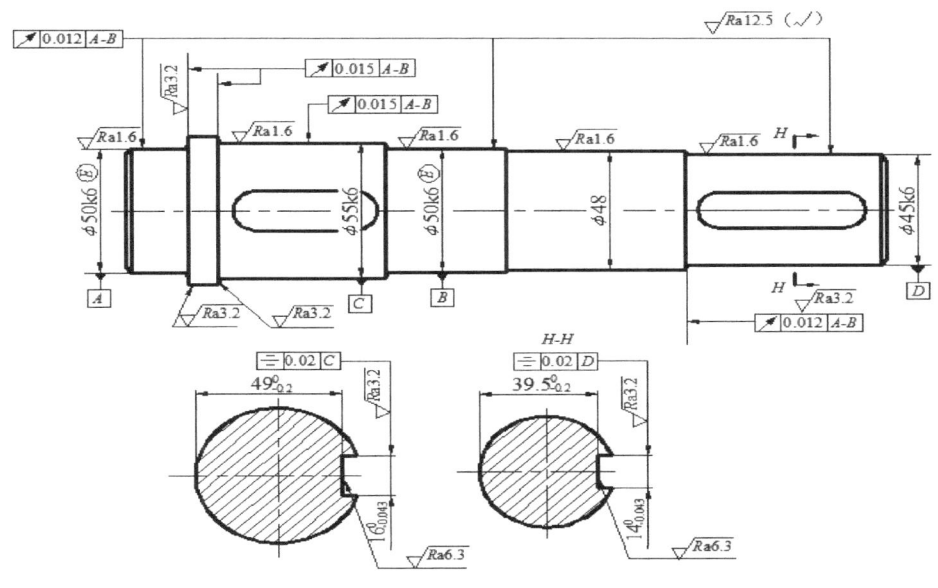

图 11-8　输出轴的精度设计及其标注

11.2.2　轴的几何精度设计

以图 11-7 减速器中输出轴为例，讨论几何公差的选用和标注。输出轴如图 11-8 所示。

如第 3 章所述，加工后的零件都会有形状和位置误差。在一般情况下，这种误差多由尺寸公差或所用机床设备本身精度控制，无须标注出形位公差的要求，具体情况按 GB/T 1184－1996 未注形位公差的规定（参见第 3 章）。

如果根据使用要求一定要在图样上给定形位公差，那么应选择和确定公差项目、基准、公差数值以及所采用的公差原则。选择时，通常采用类比的方法。有关各项形位公差及其等级的大致特征和选用参见书中 3.5.4 节。

（1）安装轴承的圆柱面。$2\times\phi50k6$ 圆柱面用以安装滚动轴承，并通过滚动轴承将轴安装在减速器箱体中，其轴线是该轴的装配基准。为了使轴和轴承工作时运转灵活，受载均匀和便于装配，对 $2\times\phi50k6$ 圆柱面的轴线应规定同轴度公差。但是考虑到测量方便，这里用 $2\times\phi50k6$ 圆柱面的径向圆跳动公差代替。为了使设计基准与装配基准重合，选择 $2\times\phi50k6$ 圆柱面的轴线作为基准。径向圆跳动公差值，参考类似零件，并参考表 3-10 确定采用 6 级，其值为 0.012mm。因为 $2\times\phi50k6$ 圆柱面是较重要的配合面，为了保证其配合性质，要求该圆柱面的实际轮廓不得超越最大实体边界（采用包容要求）。

（2）安装齿轮的圆柱面。$\phi55k6$ 圆柱面是用以安装齿轮的，其轴线是齿轮的装配基准。为了控制其形状误差和对 $2\times\phi50k6$ 公共轴线的同轴度误差，使齿轮传递运动准确，并考虑测量方便，规定了该圆柱面对 $2\times\phi50k6$ 公共轴线的径向圆跳动公差为 0.015mm（按 6 级）。另外，该圆柱面也是比较重要的配合面，为了保证配合性质，该表面的尺寸公差与形状公差也采用包容要求。

（3）安装链轮的圆柱面。$\phi45k6$ 圆柱面轴线是安装链轮的装配基准。对该圆柱面也提出了对 $2\times\phi50k6$ 圆柱面轴线的径向圆跳动公差为 0.012mm（按 6 级）。

（4）轴肩。$\phi50k6$、$\phi55k6$ 和 $\phi45k6$ 轴肩分别是齿轮、轴承和链轮的轴向定位基准。为了使齿轮、轴承和链轮在轴上正确定位，以便受载均匀，对它们分别规定了轴向圆跳动要求。其基准根据功能要求应分别为各自的轴线，即 $\phi55k6$ 和 $\phi45k6$ 的轴线。但是，为了使基准统一，便于检测，可采用 $2\times\phi50k6$ 圆柱面的公共轴线作为基准。

轴向圆跳动的数值，按照滚动轴承公差标准和齿轮接触精度的要求，分别确定为 0.015mm（对 $\phi55k6$ 轴肩）和 0.012mm（对 $\phi45k6$ 轴肩），它们都是按照 6 级选取。

（5）键槽。宽度分别为 14mm 和 16mm 的键槽是用于安装的普通平键，是键的装配基准。为了使键受载均匀和便于拆卸，规定了键槽的中心平面分别对各自所在轴的轴线的对称度公差。

对称度公差数值，根据普通平键的公差标准确定为 0.02mm（按 8 级选定）。

（6）其他要素。如退刀槽、倒角、没有配合要求的结构尺寸，形位公差要求不严，一般机床加工容易保证，图样中对这些要素不提出形位公差要求。

将以上各项形位公差按 GB/T 1182－2008 的规定标注在图样中，如图 11-8 所示。

11.2.3 零件表面粗糙度参数及参数值的选择

零件表面的微观几何特性对零件使用性能的影响是多方面的。因此，在选择表面粗糙度的评定参数时，应能充分、合理地反映微观空间表面或曲面的真实情况。对于一般零件，多数表面只须给定表面粗糙度的高度特征参数，就基本上能够满足零件的功能要求。至于间距特征参数和形状特征参数，可根据要求选择。

对于参数值的选择，应从零件的功能要求，与尺寸公差及形状公差相协调以及加工经济性这三个方面去考虑。选择方法一般采用类比法。表 4-6 是有关表面粗糙度参数值的选用推荐表，选择时可参考进行。

下面仍以齿轮减速器中输出轴为例，讨论表面粗糙度的选用和标注。

（1）与轴承、齿轮、链轮配合的表面。这些表面要求与其配合件之间配合性质稳定、可靠表面粗糙度的数值应取较小值，同时该数值还应和尺寸公差、形状公差相协调，选取 Ra 值为 1.6μm。

（2）各轴肩表面。这些表面都是轴的工作表面，但不是配合面，与相连的零件之间没有相对运动，选取 Ra 值为 3.2μm。

（3）两键槽侧面和底面。两键槽的侧面是键的配合表面，底面为非配合表面。根据普通平键国家标准对侧面选取 Ra 值不大于 3.2μm，底面 Ra 值选取 6.3μm。

（4）其他表面。这些表面都是轴上非工作表面，从经济性和外表美观出发，选取 Ra 值为 12.5μm，将上述选择标注在图样上，如图 11-8 所示。有关齿轮的精度设计参见第 9 章。

11.3 计算机辅助精度分析

由于计算机技术的快速发展，计算机辅助设计已普遍应用于机械的结构设计、力学分析及仿真等方面。计算机辅助精度分析也称为计算机辅助公差分析（Computer Aided Tolerance，CAT），是在已建立的零部件三维模型基础上，利用计算机进行精度分析，它可以使我们在设计阶段及时了解零部件技术要求能否满足，从而可以避免以往直到样品生产阶段才发现设计不足，造成了材料的浪费和成本的增加。

计算机辅助设计首先需建立计算机辅助精度分析模型，该模型是建立在零部件的三维实体模型的基础上，目前国内外的三维设计软件很多，在三维软件的平台下开发的精度分析软件也很多，例如，基于 CATIA 平台下的 CETOL 软件，就是一款公差分析软件，即精度分析软件。

图 11-9 是三维公差分析流程图。在 CATIA 平台下建立了零部件的三维实体模型后，还须建立精度分析模型。所谓的精度分析模型是一个适合于精度分析的三维实体模型，例如，有的装配模型过于庞大和复杂，需要进行适当的简化和分割，得到精度分析的三维模型或局部模型。

将精度分析模型导入 CETOL 软件的平台下，就可以利用该软件进行精度分析。在分析的过程中，包含以下几个方面的内容：

（1）根据零件的装配关系添加特征。精度分析平台下首先须添加特征，在添加特征时须注意装配顺序关系。总装配包含子装配和零件，以及它们的约束位置和方向。须对实体模型的各部件进行分析，首先确定各装配体的基准特征，然后依次添加和装配要求有关的零件尺寸链特征。

（2）根据零件的技术要求，给出零件的各特征的尺寸公差和几何公差要求。对各装配的零部件进行分析，可按图样要求给出尺寸和相应的精度要求，也可根据装配要求设计零件的尺寸公差和几何公差要求。

（3）根据实际加工能力确定各零件特征误差的分布情况，加入约束关系。约束有零件约束、装配约束和配置约束。各装配件之间的约束要满足装配的要求。每个约束限制一个或多个自由度，需要根据零件的实体和装配关系来确定所限定的自由度的数量。

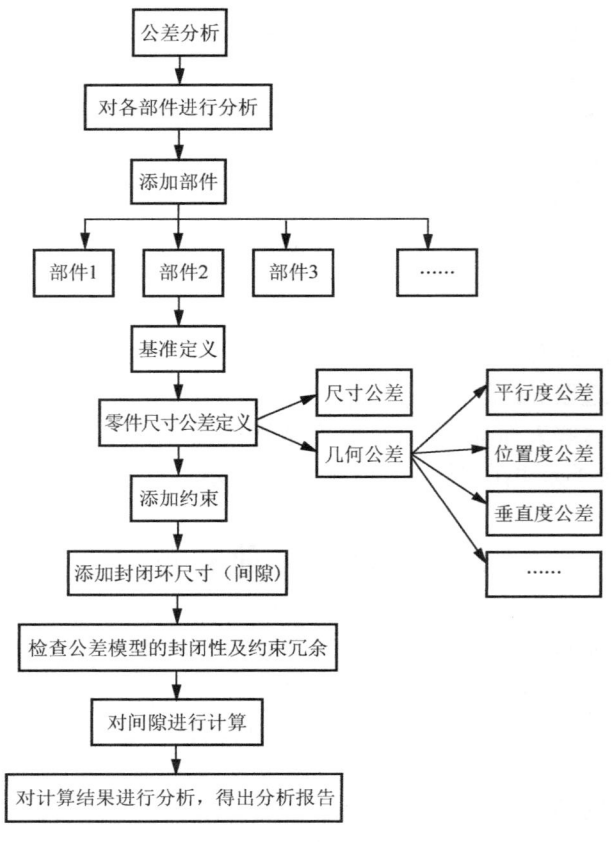

图 11-9　三维公差分析流程图

（4）建立零件几何尺寸误差信息表。通过该信息表了解各零件的公差要求及其之间的关系。图 11-10 所示为装配间隙的变化范围，图中获得的是极值法和概率法计算的装配间隙变化范围。

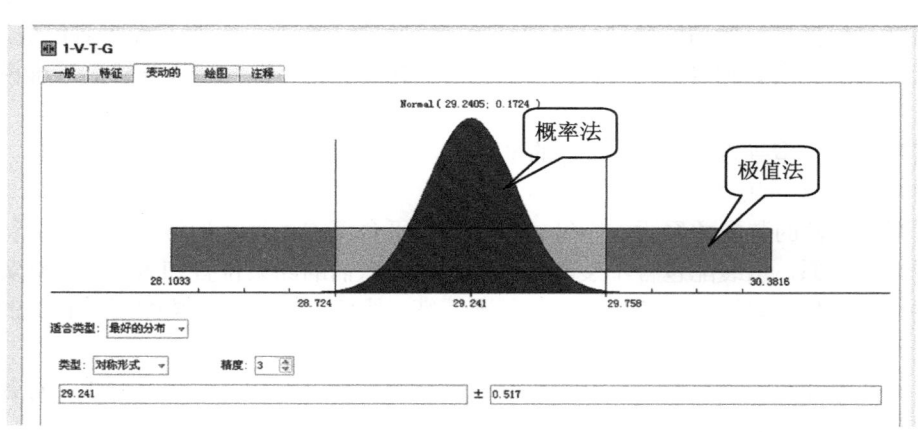

图 11-10　装配间隙的变化范围

（5）根据分析结果修改模型，直到得到结果满足要求。通过图 11-11 所示的线性尺寸敏感度和图 11-12 角度尺寸敏感度的分析，可以找出影响装配要求的关键尺寸和非关键尺寸，从而可重新修改模型，获得较为经济合理的设计。通过贡献率来计算每个变量对测量对象积累偏差的百分比。贡献度是描述装配尺寸链中各个组成环尺寸公差对封闭环尺寸积累公差的贡献大小。通常完全互换法（最坏情况下）采用 100%贡献度的计算方法，大数互换法（统计情况下）采用 99.73%贡献度的计算方法。通过工艺能力指数了解加工制造的信息。

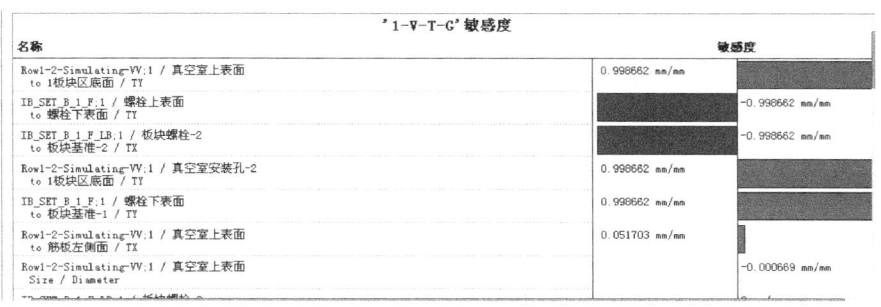

图 11-11　线性尺寸敏感度

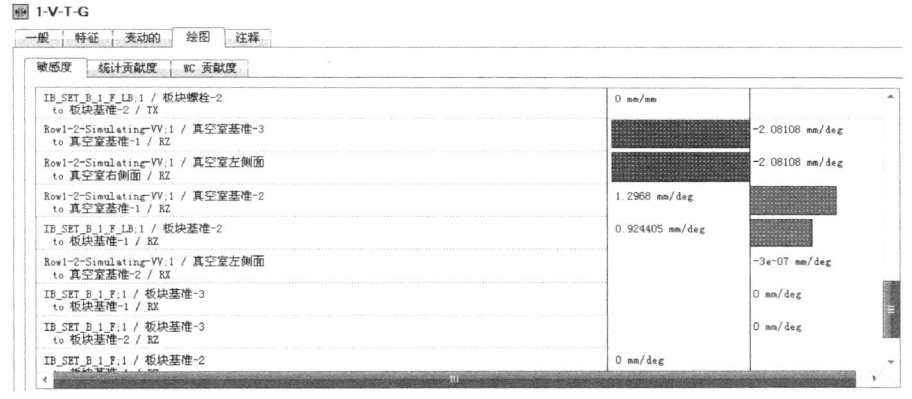

图 11-12　角度尺寸敏感度

计算机辅助精度分析（CAT）是计算机辅助设计的一个重要环节。由于分析模型是建立在三维实体模型的基础上，零部件的尺寸与位置的关系是建立在三维的空间内，所以它的分析充分考虑到各零部件各方位之间的尺寸和位置关系，特别是对于复杂的装配体借助于计算机可以实现快速计算。因此，比一般的平面尺寸链的计算要精准得多。

本章小结

机械零部件的几何精度的设计是机械设计必不可少的重要环节，该环节的设计直接关系到能否实现零部件的制造与加工，关系到零部件的制造成本和市场的竞争力。几何精度设计要求理论与实际结合，在前面理论知识学习的基础上，还需要经常实践，多练习才能设计出合格的产品。

习 题

11-1 填空题

（1）直线尺寸链中公差最大的环是_____。

（2）在建立尺寸链时应遵循_____原则。

（3）尺寸链的组成环中，减环是指它的变动引起封闭环的_____变动的组成环；增环是指它的变动引起封闭环_____变动的组成环。

（4）每个尺寸链至少有_____个环。

（5）尺寸链中预先选定某一组成环，可以通过改变其大小或位置，使封闭环达到规定的要求，该组成环为_____。

11-2 判断题

（1）在尺寸链中封闭环只有一个。 （ ）

（2）一般在装配精度要求较高，而环数又较多的情况下，应用极值法来计算装配尺寸链。 （ ）

（3）协调环（机动环）是根据装配精度指标确定组成环公差。 （ ）

（4）计算机辅助公差分析的英文缩写为CAT。 （ ）

（5）大数互换法也称之为完全互换法。 （ ）

11-3 计算题

（1）如图 11-13 所示，某零件加工时，图纸要求保证尺寸 6±0.1，因这一尺寸不便直接测量，只好通过度量尺寸 L 来间接保证，试求工序尺寸 L 及其上下偏差。

（2）如图 11-14 所示为齿轮箱部件，根据使用要求齿轮轴肩与轴承端面间的轴向间隙应在 1～1.75mm 范围内。若已知各零件的公称尺寸为 A_1=101mm，A_2=50mm，A_3=A_5=5mm，A_4=140mm，试确定这些尺寸的公差及偏差。

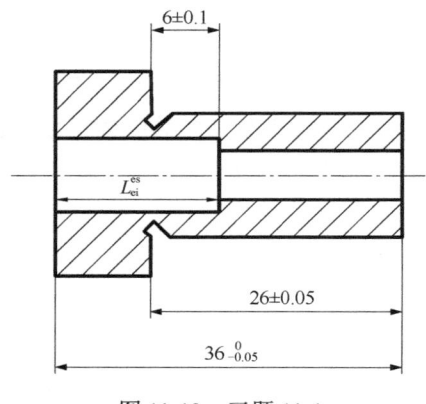

图 11-13 习题 11-1

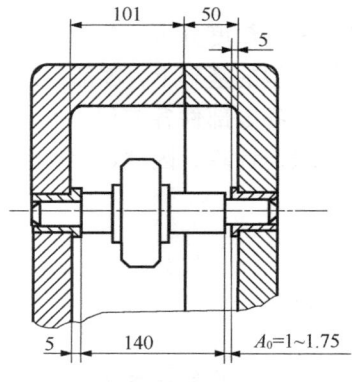

图 11-14 习题 11-2

11-4 图 11-15 所示为一般机构中使用的轴，根据要求，完成下列零件的几何精度设计（包括尺寸公差和几何公差的选择）。

（1）轴 d_3 处安装一般精度的齿轮。

（2）2×d_1 处安装轴承。

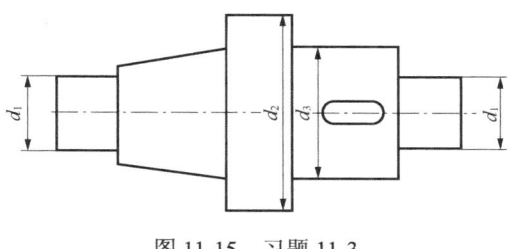

图 11-15　习题 11-3

11-5　请解释本章图 11-8 中输出轴的图样标注要求的含义。

参 考 文 献

[1] 李柱，徐振高，蒋向前．互换性与测量技术[M]．北京：高等教育出版社，2005．
[2] 韩进宏，王长春．互换性与测量技术基础[M]．北京：中国林业出版社，北京大学出版社，2007．
[3] 甘永立．几何量公差与检测（第10版）[M]．上海：上海科学技术出版社，2012．
[4] 廖念钊．互换性与技术测量（第6版）[M]．北京：中国计量出版社，2012．
[5] 孔晓玲．公差与技术测量[M]．北京：北京大学出版社，2009．
[6] 王伯平．互换性与测量技术基础[M]．北京：机械工业出版社，2008．
[7] 陈于萍，高晓康．互换性与测量技术（修订版）[M]．北京：高等教育出版社，2009．
[8] 邢闽芳．互换性与技术测量[M]．北京：清华大学出版社，2007．
[9] 汪恺，唐保宁．形位公差原理和应用[M]．北京：机械工业出版社，1991．
[10] 张帆，宋绪丁．互换性与几何量测量技术[M]．西安：西安电子科技大学出版社，2007．
[11] 庞学慧．互换性与测量技术基础[M]．北京：电子工业出版社，2009．
[12] 毛平准．互换性与测量技术基础[M]．北京：机械工业出版社，2010．
[13] 万书亭．互换性与技术测量（第2版）[M]．北京：电子工业出版社，2012．
[14] 方昆凡．公差与配合实用手册[M]．北京：机械工业出版社，2005．
[15] 费业泰．误差理论与数据处理（第6版）[M]．北京：机械工业出版社，2010．
[16] 中华人民共和国第七届全国人民代表大会常务委员会第五次会议．《中华人民共和国标准化法》．1988年12月29日通过并公布，自1989年4月1日起施行．
[17] 中国标准研究中心，中国合格评定国家认可中心，等．GB/T 20000.1—2002《标准化工作指南 第1部分：标准化和相关活动的通用词汇》[S]．北京：中国标准出版社，2002．
[18] 机械科学研究院．GB/T 321—2005《优先数和优先数系》[S]．北京：中国标准出版社，2005．
[19] 中国国家标准化管理委员会．GB/T 1800.1—2009《极限与配合 第1部分：公差、偏差和配合的基础》[S]．北京：中国标准出版社，2009．
[20] 中国国家标准化管理委员会．GB/T 1800.2—2009《极限与配合 第2部分：标准公差等级和孔、轴极限偏差表》[S]．北京：中国标准出版社，2009．
[21] 中国国家标准化管理委员会．GB/T 1801—2009《极限与配合 公差带和配合的选择》[S]．北京：中国标准出版社，2009．
[22] 中国国家标准化管理委员会．GB/T 1801—1999《极限与配合 公差带和配合的选择》[S]．北京：中国标准出版社，2000．
[23] 机械科学研究院．GB/T 1803—2003《极限与配合 尺寸至18mm孔、轴公差带》[S]．北京：中国标准出版社，2003．
[24] 机械科学研究院．GB/T 1804—2000《一般公差 未注公差的线性和角度尺寸的公差》[S]．北京：中国标准出版社，2000．
[25] 中国国家标准化管理委员会．GB/T 1182—2008《产品几何技术规范（GPS）几何公差 形状、方向、位置和跳动公差标注》[S]．北京：中国标准出版社，2008．
[26] 机械工业部机械标准化研究所．GB/T 1184—1996《形状和位置公差 未注公差值》[S]．北京：中国标准出版社，1997．
[27] 中国国家标准化管理委员会．GB/T 4249—2009《产品几何技术规范（GPS）公差原则》[S]．北京：

中国标准出版社，2009.

[28] 中国国家标准化管理委员会. GB/T 16671—2009《产品几何技术规范（GPS）几何公差 最大实体要求、最小实体要求和可逆要求》[S]. 北京：中国标准出版社，2009.

[29] 中国国家标准化管理委员会. GB/T 7220—2004《产品几何技术规范（GPS）表面结构 轮廓法 表面粗糙度 术语 参数测量》[S]. 北京：中国标准出版社，2004.

[30] 中国国家标准化管理委员会. GB/T 3505—2009《产品几何技术规范（GPS）表面结构 轮廓法 术语、定义及表面结构参数》[S]. 北京：中国标准出版社，2009.

[31] 机械工业部机械标准化研究所. GB/T 131—2006《产品几何技术规范（GPS）技术产品文件中表面结构的表示法》[S]。北京：中国标准出版社，2006.

[32] 中国国家标准化管理委员会. GB/T 1031—2009《产品几何规范（GPS）表面结构 轮廓法 表面粗糙度参数及其数值》[S]. 北京：中国标准出版社，2009.

[33] 中国国家标准化管理委员会. GB/T 10610—2009《产品几何技术规范（GPS）表面结构 轮廓法 评定表面结构的规则和方法》[S]. 北京：中国标准出版社，2009.

[34] 中国计量科学研究院. JJG 146—2011《量块》[S]. 北京：中国计量出版社，2011.

[35] 国家质量监督检验检疫总局. JJF 1001—2011《通用计量术语及定义》[S]. 北京：中国计量出版社，2011.

[36] 中国国家标准化管理委员会. GB/T 3177—2009《产品几何技术规范（GPS）光滑工件尺寸的检验》[S]. 北京：中国标准出版社，2009.

[37] 中国国家标准化管理委员会. GB/T 1957—2006《光滑极限量规 技术条件》[S]. 北京：中国标准出版社，2006

[38] 中国国家标准化管理委员会. GB/T4199—2003《滚动轴承 公差 定义》[S]. 北京：中国标准出版社，2003.

[39] 中国国家标准化管理委员会. GB/T 27.3—2015〈滚动轴承 第 3 部分：向心轴承 外形尺寸总方案〉[S]. 北京：中国标准出版社，2015.

[40] 中国国家标准化管理委员会. GB/T 275—2015〈滚动轴承 配合〉[S]. 北京：中国标准出版社，2015.

[41] 洛阳轴承研究所. GB/T 307.1—2005,《滚动轴承 向心轴承 公差》[S]. 北京：中国标准出版社，2005.

[42] 洛阳轴承研究所. GB/T 307.3—2005《滚动轴承 通用技术规则》[S]. 北京：中国标准出版社，2005.

[43] 中国国家标准化管理委员会. GB/T 4604.1—2012《滚动轴承 游隙 第 1 部分：向心轴承的径向游隙》[S]. 北京：中国标准出版社，2012.

[44] 中国国家标准化管理委员会. GB/T1095—2003《平键 键槽的剖面尺寸》[S]. 北京：中国标准出版社，2003.

[45] 中国国家标准化管理委员会. GB/T1096—2003《普通型 平键》[S]. 北京：中国标准出版社，2003.

[46] 中国国家标准化管理委员会. GB/T1144—2001《矩形花键尺寸、公差和检验》[S]. 北京：中国标准出版社，2002.

[47] 机械科学研究院. GB/T 192—2003《普通螺纹 基本牙型》[S]. 北京：中国标准出版社，2004.

[48] 机械科学研究院. GB/T 197—2003《普通螺纹 公差》[S]. 北京：中国标准出版社，2004.

[49] 郑州机械研究所，机械科学研究院，等. GB/T 10095.1—2008《渐开线圆柱齿轮 精度制 第 1 部分：轮齿同侧齿面偏差的定义和允许值》[S]. 北京：中国标准出版社，2008.

[50] 郑州机械研究所，机械科学研究院．GB/T 10095.2—2008《渐开线圆柱齿轮 精度 径向综合偏差与径向跳动的定义和允许值》[S]．北京：中国标准出版社，2008．

[51] 郑州机械研究所，机械科学研究院．GB/Z 18620.1—2008《圆柱齿轮 检验实施规范 第 1 部分：轮齿同侧齿面的检验》[S]．北京：中国标准出版社，2008．

[52] 郑州机械研究所，机械科学研究院．GB/Z 18620.2—2008《圆柱齿轮 检验实施规范 第 2 部分：径向综合偏差、径向跳动、齿厚和侧隙的检验》[S]．北京：中国标准出版社，2008．

[53] 郑州机械研究所，机械科学研究总院．GB/Z 18620.3—2008《圆柱齿轮 检验实施规范 第 3 部分：齿轮坯、轴中心距和轴线平行度》[S]．北京：中国标准出版社，2008．

[54] 郑州机械研究所，机械科学研究总院．GB/Z 18620.4—2008《圆柱齿轮 检验实施规范 第 4 部分：表面结构和轮齿接触斑点的检验》[S]．北京：中国标准出版社，2008．

[55] 机械科学研究院中机生产力促进中心，中原工学院，等．GB/T 11334—2005《产品几何量技术规范（GPS）圆锥公差》[S]．北京：中国标准出版社，2005．

[56] 机械科学研究院中机生产力促进中心，中原工学院，等．GB/T 12360—2005《产品几何量技术规范（GPS）圆锥配合》[S]．北京：中国标准出版社，2005．

[57] 机械工业部机械标准化研究所，华中理工大学．GB/T 15754—1995《技术制图 圆锥的尺寸和公差注法》[S]．北京：中国标准出版社，1995．